[編著] 藤井建夫
Fujii Tateo

[著] 石田真巳　川﨑 晋　久田 孝　小長谷幸史　小栁 喬　左子芳彦
Ishida Masami　Kawasaki Susumu　Kuda Takashi　Konagaya Yukifumi　Koyanagi Takashi　Sako Yoshihiko

里見正隆　土戸哲明　中野宏幸　宮本敬久　森田幸雄　吉田天士
Satomi Masataka　Tsuchido Tetsuaki　Nakano Hiroyuki　Miyamoto Takahisa　Morita Yukio　Yoshida Takashi

食品微生物学の基礎

Fundamentals of
Food Microbiology
2ND Edition

第**2**版

講談社

執 筆 者 一 覧

〈編 者〉

藤井建夫

（東京海洋大学名誉教授，東京家政大学大学院客員教授）

〈著 者〉

（五十音順，数字は担当章）

石田真巳

（東京海洋大学学術研究院教授：12章）

川﨑 晋

（農業・食品産業技術総合研究機構
食品研究部門上級研究員：11章）

久田 孝

（東京海洋大学学術研究院教授：7章）

小長谷幸史

（新潟薬科大学応用生命科学部講師：13章）

小柳 喬

（石川県立大学生物資源環境学部准教授：3章）

左子芳彦

（京都大学名誉教授，（公財）発酵研究所理事：4章）

里見正隆

（水産研究・教育機構水産技術研究所養殖部門
シラスウナギ生産部主任研究員：5章）

土戸哲明

（関西大学名誉教授：9章）

中野宏幸

（広島大学名誉教授：1章）

藤井建夫

（東京海洋大学名誉教授，東京家政大学大学院客員教授：10章）

宮本敬久

（九州大学大学院農学研究院教授：2章）

森田幸雄

（麻布大学獣医学部教授：8章）

吉田天士

（京都大学大学院農学研究科教授：6章）

（初版）　は じ め に

　食品微生物学が対象とする微生物は，主に発酵と腐敗，食中毒に関するものである。

　我が国では古くから味噌，醤油，清酒，納豆など多様な発酵食品に恵まれてきたこともあって，食品微生物というと発酵食品の微生物をイメージする人が多いのではなかろうか。事実，発酵食品に関しては古くから盛んに研究が行われており，今も「21世紀は発酵の時代」ともいわれるように，さまざまな視点から生理活性物質の探索や微生物機能の研究が展開されている。

　一方，食品と微生物のかかわりには負の側面もあり，それが腐敗と食中毒である。この分野は発酵に比べると非生産的で防御的であるため，これらに関する研究は相対的に地味に思われる。腐敗と食中毒は微生物学的には明らかに異なる現象であるが，一般にはあいまいに理解されている節がある。食中毒のほうは人に直接的な危害を及ぼすという点で重要であり，特に近年はO157やカンピロバクター，ノロウイルスなど，さまざまな新興微生物による食中毒が続発していることもあって，社会的にも関心が高い。それに比べて腐敗は直接病気を起こすようなことがほとんどないため，食糧難で低温保蔵法も普及していなかった戦後の一時期を除けば関心は低い。しかし腐敗は食品に適切な処理をしないと必ず起こる問題であり，食品メーカでは日常的にその対策に苦慮しているところである。また消費期限設定の関係でも重要課題のひとつであることに相違ない。

　ところで，大学や短大などで食品微生物学を学ぼうとする際にひとつのハードルがある。それは高等学校で学ぶ理科は，ふつう生物，化学，物理，地学が一般的で，微生物学について学ぶ機会がほとんどないということである。したがって，人学の一連の食品関連科目において，食品学や食品化学，栄養学などは多くの学生がその基礎科目をすでに履修しているため親しみやすさがあるのに対し，食品微生物学は，いきなりはとっつきにくい科目となりがちである。よって食品微生物学を学ぶにあたっては，あらかじめ一般微生物学の基礎知識を修得することが望まれる。

　一般微生物学の教科書，参考書として，かつてはスタニエ著『微生物学 上・下』（培風館）のような評価の定まった出版物がいくつかあり，また柳田友道先生の大著『微生物科学Ｉ～Ｖ』（学会出版センター）も手放せない参考書であった。一方，食品微生物学の参考書としてはかなり永い間，相磯和嘉先生監修の『食品微生物学』（医歯薬出版）が汎用されてきた。しかしこれらは当然最近の分子生物学や遺伝子レベルの研究成果に対応したものではなく，腐敗や食中毒のトピックスも古くなっている。最近の出版物では清水 潮先生の労作『食品微生物の科学（第3版）』（幸書房）がこれらの問題点を克服した参考書として好評であるが，内容が充実しているだけにハンディさや価格面で教科書としては難しい点がある。

　以上のような現状にかんがみ，食品微生物学を学ぶために必要な一般微生物学（微生物学の歴史，微生物の種類と性質，構造と機能，代謝，増殖，遺伝，バイオテクノロジー，実験法など）の基礎知識を最新の情報に

基づいてなるべくわかりやすく概説し，同時に食品微生物学（腐敗，発酵，食中毒，保蔵，予測微生物学など）についても要点をまとめたのがこの教科書である。本書の題名を『食品微生物学の基礎』としたのもそのような理由からである。

　執筆にあたっては，微生物研究の第一線でご活躍の先生方に参加していただき，教科書としてバランスのとれた記述をしていただくようお願いした。本書が大学や短大，専門学校などの学生，食品関係の研究者・技術者のみならず，この方面に関心をもたれる食品関連企業に携わる方々にも広く利用され，少しでもご参考になることを願っている。

　本書の内容，構成については，著者間でクロスチェックをするなどかなり入念に検討したつもりであるが，お気づきの点があればご指摘，ご教示を賜れば幸いである。

　最後に，本書の企画・刊行にあたっては，㈱講談社サイエンティフィクの堀　恭子氏に多大なご援助をいただいた。厚くお礼申し上げる次第である。

2013年8月

藤 井 建 夫

第 2 版 の 改 訂 に あ た っ て

　本書は1913年に刊行された『食品微生物学の基礎』の改訂版として上梓するものである。初版のまえがきでも述べたように，食品微生物学の範囲は腐敗，発酵，食中毒などと広く，またその基礎として一般微生物学の知識も必須である。授業科目でいえば，食品衛生学，応用微生物学（または発酵食品学），それに一般微生物学に及ぶ。学生の利便性を考え，これらの大要を一冊に凝集したものが本書である。このようなコンセプトの教科書は少なかったため，幸い好評を博し，本書は多くの大学，短期大学，専門学校などで教科書・参考書として採用され，増刷を重ねてきた。

　このたび，初版を発刊してから10年になるのを機に，内容を全面的に見直し，第2版として発刊することとした。

　この10年ほどの間に大幅な書き換えが必要となった項目のひとつは微生物の分類（第2章）である。DNAシーケンシング技術の進歩や分子生物学の発展，ゲノム全体の情報を利用した統合的なアプローチなどにより近年の遺伝子分類による微生物の分類は大きく変化したためである。もともとの分類が大まかであったことから，*Bacillus*属や*Clostridium*属を含む*Bacillaceae*（科）および，いわゆる乳酸菌は細分化が進んだ。特に以前の*Lactobacillus*属は*Lactobacillaceae*（科）に引き上げられ，代表的な属として*Lactobacillus*属以外に30属が分類されている。また，真核微生物についても，近年の分類では，子嚢菌門と担子菌門の上位にディカリア亜界（二核菌亜界）があることから亜界についても記載した。

　PCRと微生物のバイオテクノロジーの部分（第12章）でも大幅に書き換えた。ウイルス感染症の診断などで広く使用されるようになったリアルタイムPCR，遺伝子組換え技術の中心になったPCRを用いるクローニング法，品種改良などへの使用が急速に広がっているゲノム編集は，新たな図も加えて説明を増強した。一方，使用が減ったゲノムライブラリーを用いる遺伝子クローニング法，導入される遺伝子種が絞られてきた遺伝子組換え作物・遺伝子組換え食品は，詳細な説明を割愛した。

　また，食品衛生分野で活用が期待されている予測微生物学（第11章）について，初版では予測微生物学の意義や予測モデルを中心に解説していたが，改訂版では実際の利活用の視点から，代表的に用いられる増殖モデル式と死滅モデル式に焦点を当て，取得した多数のデータがどのようにモデル式で一般化され，必要とされるパラメーターが決定されるのか，その概略を説明した。

　さらに，食品衛生の面（第8章）でも，近年は食中毒発生状況が大きく変化しており，例えば，かつては原因菌のトップであった腸炎ビブリオなどはここ数年発生していない。2018年に食品衛生法が改正され，全食品事業者へのHACCPの導入が制度化（義務化）されるなど大きな変化が見られているので，これらの変化についても記述した。

　その他の各章においても，できるだけ最新の知見をとり入れ内容を更新していることはいうまでもない。その結果，大学レベルの教科書・参考書としては最も新しく充実した内容になっているものと自負している。引き続き活用いただければ幸いである。

　最後に本書の刊行にあたっては，初版と同様，㈱講談社サイエンティフィクの堀　恭子氏に多大なご援助をいただいた。厚くお礼申し上げる次第である。

2024年2月

藤 井 建 夫

CONTENTS

ブックデザイン・図版制作／坂 重輝（グランドグルーヴ）

微生物学発展の歴史

　人類は有史以前から経験的に醸造や発酵食品などに微生物を利用してきた。その一方で病原微生物による疫病に苦しめられたが，この原因は神罰や汚れた空気によるものと考えられていた。17世紀後半，オランダのレーウェンフックは自作の顕微鏡で池の水や歯垢などを観察し，微生物を発見したが，その働きについては気付かなかった。19世紀半ば，フランスのパスツールは白鳥の首型フラスコを用いて自然発生説を否定した。また，ワイン醸造の研究から酵母によるアルコール発酵やパスツリゼーションと呼ばれる加熱殺菌法を明らかにした。同じ頃，ドイツのコッホは寒天培地を用いた純粋培養法を確立し，ヒトと動物の共通の感染症である炭疽の研究から病気と病原体の因果関係を証明した。その後，続々と微生物が発見され，北里柴三郎（破傷風菌），志賀潔（赤痢菌）などの日本人研究者も活躍した。ウイルスはイワノフスキーらにより最初は濾過性病原体として認識された。また，ヴィノグラドスキーは独立栄養細菌を見つけ，地球の物質循環に微生物が大きな役割を果たしていることを明らかにした。微生物学はワクチンや抗生物質などの予防医学や遺伝学，分子生物学などの進展にも大きくかかわり，生物学と見事に融合して発展を続けている。

1.1　人類と微生物の出会い

　微生物は肉眼では見ることができないきわめて小さな生物である。私たちの体や身のまわりはもちろん，地球上のあらゆる環境に無数の多種多様な微生物が生息している。このような微生物が発酵や腐敗，病気などを引き起こすことは，現代の私たちにとっては常識である。古代や中世の人々は，苦しい病気やおいしい酒について現象としてはよく知っていても，まさか微生物の働きで起こっていようとは考えつかなかった。目に見えない小さな生物の世界の存在を人類が知ったのはようやく17世紀に入ってから，これらの働きについて知ったのは19世紀であり，長い人類の歴史からみれば，これらはつい最近の出来事なのである。

　人類は有史以前から経験的にワインやビールなどの酒類の醸造，チーズ，ヨーグルト，醤油など微生物の能力を生かした発酵食品をつくってきた。古代メソポタミアでは紀元前4000年頃にはすでにビールが製造され，中国でも紀元前200年頃の秦の時代に現在の醤油や味噌の原型である醤や鼓がつくられていたとされている。また，加熱，塩漬けなどの方法で食べ物が長持ちすることも長い経験の中で知っていた。日本でも「口かみの酒」といわれる酒が古代からつくられていた。これは唾液に含まれるアミラーゼでデンプンを糖化させてから発酵したものである。弥生時代後期には米飯に生えたカビ（コウジカビ）が利用されるようになった。さらに，酒の醸造で"火入れ"という操作が16世紀にはすでに行われていた。清酒，味噌，醤油などの発酵食品は人類が微生物を認識するはるか以前から経験的に麹菌と酵母，乳酸菌の働きを巧みに利用してつくられてきた。

　一方，微生物による疫病（伝染病）により多くの尊い命が失われてきたが，微生物の存在を知った17

世紀においてでさえ，これらが目に見えない生物によって起こっているとは知る由もなかった。古代の人々はこれらによって引き起こされる病気を神罰によるものととらえていた。これは現在でも祈祷というかたちで継承されている。また，ヒポクラテス（Hippocrates（BC459～BC377））は，ミアスマ（miasma）と呼ばれる空気の汚れにより病気が広がると考え，近世まで信じられていた。それでも古代ギリシャでは，病気は衣服などを通じてヒトからヒトへ伝染していくことやペストから回復した人は二度と同じ病気に罹らないことなど，現代の微生物学や免疫学を予見させる鋭い観察をしていた哲学者や歴史家がいたことは驚くべき真実である。16世紀イタリアの科学者フラカストロ（Girolamo Fracastoro）はコンタギオン説（接触伝染説）を提唱した。14世紀頃，ヨーロッパ全土を襲ったペスト（黒死病），16世紀の梅毒，17～18世紀の天然痘，発疹チフス，19世紀のコレラ，20世紀のインフルエンザの流行など，病原微生物は人類の歴史を大きく変えてきたといっても過言ではない。人類は大昔から微生物と出会い大きな影響を受けていたにもかかわらず，気が付かずにすれ違っていただけなのである。

1.2　顕微鏡の考案と微生物の発見

　17世紀までは肉眼で見えない微生物の姿を観察する手段を人類はもっていなかった。17世紀に入ってイギリスの科学者ロバート・フック（Robert Hooke）は2枚のレンズを使った顕微鏡を作製し，コルク片を観察してその規則的な配列に修道院の小部屋に由来する"cell"（細胞）という言葉を初めて使った。『ミクログラフィア』という書物にはアオカビのスケッチも残されている。動いている生きた微生物を最初に発見したのは17世紀の中頃，オランダの織物商レーウェンフック（Antoni van Leeuwenhoek（1632～1723））（図1.1）である。デルフト市庁舎の管理

図1.1　レーウェンフック

人やワイン検査官の仕事も長く務め，仕事の合い間をぬってレンズを磨いていたという逸話も残されている。彼は倍率が約200倍の自作した顕微鏡を用いて，池の水，香辛料，歯垢など，身のまわりのものを観察することを趣味にしており，それらの正確で詳細なスケッチを英国王立協会に書簡として送りつづけた（図1.2）。細菌，酵母，原生動物など生きた微生物をアニマルキュール（animalcules：極微動物）と名付け，発見したことが記載されている。このように意外にも微生物は一人のアマチュア科学者により発見されたのである。彼はなぜか自分のつくったたくさんの顕微鏡を他人に渡すことを堅く拒んだこともあり，しばらくの間，微生物学の発展はなかった。

　このような微生物が何をしているかについて人類が知るのは，微生物の発見から200年近く経ってからのことである。1880年代に入ると高い解像度の現在に近い顕微鏡が開発された。グラム（Hans Christian Joachim Gram）によってグラム染色法が開発されたのもこの頃である。

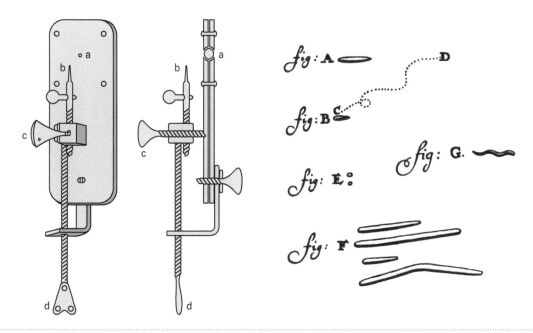

図1.2　**レーウェンフックの顕微鏡（左）と細菌のスケッチ（右）**

（左）a：レンズ　b：試料をつけるピン　c, d：焦点を合わせるネジ

1.3　生物の自然発生説の 否定と殺菌法の開発

　生物がどのように発生するかについては，歴史上，長い論争がくり広げられてきた。当初の主流であったのが，湿った穀物からネズミが，腐った肉からウジが発生するというような生物の自然発生説であった。この考えは当時の宗教観とも合致し，聖職者を中心に支持されていたが，時代が進み，サイエンスの芽生えとともに劣勢になっていった。イタリアの内科医レディ（Francesco Redi）は肉片をガーゼで覆ってハエが入らないようにするとウジは発生しないことを示したが，決定的な証拠には至らなかった。また，スパランツァーニ（Lazzaro Spallanzani）は肉汁を入れたフラスコの管口を密封してから煮沸すると肉汁はその後放置しても濁ってこなかったことを示して自然発生説を否定したが，酸素がなくなって生物が発生しなくなっただけとの批判を受けた。なお，酸素除去による微生物の不活化についてはその後，応用面で発展を遂げ，フランスの菓子職人ア

ペール（Nicolas Appert（1750～1841））は加熱殺菌した密閉瓶詰をつくり，缶詰による食品の長期保存技術の基礎をつくった。

　生物の発生にかかわる論争に終始符を打ったのがフランスの科学者ルイ・パスツール（Louis

図1.3　**パスツール**

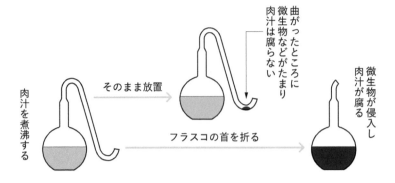

図1.4　パスツールの白鳥の首型フラスコの原理

Pasteur（1822〜1895））（図1.3）である。彼はフラスコの口をバーナーで溶かし，長く引き伸ばしてS字状に曲げ，先端を空気中に開放した特殊な「白鳥の首型フラスコ」（図1.4）を作製し，肉汁を入れて煮沸してから保存した。空気中に浮遊する微生物はフラスコの首に入り込めるが，首の曲がったところで捕獲されてしまい，肉汁にまで達することができずに透明のまま無菌状態が維持された。これに対し，フラスコの首の部分を折って空気が上から入るようにしたものや，フラスコを傾けて肉汁をS字の首の部分に流し込みフラスコに再び戻したものでは，微生物が増殖して濁りを生じた。このようにして肉汁から自然に微生物が発生することを見事に否定した。もし，肉汁に耐熱性の胞子（芽胞）が混じっていれば，この実験は失敗していたはずであり，まさに「幸運は備えある人にのみ訪れる」（パスツールの残したといわれる名言）であった。パスツールはフランスの基幹産業であるワイン醸造にも大きく貢献した。当時，ワインに雑菌が混入してしばしば酸敗を起こして問題になっていたが，彼はこのようなワインには酵母だけではなく小さな生き物がたくさんいて，これが変質の原因と考えた。そこで，ワインを60℃前後で数分加熱して他の菌を殺す方法を考案した。これは加熱殺菌法のはじまりで，現在でも牛乳などの低温殺菌法（55〜60℃，30分）において，味，香り，栄養価に影響を与えない食品保存法として用いられており，彼の名前に因み，パスツリゼーション（pasteurization）と呼ばれている。

前述の白鳥の首型フラスコの実験で，肉汁ではなく枯れ草の浸出液を用いると長時間加熱してもやがて濁ってきた。これについてイギリスのチンダル（John Tyndall）は枯れ草には熱に強い内生胞子（芽胞）が存在することを見つけ，間歇滅菌法（チンダリゼーション）を考案した。これは，加熱後，一定時間放置して発芽させて熱に弱い栄養型細胞にした後，再び加熱する操作をくり返す方法である。高圧蒸気滅菌器（オートクレーブ）が開発されるまで広く用いられた。

1.4　微生物の働きの気付き

　ワインなどの酒は，酵母から人類への恵みでありアルコール発酵の賜物である。フランスのカニャール・ラトゥール（Charles Cagniard de la Tour）はワインやビールの製造には出芽によって増殖する植物様の生物（酵母）がかかわり，糖からアルコールへの変換にはその生きた生物が必要であることを示した。同時期にドイツのシュワン（Theodor Schwann）やキュッツインク（Friedrich Traugott Kützing）もそれぞれ微小生物の働きを示唆している。一方，パスツールは初期の頃は酒石酸結晶の立体構造について研究し，化学者として活躍していたが，甜菜からアルコールをつくる仕事にかかわる中で，酵母がその主役であることを見つけ，醸造における酵母の役割を明らかにした。そして，アルコール発酵のみな

らず，乳酸発酵，酪酸発酵にはそれぞれ違ったタイプの微生物とその増殖があることを証明した。これは有機物質の変換における微生物の役割についての解明の糸口となった。また，酪酸の発酵現象の中で空気を吹き入れると発酵はみられず，空気のないところで生存，増殖できる偏性嫌気性菌の存在を初めて述べている。さらに，酵母は酸素が少ないとアルコール発酵を行い，酸素が多いとアルコールは生成されないが増殖は促進されることを示した。パスツールは微生物の醸造における有用な働き（発酵）や，逆にこれらが悪臭や変質（腐敗）の原因となることを明らかにしただけではなく，動物の病気の原因になることも示した。一方，後述（1.6節）するように，同時代に活躍したドイツの臨床医で細菌学者として有名なロベルト・コッホ（Robert Koch（1843～1910））（図1.5）は，微生物と病気の因果関係を明らかにし，微生物が動物やヒトのさまざまな感染症を引き起こしていることを科学的に証明した。一方，農業の分野においても19世紀前半には特定の真菌（カビ）が小麦やライ麦の病気を起こしていることがわかっていた。1845年，バークリー（Miles Joseph Berkley）はアイルランドで大規模な飢饉を起こしたジャガイモの胴枯れ病の原因がカ

ビであることを証明した。

19世紀の終わり，ドイツの化学者エドゥワルト・ブフナー（Eduard Buchner（1860～1917））は，酵母細胞を破砕して生きた細胞を含まない抽出液に砂糖を加えて放置しておいたところ，エタノールと二酸化炭素が生成していることを観察した。これをきっかけにして，アルコール発酵は酵母菌体そのものではなく，細胞内のある種のタンパク質が引き起こしていることを証明し，この物質をチマーゼ（zymase）と名付けた。"enzyme"（酵素）の語源は"酵母の中にあるもの"に由来する。化学反応を触媒する因子は19世紀初頭に麦芽抽出物からデンプンを糖化するジアスターゼ（アミラーゼ）や胃中のペプシンがすでに発見されていたが，実体は不明であった。ブフナーによる酵母の無細胞抽出物によるアルコール発酵の証明は，生化学の発展のさきがけとなった。彼はこの功績により1907年にノーベル化学賞を受賞している。

1.5 純粋培養法

パスツールの時代までは微生物研究における培養基として肉汁（bouillon：ブイヨン）のような液体培地が用いられていたため，複数の微生物が混在した状態での現象が観察されていた。デンマークのハンセン（Emil Christian Hansen）は，ビール酵母を培養した液体を希釈していき，最後にただ1個の酵母を含む純粋培養に成功した。これはのちに希釈した小滴をカバーグラスにつけて顕微鏡で観察し，1個の細胞を含むものを選び出す小滴培養法としてリンドナーが改良し，良質の酵母を純粋に分離して醸造業に貢献した。さらに簡単に1種類の微生物を純粋に分離する方法を開発したのはコッホである。彼は蒸かしたジャガイモを薄く切り，その表面に微生物が増殖してできた固まりを見つけたが，栄養的な問題から一部の微生物しか発育しなかった。やがて，肉汁にゼラチンを加えて加熱してから固めた培地を用いていたが，これは37℃で溶けて脆弱にな

図1.5 コッホ

るうえ，タンパク質であるため微生物の多くはこれ
を分解してしまう欠点があった。そこで当時，同僚
の研究者の妻であったヘッセ（Fanny Hesse）は
料理に用いていた寒天で肉汁を固化させることを提
案し，現在の寒天培地が開発された。この寒天培地
の表面に検体を薄く伸ばして培養すると，個々の細
菌は1つの細胞から分裂をくり返し，数千万から数
億個の同一クローンからなる肉眼で観察できる集落
（コロニー）を形成した。この純粋培養法は個々の
微生物の性質や働きを研究していくうえでなくては
ならない重要な手法で，以後の微生物学の進展に大
きく貢献した。

1.6　病気を起こす原因として の微生物の認識

　19世紀，発酵や腐敗の分野で次々に微生物の役
割が解明されていた頃，発疹チフスのような疫病や
蚕の病気が微生物によって起こっているという考え
は一部であったものの，これらの因果関係は推測の
域を出なかった。19世紀半ば，イギリスの外科医リ
スター（Joseph Lister（1827～1912））は，外科手
術の後に起こる創傷感染による死は空気に浮遊する
細菌によるものと考え，手術を行う際に，手術室，
手術器具，傷口に石炭酸（フェノール）を噴霧して
消毒した。その結果，術後の死亡率が大きく改善さ
れたことから，病気が微生物によって起こっている
ことを示した。リスターによる防腐・無菌技術の導
入は高く評価されている。
　1860年代にヨーロッパで流行していた，ヒトにも
家畜にも感染する炭疽について研究していたコッホ
は，炭疽に罹ったヒツジの臓器をマウスに接種する
と，同じ病気が発症することを示した。そして，こ
の病気の原因となる胞子を有する炭疽菌（*Bacillus
anthracis*）を分離した。一方，同じところに存在
する別の胞子形成菌（枯草菌）を接種しても病気を
起こさないことなど，動物実験をくり返し，病気と
それを起こす微生物との因果関係について法則化し，

次の4つの条件をすべて満たした場合にのみ，その
病気の原因菌として証明できるとした。
(1)　ある特定の病気にはその微生物が必ず存在する
　　こと
(2)　その微生物が病気に罹った動物（宿主）から分
　　離され純粋培養できること
(3)　その微生物の純培養液を健康な宿主に接種した
　　とき，その病気が発症すること
(4)　実験的に発症させた宿主から再びその微生物が
　　分離できること
　この概念はコッホの四原則（条件）として，病気
の病原菌説を決定づけるものとなり，病原菌の相次
ぐ発見や，以後の病原菌の研究に大きな影響を与え
た。これは数多いコッホの業績の中でも高く評価さ
れている。実際には後年になって，エイズや日和見
感染症，複合的な因子で起こる病気など，コッホの
条件に必ずしも当てはまらない感染症もあることが
わかっている。

1.7　細菌学の黄金期と ウイルスの発見

　19世紀後半に微生物学の研究方法が確立し，多く
の細菌学者が競って新しい細菌探しを行った。20世
紀の前半にかけて，現在知られる多くの病原細菌が
発見され，細菌学の黄金期といわれた。コッホは炭
疽菌，コレラ菌，結核菌を純粋分離し，これらの発
見者として名をはせている。日本人研究者のめざま
しい活躍もあり，北里柴三郎（1853～1931）は嫌
気性菌の培養法を発明し，破傷風菌を発見した。志
賀潔（1871～1957）は赤痢菌を発見し，志賀潔の
名前をとって志賀赤痢菌（*Shigella*），その毒素は
志賀毒素（Shiga toxin）と命名された。これは，
1980年代に発見されたO157：H7などの腸管出
血性大腸菌の産生するベロ（Vero）毒素のひとつ
とまったく同一のものであることが知られている。
　ウイルスは細菌よりも格段に小さく，通常の顕微
鏡では見ることはできない。ロシアの植物学者イワ

ノフスキー（Dmitri Ivanovsky（1864～1920））は，タバコの葉がモザイク状の斑点になるタバコモザイク病の原因を究明している過程において，これをすりつぶした溶液を磁器製の細菌濾過器に通し，この濾液を散布しても病気が起こることから，細菌よりも小さい微生物の存在を予言した。オランダの植物学者で微生物学者ベイエリンク（Martinus Willen Beijerinck（1851～1931））も同様の感染因子について詳細に調べ，濾過性病原体，すなわちウイルスの発見となった。1935年にはスタンリー（Wendell Meredith Stanley（1904～1971））がこのウイルスを結晶化し，感染性を失わなかったことからウイルスは微生物でありながら物質に近いことを示した。その後，植物や動物の病気の多くがウイルスによるものであることが証明されていった。しかしながら，実際にウイルスが観察されたのは電子顕微鏡が開発された1930年代になってからのことである。すなわち，ウイルスの発見者として名高いイワノフスキーはウイルスを実際に目で見ることなくこの世を去った。レーウェンフックが細菌を目で見ていてもその働きは知らなかったことと対照的であった。

1.8　化学療法，ワクチン開発の歴史

　古代中国では天然痘に罹った人は二度と罹らないことを経験的に知っていた。中世ヨーロッパにおいても天然痘は大流行し，多くの人命を奪った。18世紀後半，ジェンナー（Edward Jenner（1749～1823））は牛痘（ウシの天然痘）に罹った牛のミルクを毎日搾っている女性は軽い痘疹ができるものの，その後は天然痘（痘瘡）に罹らないことに気付いた。彼はここで無謀かつ勇気ある実験を敢行した。ある少年に牛痘の水泡を接種し，しばらくしてその少年にヒトの天然痘の水泡を接種しても病気には罹らないことを明らかにしたのである。ワクチンの語源は牛のラテン名である"vacca"に由来している。その後，パスツールはニワトリコレラの研究の中で，古くなった培養液を投与して発症しなかったニワトリに，今度は生きているニワトリコレラの新鮮な菌液を接種しても発症しなかったことから，この現象について，微生物は病気を起こす能力を失っても同じ病気を予防する効果（免疫）が維持されるのではないかという確信をもった。このように生体の免疫応答を利用することにより，狂犬病ワクチンの開発に成功した。このようにジェンナーの業績はパスツールに引き継がれ，現在の免疫学の先駆的な仕事を成し遂げた。コッホはツベルクリンを開発し，結核を予防するワクチンとして使った。その後，コッホの弟子であった北里柴三郎はベーリング（Emil Adolf von Behring）とともに破傷風菌やジフテリア菌の培養液で免疫した動物の血清がそれぞれの毒素を中和することを見つけ，これらの病気を予防する抗毒素血清が開発された。免疫学を築いた学者としてロシアのメチニコフ（Elie Metchnikoff）も忘れることはできない。侵入した微生物に対し，もともと体の中にある細胞がこれをとり込み殺してしまうことを見つけ，これを貪食細胞と名付け，生体防御に大きな役割を果たしていることを示した。

　薬効のある植物は昔から病気の治療などに経験的に使われてきた。古代エジプトではクミンなどの香辛料がミイラの防腐剤として使われていた。近代になって20世紀初頭，ドイツのエールリッヒ（Paul Ehrlich）は病気の治療薬開発の目的で，動物細胞は傷つけずに細菌だけを選択的に殺す色素や化学物質の研究を行い，化学療法の先駆者として活躍した。また，日本人の秦佐八郎と共同でアニリン系色素から有機ヒ素化合物のサルバルサンを合成し，当時蔓延していた梅毒トレポネーマの治療に用いた。その後，サルファ剤などが開発され化学合成された薬剤が化学療法剤として感染症の治療に用いられるようになった。1922年イギリス・スコットランドの医師フレミング（Alexander Fleming（1881～1955））は，涙や唾液の中に含まれるリゾチームが細菌を殺すことを発見した。さらに，彼はブドウ球菌を培養した平板培地に偶然混入した青カビが細菌のコロニーを溶かしているのを観察し，ある微生物が別の微

生物の増殖を抑えたり殺したりすることを見つけた。これが抗生物質研究のはじまりとなり，*Penicillium*属のカビから殺菌抑制物質であるペニシリンが精製され，第二次世界大戦では多くのけが人や病人の命を救った。1944年には "antibiotics"（抗生物質）という単語の名付け親でもあるワックスマン（Selman Abraham Waksman）が土壌試料から放線菌が産生するストレプトマイシンを，1957年には梅澤濱夫がカナマイシンを発見するなど，抗生物質の発見が相次いだ。これらの化学構造が明らかになり，化学合成できるようになったことから，1970年代には人類は微生物の感染症を克服したかのようにみえた。しかしながら，細菌の叡智（えいち）は人間のそれを上回り，新たに耐性を有する微生物が次々と出現し，人類と薬剤耐性菌の闘いが続いている。

図1.6　**ヴィノグラドスキー**

1.9　地球の物質循環にかかわる微生物の発見と利用の歴史

19世紀，醸造分野での研究から有機物の化学的変化に微生物がかかわっていることが解明されたが，これに少し遅れて19世紀末から20世紀にかけて地球上で起こっているさまざまな物質の化学変化も微生物によって起こっていることが明らかにされた。ロシアの土壌微生物学者ヴィノグラドスキー（Sergei Nikolaievich Winogradsky（1856～1953））（図1.6）は，硫化水素をエネルギー源として大気中の二酸化炭素を利用して生活している硫黄酸化細菌を硫黄泉から発見した。このような化学合成独立栄養細菌は空気中の二酸化炭素を固定して炭素源とし，増殖に必要なエネルギーは還元型の無機化合物を酸化することにより獲得している。それまでに発見されてきた発酵，腐敗，病気にかかわる微生物は従属栄養微生物で，有機物（炭素源）をエネルギーとして増殖するのに対して，無機化合物を酸化して増殖に必要なエネルギーを獲得する。土壌中の硝酸塩は当時の火薬原料であったため，いろいろな学問分野で注目され研究対象になっていた。彼は土壌から硝化菌の

単離に成功し，アンモニアから亜硝酸を生成する亜硝酸細菌（*Nitrosomonas*），亜硝酸から硝酸を生成する硝酸菌（*Nitrobacter*）に区分した。オランダのベイエリンクはヴィノグラドスキーとともに，大気中の窒素ガスを固定してアンモニアに変換する窒素固定菌を発見した。この代表的なものがマメ科植物と共生する根粒菌（*Rhizobium*）である。そのほか，発光細菌（*Photobacterium*）や硫酸還元細菌（*Desulfovibrio*），メタン生成菌や硝酸還元菌など，環境微生物にかかわる多くの知見について発表し，自然界における炭素・窒素・硫黄などの化学変化や物質循環にかかわる地球物理化学的な微生物研究の基盤を確立した。これらは排水処理など環境浄化にも利用されている。また，20世紀後半になって海底熱水噴出孔付近や酸性度の高い温泉など，いわゆる地球の極限的な環境に生息する細菌が注目され，耐熱性酵素などその特殊な機能が利用されるようになった。そのなかでウーズ（Carl Richard Woese）はリボソームRNA（rRNA）の構造から過酷な環境に生息する細菌の系統について解析した。その結果，従来，微生物は原核生物と真核生物に二分されてきたが，メタン生成菌，超好熱菌，高度好塩菌，好酸性好熱菌などは系統が大きく異なり，細胞構造や代

謝系も特殊であることから，第三のグループ，古細菌（アーキア：Archaea）として分類学的に位置づけられた。

1.10　生物学との融合と科学の発展

　微生物学は顕微鏡によるその認識からスタートし，発酵や腐敗，感染症と病原体の研究を通じて発展してきた。そして，ブフナーによる酵母細胞抽出成分の糖のエタノール変換が，その後，生化学分野の発展の契機となり，解糖系のEM経路（エムデン-マイヤーホフ経路）など生物の代謝研究に発展していった。また，遺伝学の研究は，19世紀メンデル以降，植物や昆虫を研究材料として行われてきたが，1940

年頃から細菌やカビなどの微生物が盛んに用いられるようになった。微生物は比較的単純な構造をしており，また増殖が速く，とり扱いも簡単なことから遺伝学の研究材料として有利であった。1928年，グリフィス（Frederick Griffith）の肺炎球菌強毒株の死菌を用いた形質転換にかかわる研究をもとに，1944年，アベリー（Oswald Avery）は遺伝情報源としてDNAの重要性を示した。アメリカの遺伝学者ビードル（Georg Wells Beadle）は生化学者のタータム（Edward Lawrie Tatum）とともにアカパンカビ（*Neurospora*）の突然変異体をつくって解析した。同じくデルブリュック（Max Ludwig Henning Delbrück）とルリア（Salvador Edward Luria）は大腸菌とそれに感染するウイルスであるバクテリオファージを用いて細菌の遺伝学的研究を行い，細

表1.1　微生物学の歴史

年	研究者	英名（国）*	事項
1684	レーウェンフック	A. v. Leeuwenhoek（オランダ）	自作の顕微鏡で生きた微生物を初めて観察
1798	ジェンナー	E. Jenner（イギリス）	天然痘ワクチンの開発
1862	パスツール	L. Pasteur（フランス）	低温殺菌法（パスツリゼーション）
1864	同上	同上	生物の自然発生説の否定（白鳥の首型フラスコ）
1881	コッホ	R. Koch（ドイツ）	純粋培養法を確立（寒天培地）
1882	同上	同上	結核菌の発見　炭疽菌（1876）コレラ菌（1883）
1884	同上	同上	微生物の起病性の証明（コッホの四原則）
1889	北里柴三郎	S. Kitasato（日本）	破傷風菌の発見　破傷風菌抗毒素血清（1890）
1890	ベーリング 北里柴三郎	E. A. v. Behring（ドイツ） S. Kitasato（日本）	血清療法を開発（ジフテリア）
1890	ヴィノグラドスキー	S. N. Winogradsky（ロシア）	化学独立栄養細菌の発見
1892	イワノフスキー	D. Ivanovsky（ロシア）	濾過性病原体（ウイルス）を発見
1898	志賀潔	K. Shiga（日本）	赤痢菌の発見
1908	エールリッヒ	P. Ehrlich（ドイツ）	梅毒の化学療法薬（サルバルサン）を開発
1929	フレミング	A. Fleming（イギリス）	ペニシリンの発見
1935	スタンリー	W. M. Stanley（アメリカ）	ウイルスの結晶化
1962	ワトソン クリック	J. D. Watson（アメリカ） F. H. C. Crick（アメリカ）	DNAの二重螺旋構造の解明
1977	ウーズ	C. R. Woese（アメリカ）	古細菌の発見

＊表中は略名。正式名称は本文中に記載。

菌の変異メカニズムのひとつを明らかにした。その
後，DNAが遺伝物質の本体であることがわかり，
1953年にワトソン（James Dewey Watson）と
クリック（Francis Harry Compton Crick）はDNA
の二重螺旋構造や遺伝子機能との関係を明らかにし
た。DNAがRNAに転写され，リボソーム上で翻訳
されてタンパク質が合成されるしくみは微生物を使
って明らかにされた。さらに1961年にフランスの
ジャコブ（François Jacob）とモノー（Jacques
Lucien Monod）はタンパク質の生合成の調節は複
数の遺伝子が組み合わされてひとつの単位として行
われるという，いわゆるオペロン説を提唱した。さ
らに遺伝子組換え技術により微生物学は生物学の中
で大きく発展することになる。特にポリメラーゼ連
鎖反応（PCR）法による遺伝子増幅技術の発明は大
きく発展，普及し，今では食品微生物の検出や解析
だけではなく微生物の機能やそれをつかさどる遺伝
子の研究に欠かせない手法になっている。微生物学
はワクチンや抗生物質などの免疫学や予防医学，さ
らには遺伝学，分子生物学などの学問分野と融合，発
展し，微生物機能を利用した産業が大きく花開いた。

［参考文献］

• （公財）発酵研究所監修：IFO微生物学概論，培風館
（2010）

• 坂本順司：微生物学　地球と健康を守る，裳華房
（2008）

• 青木健次編著：微生物学，化学同人（2007）

• 扇元敬司：バイオのための基礎微生物学，講談社
（2002）

• 平松啓一監修：標準微生物学，医学書院（2012）

• ポール・ド・クライネフ著：微生物の狩人（上）（秋元
寿恵夫訳），岩波文庫（1980）

• ジャクリーン・G. ブラック著：ブラック微生物学
（林英生ほか監訳），丸善（2003）

［図版出典］

図1.1, 図1.2右　Getty Images

図1.6　H. G. Schlegel：*Geschichte der Mikrobio-
logie*, fig. 46, **28**（1999）

Chapter 2

微生物の種類と性質

　自然界に存在する微生物の種類は多い。微生物が発見されると，従来，その微生物は形態学的性質や生化学的性質により分類されてきた。すなわち，コロニーの形態や色，菌体の形状や運動性の有無，菌体の染色性，増殖における酸素の必要性，増殖可能温度や至適温度，増殖至適pH，栄養成分の資化性や要求性，特定の酵素の有無などである。通常は生物が存在しないと思われるような地底，海底，温泉や油田など生物にとっては極限的な環境からも微生物が分離されるようにもなった。さらに，遺伝子解析技術の進歩により遺伝子の塩基配列決定も容易になったため，特定遺伝子の塩基配列の比較から微生物どうしの類似度を数値で表すことができるようになり，分類学は形質を扱う表形分類から分子系統学的な分類へとシフトしてきた。形質発現を支配する遺伝子の塩基配列に基づいた分類が重要であることに間違いはないが，微生物の機能や病原性などヒトへのかかわりや食品中での挙動を正しく理解し，適切に制御するためには，微生物の形態学的な特徴や生化学的性質など形質に基づいた分類と性状も正しく理解しておかなければならない。

2.1　微生物とは

　微生物は一般には肉眼では観察できない微小な生物の総称であり，さまざまな大きさ，性状や形状のものが含まれる。生物ではないが，ウイルスも病原性を有することから，医学微生物や衛生微生物の分野などでは病原微生物の一種として扱われることが多い。

　微生物が含まれる生物界の分類は図2.1に示すように変遷してきており，1735年頃は，生物は動物界と植物界に分類されていた。単細胞生物として微生物が発見されてくると，運動性のあるものは原生動物として動物に，細菌や藻類は植物に分類された。しかし，さまざまな微生物が発見されてくるに従い，この分類では不都合が増えてきたため，1900年頃，単細胞生物のグループを独立して原生生物界とする三界説が提唱された。さらに微生物のうち細菌についての研究が進むと，細菌は他の生物とは異なり，

染色体が核膜で包まれていない原核生物であることが広く知られることになり，原生生物界から分離して原核生物をモネラ界とする五界説が1970年頃から提唱されるようになった。さらに，メタン生成細菌をはじめとして極限環境等から超好熱菌，高度好塩菌，好熱好酸菌などが分離されてきた。これらの遺伝学的な解析が進んでくるとrRNAの塩基配列が一般の細菌とは大きく異なることが判明し，生物の分類として独立した古細菌界として分類されるようになった。これによりモネラ界を古細菌界と真正細菌界に分ける六界説が1980年頃から提唱されるようになった。古細菌と真正細菌以外は，真核生物であることから1990年代にはこれら3つを「界」の上位の分類の単位「ドメイン」とする三ドメイン説が提唱されている。現在の生物の分類体系としては，最上位の階級であるドメイン＞界＞門＞綱＞目＞科＞属＞種までの階級が用いられており，中間的な分類が必要となった場合には，例えば下位の分類とし

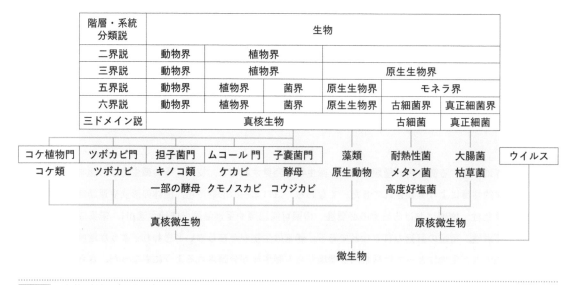

階層・系統 分類説	生物							
二界説	動物界	植物界						
三界説	動物界	植物界		原生生物界				
五界説	動物界	植物界	菌界	原生生物界		モネラ界		
六界説	動物界	植物界	菌界	原生生物界		古細菌界	真正細菌界	
三ドメイン説	真核生物					古細菌	真正細菌	

コケ植物門	ツボカビ門	担子菌門	ムコール門	子嚢菌門	藻類	耐熱性菌	大腸菌	ウイルス
コケ類	ツボカビ	キノコ類	ケカビ	酵母	原生動物	メタン菌	枯草菌	
		一部の酵母	クモノスカビ	コウジカビ		高度好塩菌		

真核微生物　　　　　　　　　　　　　　原核微生物

微生物

図2.1　生物系統分類説の変遷と微生物の分類学上の位置

ては各階級に接頭語「亜」をつけて呼んでいる。

　このような経緯で微生物は，現在，核膜やミトコンドリアの有無などにより，藻類，キノコ類，酵母およびカビなどの真核微生物を含む菌界と，原核微生物が含まれる真正細菌界（細菌界ともいう）および古細菌界の3つに大別されている。しかし，近年のゲノム解析の結果，新しい真核生物の分類が発表され，真核微生物に含まれる原生生物の分類は大きく変わりつつある。

　本章では，三ドメイン・六界説を基本として真正細菌（細菌），古細菌，真核微生物（カビ，酵母），原生生物およびウイルスについて食品に関係の深い微生物を中心に説明する。

2.2　原核微生物

1　原核微生物の分類

　原核微生物としての細菌は種々の性状で分類されている。第一にグラム染色性である。グラム陽性細菌は外膜がなく，細胞壁が厚いため最初に染色に使うクリスタルバイオレットで染色され，不溶化されて沈殿した色素が脱色されにくい。これに対してグラム陰性細菌は最外層に外膜を有するが，アルコー

ルなどで外膜は破壊され，さらに細胞壁も薄いので，不溶化した色素も比較的簡単に漏洩するので脱色される。細胞壁をもたないマイコプラズマはグラム陰性となる。細胞の形状から，球菌，桿菌，螺旋菌などに分類され，増殖における酸素の必要性の違いから，好気性，微好気性，通性嫌気性および偏性嫌気性に分けられる。偏性嫌気性菌は，酸素に対する耐性によって「絶対：0.5％未満の酸素にしか耐えられない」「中等度：2～8％の酸素に耐えられる」「耐気性嫌気性菌：大気中の酸素に一定時間耐えられる」に分類される。また，増殖可能な温度帯から，低温菌，中温菌，好熱菌，高度好熱菌，超好熱菌に分類される。さらにエネルギーの利用性，炭素源の利用性，病原菌が生体内に侵入したときに受ける過酸化水素による攻撃を回避するために必要なカタラーゼの有無，好気的な呼吸によるエネルギー生産に必要なオキシダーゼの有無などの生化学的性状も重要な形質である。さらに，細胞膜のリン脂質組成，細胞壁組成，外膜タンパク質やリポ多糖の組成，耐久型の細胞である胞子（芽胞ともいう）の形成の有無などにより伝統的に分類されてきた。近年ではDNAのGC含量，さらに分子生物学的技術の発展によりrRNA解析や遺伝子の相同性解析による客観的な系統分類が可能となり，分類の再編や分割が行わ

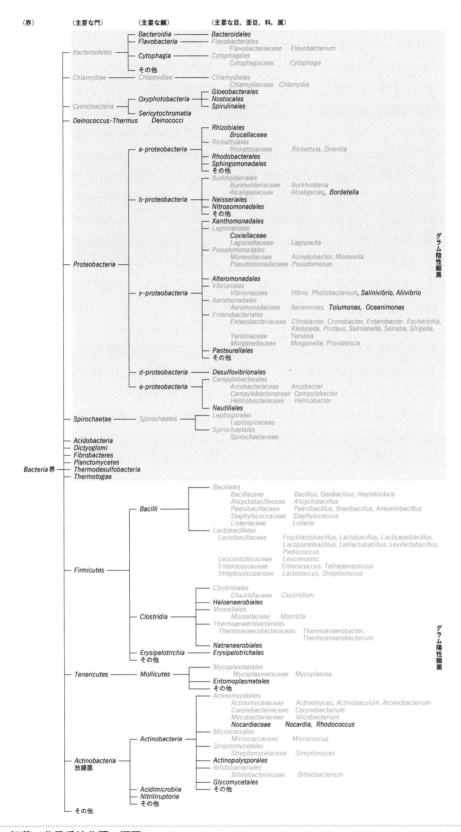

図2.2 細菌の分子系統分類の概要

青字は本章で説明した細菌群

れている。分子系統解析の結果から，三ドメイン説における細菌界はグラム陽性細菌の系統の*Posibacteria*亜界とグラム陰性細菌の系統の*Negibacteria*亜界に大きく分けられるという説もある。図2.2に細菌の系統分類の概要について示す。

2 グラム陽性細菌

　外膜をもたない一般的なグラム陽性細菌と菌糸を形成して放射状に増殖することから命名された放線菌が含まれる。*Firmicutes*に含まれる一般的なグラム陽性菌は外膜をもたないためリポ多糖体はないが，菌体表面にタイコ酸やリポタイコ酸を有し，負の荷電をもっている。食品に関係の深い属としては胞子形成菌で好気性の*Alicyclobacillus*，*Bacillus*，*Geobacillus*および嫌気性の*Clostridium*，*Moorella*など，これに加えて胞子非形成の*Staphylococcus*，*Listeria*，乳酸菌と総称されるグループに含まれる*Lactobacillus*，*Lactococcus*，*Enterococcus*などがある。さらに放線菌に属する*Streptomyces*，*Actinomyces*，*Bifidobacterium*，*Corynebacterium*，*Mycobacterium*，*Micrococcus*（菌糸は形成しない）などの属が重要である。

1. *Bacillus*属

　好気性の胞子形成桿菌で，カタラーゼ陽性のものが以前は*Bacillus*として分類されていた。しかし，rRNAの塩基配列に基づいた系統解析により，*Alicyclobacillus*，*Aneurinibacillus*，*Brevibacillus*，*Geobacillus*，*Paenibacillus*などの属が*Bacillus*から分離され，再分類された。*Bacillus*には約300種が報告されている。中温性の土壌細菌で，一般に周毛性の鞭毛をもつため運動性がある。*Bacillus*をはじめとして胞子形成菌は，さまざまな環境に存在するため，種々の食品から検出される。胞子の状態では通常の加熱条件では死なないため，加熱調理後の食品だけではなく，加熱殺菌後の食品，特に瓶詰，缶詰やレトルト食品，缶やペットボトル入りの飲料などにおいて腐敗や変敗の原因となる。次の菌種が代表的なものである。

(1) *B. anthracis*

　炭疽菌である。鞭毛がない大型の桿菌で連鎖して増殖する。3種類の外毒素を分泌し，ヒトや家畜に皮膚炭疽や肺炭疽などを発症させる。2001年のアメリカのバイオテロで使用された。

(2) *B. cereus sensu stricto*（図2.3A）

　従来のセレウス菌（*B. cereus*）という食中毒菌である。大型の桿菌で，酸性では増殖しにくい。4〜7℃の低温でも増殖可能な菌株もある。溶血毒をはじめ，いくつかの毒素を産生するが，食中毒に関係するのは低分子環状ペプチドのセレウリドと呼ばれる耐熱性嘔吐毒（120℃で15分間加熱しても失活しない）と分子量4万〜6万の複数の易熱性下痢毒である。

(3) *B. licheniformis*

　*B. subtilis*の類縁菌で，コロニーの形状に特徴があり，油滴状のコロニーがバラの花弁様に形成される。

(4) *B. subtilis*

　胞子形成などの遺伝学的研究に用いられる*Bacillus*の代表的な菌である。土壌や枯れ草などの植物表面に存在することが多いため枯草菌と呼ばれる。食品の表面で増殖し，しわのある膜状の白いコロニーをつくる。納豆菌は本菌種の亜種である。

(5) *B. thuringiensis*

　BT菌と呼ばれる。蚕の病原菌（卒倒病菌）として日本で発見された菌で，鱗翅目昆虫，双翅目昆虫な

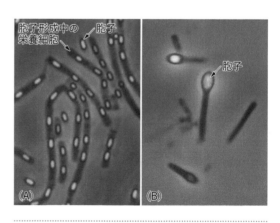

図2.3　細菌胞子の位相差顕微鏡写真

（A）*Bacillus cereus sensu stricto*，（B）*Clostridium botulinum*

どに特異的な結晶性タンパク毒を産生する。本菌は生物農薬（BT剤）として広く使用されており，この毒素タンパク遺伝子は「害虫の被害を受けにくい」組換え農産物作出のために利用されている。

　B. anthracis, *B. cereus sensu stricto*, *B. thuringiensis*の3菌種はコロニー形状や細胞の形態もよく似ており，さらに遺伝学的にも区別が困難であることから*B. cereus*グループとして分類されている。これには*B. cereus sensu stricto*（従来の*B. cereus*），*B. anthracis*, *B. thuringiensis*のほか，*B. pseudomycoides*, *B. mycoides*, *B. weihenstephanensis*, *B. cytotoxicus*および*B. toyonensis*などが含まれる。

2. *Alicyclobacillus*属

　*Alicyclobacillaceae*科に属する好熱性，好酸性，好気性の胞子形成桿菌で，増殖至適温度は40〜60℃，増殖至適pHは4.5程度である。土壌細菌で，25種程度が報告されている。

(1) *A. acidoterrestris*

　果汁飲料中に胞子として殺菌後も生残し，果汁中に含まれるバニリンやバニリン酸を代謝して，グアヤコールを生成するため薬品臭発生の原因となる。

3. *Geobacillus*属

　好熱性，通性嫌気性，胞子形成桿菌で，増殖至適温度は55〜65℃で，胞子の耐熱性も高い。土壌細菌で，16種程度が報告されている。

(1) *G. stearothermophilus*

　胞子の耐熱性が高く，低酸性缶詰食品のフラットサワー型の変敗原因菌である。増殖に伴い乳酸を産生する。常温流通されるスープ，加温タイプのコーヒー，野菜ジュース，茶飲料など低酸性飲料の腐敗原因である。増殖最低温度が37〜40℃で常温では増殖しないため，容器詰食品の加熱殺菌の対象菌とはされていない。

4. *Paenibacillus*属

　*Paenibacillaceae*科に属する中温性の通性嫌気性，胞子形成桿菌である。土壌細菌で，約200種程度が報告されている。窒素固定能を有するものが多く，*P. polymyxa*, *P. macerans*などは低pHでも増殖するので食品の変敗の原因となるが，胞子の耐熱性は高くはない。病原性はないが，過酸化水素や塩素などの殺菌剤耐性や紫外線耐性が高いため食品業界では問題となる。

5. *Heyndrickxia*属

　H. coagulans（旧*Bacillus coagulans*）が代表的な菌種で，胞子の耐熱性が高く，低酸性（pH4.6以上）缶詰食品のフラットサワー型の変敗原因菌である。増殖至適温度は45〜50℃と若干高く，増殖に伴い乳酸を産生する。缶詰や飲料など常温流通食品で問題になる菌である。

6. *Clostridium*属

　偏性嫌気性の胞子形成桿菌で，一般にカタラーゼ陰性で周毛性の鞭毛をもつため運動性がある。土壌細菌で，動物の腸管内にも生存する。偏性嫌気性の胞子形成菌はほとんどが*Clostridium*に分類されていたが，遺伝型および表現型も多様であり，*Moorella*, *Thermoanaerobacter*, *Thermoanaerobacterium*などへと再分類された。現在は*C. butyricum*, *C. botulinum*, *C. perfringens*など200種が報告されている。

(1) *C. acetobutylicum*

　アセトン産生菌で，バイオブタノールの合成でも注目されている。

(2) *C. botulinum*（図2.3B）

　ボツリヌス食中毒の原因菌である。ドイツで流行した腸詰めによる食中毒の原因菌で，この食中毒がラテン語の腸詰め（botulus）からbotulism（ボツリヌス食中毒）と命名され，種名の由来となっている。ボツリヌス菌にはA, B, C（Cα, Cβ）D, E, F, Gの毒素型があり，ヒトに食中毒を起こすのはA, B, E, Fの4型である。数本の鞭毛を有し，運動性がある。増殖至適温度は37℃で，E型菌は，特に4℃付近の低温でも増殖する。生後12か月未満の乳

幼児では，胞子の摂取だけでも一般のボツリヌス症と同じ症状を発症する乳児ボツリヌス症を起こす。ボツリヌス食中毒防止のため容器包装詰食品では，pH4.6以上，かつ水分活性0.94以上の場合，中心温度120℃で4分間加熱，またはこれと同等以上の効力を有する方法で殺菌する必要がある。

(3) *C. perfringens*

ウエルシュ菌食中毒の原因菌で，ヒトや動物の大腸の常在菌である。厳密な偏性嫌気性ではなく，非運動性で，増殖至適温度は43〜46℃で，分裂時間も45℃で約10分間と短い。食中毒のほかに，ヒトの感染症としては敗血症，ガス壊疽，化膿性感染症などが知られている。ウエルシュ菌食中毒は，食品中で大量に増殖したエンテロトキシン産生性ウエルシュ菌（下痢原性ウエルシュ菌）を喫食することにより，腸管内で本菌が増殖・胞子を形成する際に産生・放出されたエンテロトキシンにより発症する。ウエルシュ菌の由来は，本菌の旧名が*C. welchii*であったことによる。

(4) *C. tetani*

破傷風菌で，傷口から感染して増殖中に産生された毒素が脳や脊髄の運動抑制ニューロンに作用するので，重症の場合は全身の筋肉麻痺を引き起こす。

7. *Moorella*属

*Clostridium*から再分類された属で，好熱性，偏性嫌気性の胞子形成細菌属である。*M. thermoacetica*が代表的な菌種である。酢酸を生成するのでフラットサワー型の変敗を起こす。胞子の121℃での90％死滅に要する時間が*G. stearothermophilus*の4〜5分に対して55分と耐熱性が非常に高いので，ミルクコーヒーなど加温販売の缶詰飲料の変敗で問題となる。

8. *Thermoanaerobacter*属

*Clostridium*から再分類された好熱性，偏性嫌気性の胞子形成細菌属である。*T. thermohydrosulfuricus*は清涼飲料水の変敗の原因となる。

9. *Thermoanaerobacterium*属

*Clostridium*から再分類された好熱性，偏性嫌気性の胞子形成細菌属である。*T. thermosaccharolyticum*は60℃程度でよく増殖し，酢酸や乳酸を生成し，ガスも発生するので，加温販売される飲料などで容器の膨張を引き起こす。

10. *Staphylococcus*属

通性嫌気性の球菌で，ブドウの房状の不規則な集合体を形成して増殖するので*Staphylococcus*（ブドウ球菌）と命名された。多くの菌種が耐塩性があり，食塩濃度10％でも増殖する中温菌である。ほとんどがカタラーゼ陽性であるので乳酸球菌と区別できる。オキシダーゼは陰性である。コロニーの色が黄色，オレンジ色などさまざまで，*S. aureus*（黄色ブドウ球菌），*S. epidermidis*（表皮性ブドウ球菌）など35種程度が含まれる。血漿を凝固させるコアグラーゼを産生するか否かでヒトに対する病原性が決まる。ヒトや各種の哺乳動物，鳥類などに広く分布している。特に薬剤耐性を獲得した*S. aureus*（MRSA）は院内感染により劇症性の感染症を引き起こし，死に至らしめることがある。

(1) *S. aureus*（黄色ブドウ球菌（図2.4））

毒素型食中毒菌である。コロニーの色が金（Au）色に見えたため*aureus*と命名された。耐塩性が高く，食塩濃度10％でも増殖できる。増殖至適温度は37℃付近，増殖至適pHは7.0〜7.5である。コアグラー

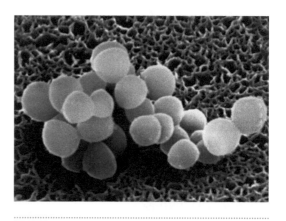

図2.4　*Staphylococcus aureus*（黄色ブドウ球菌）

ゼの血清型（コアグラーゼ型別）や溶原化したファージの型（ファージ型別）により詳細に分類されている。種々の溶血毒，壊死毒などの菌体外毒素を産生する。食中毒の原因となるのは耐熱性エンテロトキシン産生菌である。健康なヒトの鼻，咽頭，腸管などにも分布し，健康人の本菌保有率は20%程度である。生乳の約70%から本菌が検出され，約10%はエンテロトキシン産生性である。2000年の雪印乳業食中毒事件の原因菌である。

(2) *S. epidermidis*

表皮性ブドウ球菌と呼ばれる。鼻や皮膚に常在する菌で，通常は病原性を示さないが，医療器具などに付着して体内に侵入すると傷口を化膿させたり，病原性を示すことがある。

(3) MRSA（Methicillin-resistant *Staphylococcus aureus*）

ペニシリン系の抗生物質であるメチシリンに耐性の黄色ブドウ球菌として最初は分離されたが，他の抗生物質にも耐性を示す場合もある。MRSAの治療にはバンコマイシンが有効であったが，バンコマイシン耐性の黄色ブドウ球菌も出現している。

11. *Listeria* 属

通性嫌気性の桿菌で，カタラーゼ陽性，運動性があり，胞子は形成しない。*Listeria*には8種が含まれるが，これまで*L. monocytogenes*がヒトのリステリア症の原因となる唯一の病原菌と認められていた。しかし，近年，*L. ivanovii*もヒト病原菌として分離される事例があった。また，*L. seeligeri*は動物に感染することが知られている。そのほかの*L. grayi*, *L. innocua*, *L. welshimeri*, *L. marthii*および*L. rocourtiae*は非病原菌とされている。遺伝学的には*Bacillus*との類縁性が高い。

(1) *L. monocytogenes*

低温（4℃）増殖性，耐塩性（6%以上の食塩存在下でも増殖），耐酸性などの特徴がある。*L. monocytogenes*は，ヒトに感染した場合，敗血症，髄膜炎，流産などの重篤な症状を引き起こす。*L. monocytogenes*の病原性は菌株により異なり，ヒトに

おける臨床例から分離されるのは全13種の血清型のうち1/2a, 1/2b, 4bの3種で，ほぼ9割が占められている。潜伏期間は1日から数週間と長く，化膿性髄膜炎および敗血症を引き起こす。38～39℃の発熱，頭痛，嘔吐などの症状が出るが，健康な成人では無症状のことが多い。妊婦から子宮内の胎児に垂直感染して発症する胎児敗血症は，流産や早産の原因となる。

12. *Micrococcus* 属

好気性の球菌で，カタラーゼ陽性である。カロチノイド色素を産生するためコロニーが赤色，ピンク色，黄色などをしている。分類学上は放線菌に分類されているが，菌糸状に増殖することはないため通常は放線菌としては扱わない。動物の皮膚に生息しているため食肉，乳製品などから分離されるが，自然界にも広く分布している。乾燥や熱にも強いので，低温殺菌牛乳から検出されることもある。10℃以下でも増殖できることから，*M. luteus*, *M. flavus*, *M. roseus*, *M. ureae*, *M. candidus*は魚肉練り製品，餅，豆腐，菓子など，さまざまな食品に増殖して赤色や黄色の着色，軟化や異臭発生の原因となる。

13. 乳酸菌

乳酸菌とは発酵によって乳酸を大量に産生する細菌の総称である。通性嫌気性または偏性嫌気性のグラム陽性細菌で，胞子は形成しない。乳酸のみを産生するホモ乳酸菌とアルコールや酢酸などの乳酸以外の成分も産生するヘテロ乳酸菌がある。カタラーゼ陰性，チトクロームオキシダーゼ陰性である。ナイシンをはじめ種々のバクテリオシン産生菌やヨーグルトや発酵食品の製造に必要な有用菌が多い。しかし，比較的ストレス耐性が強いので加熱調理後にも生残するため，食品の酸敗や酸臭発生の原因菌としてもよく分離される。酒やビールの品質劣化の原因にもなる。次のような属がある。

(1) *Lactobacillus* 属

乳酸桿菌と呼ばれる。自然界，ヒトの腸管内にも存在し，ヨーグルトの製造，キムチ，糠漬けなどの

発酵食品の製造に利用されてきた。ホモ乳酸菌およびヘテロ乳酸菌の両方が含まれる。*L. delbrueckii* はホモ乳酸菌で，*L. delbrueckii* の亜種のひとつである *L. d. bulgaricus* は，ブルガリアのヨーグルトから発見された。再分類が進み，以前の主要な食品関連 *Lactobacillus* 属細菌は *Fructilactobacillus* 属，*Lacticaseibacillus* 属，*Lactiplantibacillus* 属，*Latilactobacillus* 属，*Lentilactobacillus* 属，*Levilactobacillus* 属，*Limosilactobacillus* 属などへと分類された。

(2) *Fructilactobacillus* 属

　アルコール耐性の高い *F. fructivorans* や *F. heterohiochii* は火落ち菌と呼ばれ，清酒の腐敗に関与する。また，*F. fructivorans* は食塩や酢酸に対する耐性が高く，減酸・減塩ドレッシングで問題となる。酸味のあるパンのパン種（サワードウ）において *F. sanfrancisensis* は酸味の形成に重要である。

(3) *Lacticaseibacillus* 属

　L. casei，*L. paracasei* subsp. *paracasei*，*L. rhamnosus* などプロバイオティクスとして利用される。

(4) *Lactiplantibacillus* 属

　L. plantarum はホモ型発酵乳酸菌で耐塩性も高いので，佃煮などの変敗の原因，ゆで麺，玉子豆腐，蒸し菓子にエタノール臭を発生させ膨張を起こすこともある。

(5) *Latilactobacillus* 属

　L. sakei subsp. *sakei* は，動植物表面や発酵食品中など自然界に広く生息し，バクテリオシンを産生する株もある。伝統的な清酒の製造にも用いられる。

(6) *Levilactobacillus* 属

　L. brevis は有用乳酸菌としても用いられるが，*L. casei* とともにビールの腐敗菌として重要である。

(7) *Lactococcus* 属

　狭い意味での乳酸球菌で，乳および乳製品からよく分離されるホモ乳酸菌である。*L. lactis* はヨーグルトの製造に利用されており，ナイシン産生菌としても知られているが，酢酸やアルコールも産生するため，食品において酸臭発生の原因ともなる。

(8) *Leuconostoc* 属

　連鎖して増殖する乳酸球菌で，ヘテロ乳酸菌である。*L. mesenteroides* は豆腐，乳製品，ハム，蒲鉾（かまぼこ）など，さまざまな食品において腐敗・変敗の原因となる。

(9) *Pediococcus* 属

　四連球菌として増殖するホモ乳酸菌である。植物性発酵食品，麺つゆなどから殺菌後にも検出され，食品変敗の原因となる。バクテリオシンを産生する菌種も含まれる。*P. acidilactici* は麦味噌の酸敗に関与する。

(10) *Enterococcus* 属

　動物の腸管内に存在する腸球菌で，ホモ乳酸菌である。比較的大型の球菌で，十数種類の菌種を含む。*E. faecalis* は乳製品，畜肉製品，水産加工品など種々の食品で酸敗や酸臭発生の原因となる。バンコマイシンと類似構造の動物用医薬品として飼料などに添加されたグリコペプチド系抗生物質アポパルシンが原因で，バンコマイシン耐性腸球菌（VRE）が出現した。糞便中の菌数は大腸菌より少ないが，大腸菌群に比べ，冷凍，乾燥，加熱に強いので冷凍食品，乾燥食品，加熱食品などにおける加工前の糞便汚染の指標としては大腸菌群よりも適している。未殺菌ミネラルウォーターは腸球菌陰性でなければならない。

(11) *Tetragenococcus* 属

　醤油，味噌，漬物の製造に関係する耐塩性の乳酸菌である。ホモ乳酸菌およびヘテロ乳酸菌の両方が含まれる。*T. halophilus* は醤油醸造において味に深みを与え，香りの醸成に関与している。

14. 放線菌

　典型的な放線菌は気菌糸を伸ばして増殖するため形態的にはカビのようにみえるが，グラム陽性細菌で桿菌や球菌も含まれる。ほとんどが好気性であるが嫌気性のものもある。一般に土壌に生息しており，抗生物質産生菌として重要である一方，重大な病原菌も含まれる。ゲノムDNAのGC含量が70％程度と非常に高いのが特徴である。次のような属が含

まれる。

(1) Streptomyces 属

放線菌の多くが含まれる。代表的な菌はストレプトマイシン産生菌 S. griseus, カナマイシン産生菌 S. kanamyceticus などである。ゲノムサイズが 7〜10 Mbp と細菌にしてはかなり大きい。

(2) Actinomyces 属

放線菌の中でも偏性嫌気性の桿菌が多く含まれ, 家畜やヒトの放線菌症（歯周病, 目や女性性器感染症, 尿道炎など）の原因となる菌が多い。

(3) Corynebacterium 属

棍棒のような形態を示すことから命名された。C. glutamicum（グルタミン酸産生）のような有用菌や上気道の粘膜感染症・ジフテリアの原因菌 C. diphtheria（ジフテリア菌）が含まれる。

(4) Mycobacterium 属

結核菌および癩菌群が含まれる細菌群で, 細胞壁に脂質が多く染色されにくいが, いったん染色されるとアルコールや加熱, 酸によっても脱色されなくなるため抗酸菌と呼ばれる。ヒトの結核の原因菌である M. tuberculosis, ヒトのハンセン病の原因菌である M. leprae などが含まれる。M. bovis はウシの結核の原因菌であるが, 継代培養によりヒトに対する病原性を失った菌株は結核予防のための BCG ワクチンとして利用されている。

(5) Bifidobacterium 属（図2.5）

偏性嫌気性の桿菌で, ビフィズス菌と呼ばれている。動物の腸管内に生息し, 腸の状態を整える整腸剤として利用されている。乳酸菌として扱われることが多く, さまざまなビフィズス菌製品が販売されている。

3 グラム陰性細菌

グラム陰性細菌は外膜をもつため一般に抗生物質や色素, 界面活性の作用に対して抵抗性が高い。外膜成分のリポ多糖体（Lipopolysaccharide；LPS）は内毒素として作用するが, 糖鎖部分は O 特異抗体産生, 補体の活性化とインターロイキンの誘発を引き起こし, リピド A 部分は致死性ショック,

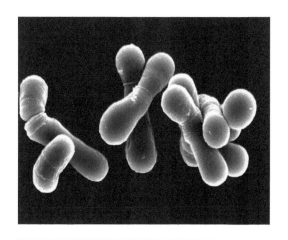

図2.5 *Bifidobacterium animalis* subsp. *lactis*（ビフィズス菌）

発熱, 白血球の活性化や血管内皮細胞の障害, 抗体産生促進, 抗腫瘍作用などの活性をもつ。食中毒原因菌, 衛生指標細菌および食品の腐敗変敗に関係する細菌など, 食品に関係の深い菌群としては *Enterobacteriaceae*（腸内細菌科）, *Vibrionaceae*（ビブリオ科）, *Pseudomonadaceae*（シュードモナス科）, *Campylobacteraceae*（カンピロバクター科）, *Aeromonadaceae*（エロモナス科）などがある。

1. Aeromonadaceae 科

Aeromonadaceae の代表的な属は *Aeromonas* である。短桿菌で河川や湖などの淡水で検出され, 淡水魚の病原菌や食中毒菌が含まれる。A. hydrophila および A. sobria は食中毒細菌で, 通常, 菌体の一端に単毛の鞭毛をもち, 増殖至適温度は 30〜35℃の中温菌である。河川, 湖沼や周辺の土壌および魚介類などに広く分布している。細胞毒, コレラ毒素関連物質, 溶血毒, プロテアーゼなど下痢原性物質となる種々の物質をつくる。

2. Bacteroidetes 門

(1) Cytophagales 目　Cytophagaceae 科 Cytophaga 属

好気性の屈曲した形態（不定形）の桿菌で一般に

土壌から分離される。鞭毛がないため運動性はないが，固体の表面を滑り運動する。魚類の病原菌が含まれる。

(2) *Flavobacteriales*目　*Flavobacteriaceae*科　*Flavobacterium*属

好気性で運動性のない短桿菌で，黄色，オレンジ色など不溶性の色素を産生する。野菜，魚介類，畜肉から検出され，低温増殖性でタンパク質分解活性が高いため低温流通食品の腐敗に関係することもある。

3. *Burkholderiales*目

*Burkholderiaceae*や*Alcaligenaceae*などが含まれる。

*Burkholderiaceae*の代表的な属は*Burkholderia*で，以前は*Pseudomonas*に分類されていた菌種が，遺伝学的分類が進み分割されてできた属である。一般には運動性があり，好気性の桿菌で動物，ヒト，植物病原菌，PCB分解菌などが含まれる。抗生物質耐性の菌が多い。*B. mallei*（鼻疽菌），*B. cepacia*（肺炎や敗血症を引き起こす湿潤な環境を好む菌）などが含まれる。*B. cepacia*は土壌細菌として自然界に常在する細菌で，タマネギなどの植物病原菌あるいは有害物質の分解能やピロールニトリンなどの抗生物質産生など有用機能を有する菌としても分離される。ほかにも*Chitinimonas*や*Cupriavidus*が含まれる。*Cupriavidus necator*（旧名*Ralstonia eutropha*）は生分解性プラスチックの原料となるpolyhydroxyalkanoates（PHA）やpolyhydroxybutyrate（PHB）の生産に用いられている。

*Alcaligenaceae*は*Alcaligenes*や*Achromobacter*などの属を含む。*Alcaligenes*が代表的で，土壌や河川，動物の腸管内に生息する好気性の桿菌で運動性がある。乳製品の変敗の原因となる菌種も含むが，近年は水素酸化細菌としてよく研究されている。*Achromobacter*は動物性食品の腐敗原因菌である。

4. *Campylobacteraceae*科

微好気性の菌で，螺旋菌の*Campylobacter*

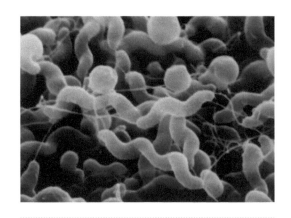

図2.6　*Campylobacter*（カンピロバクター）

（図2.6）や*Arcobacter*などの属が含まれる。

*Campylobacter*は5〜15%程度の酸素存在下でのみ増殖可能な微好気性菌で，好気および偏性嫌気条件下では増殖しない。ニワトリやウシ，ブタなどに広く保菌されており，*C. jejuni*と*C. coli*が食中毒菌である。増殖温度域は30〜45℃で，至適温度は42℃である。培養条件がよい場合，菌体は螺旋状であるが，生育に適さない条件では球状化（coccoid form）する特徴がある。低温には強く，10℃以下では20日間以上生残するが，乾燥や加熱には弱い。*Campylobacter*はニワトリやウシなどの腸内常在菌で，牛のレバー，加熱不十分の食肉（特に鶏肉），飲料水を通してヒトに感染し食中毒を起こす。開発途上国では，最も頻繁に分離される下痢原因菌である。

5. *Arcobacteraceae*科

*Campylobacteraceae*から再分類された本科の代表的な属は*Arcobacter*である。鶏肉や豚肉から検出されることが多く，ヒトの食中毒の原因にもなっている。*A. cryaerophilus*, *A. butzleri*などが胃痙攣および下痢を伴う消化器疾患を引き起こす。

6. *Enterobacteriaceae*科（腸内細菌科）

動物の腸管内に生息する細菌群で，通性嫌気性の桿菌である。グルコースを発酵して酸とガスを産生する。カタラーゼ陽性，オキシダーゼ陰性で鞭毛をもつものが多く，運動性がある。DNAのGC含量

は40〜60%。胞子は形成せず，菌体表層を覆う莢膜や菌体から伸びる線毛をもつものがある。*Escherichia*, *Citrobacter*, *Cronobacter*, *Enterobacter*, *Klebsiella*, *Proteus*, *Plesiomonas*, *Salmonella*, *Serratia*, *Shigella*, *Yersinia*などの属がある。腸内細菌科の細菌は衛生指標としても重要で，分類学上の定義とは別に食品衛生や公衆衛生上の汚染指標として大腸菌，大腸菌群，腸内細菌科菌群などが使われている（p.27参照）。

(1)　*Escherichia*属

鞭毛を有する運動性の桿菌で，主要な菌は*E. coli*（大腸菌）である。通常の*E. coli*は病原性をもたないが，下痢原性の大腸菌として，腸管侵入性大腸菌，腸管病原性大腸菌，腸管毒素原性大腸菌，腸管凝集付着性大腸菌，腸管出血性大腸菌などがある（第8章参照）。いずれも食品や飲料水から経口感染する。

① **腸管侵入性大腸菌（Enteroinvasive *E.coli*；EIEC）**；赤痢菌のように大腸粘膜細胞に侵入することで下痢症状を起こす。1971年に初めて報告された菌で，ヒトからヒトへ感染するが，動物への感染は少ない。本菌食中毒は発熱，腹痛を主要症状とし，食品を介して大流行することもある。

② **腸管毒素原性大腸菌（Enterotoxigenic *E.coli*；ETEC）**：本菌が粘膜上皮細胞付着因子を介して小腸内に定着し，増殖するときに易熱性毒素（LT，コレラトキシン類似の毒素タンパク）または耐熱性毒素（ST，18〜19アミノ酸からなるペプチド）を産生する。これらの毒素は腸粘膜上皮細胞に作用し，腸管内に多量の水分の分泌を促す。したがって，本菌食中毒の主要症状は下痢（水様便）である。

③ **腸管病原性大腸菌（Enteropathogenic *E.coli*；EPEC）**：大量の経口感染により急性胃腸炎を起こす。生化学的性質は同じであるが，通常の大腸菌とは血清型により区別される。外膜タンパク質インチミンを介して腸管上皮細胞に結合して定着し，病原因子を腸管細胞内に注入する。

④ **腸管凝集付着性大腸菌（Enteroaggregative *E. coli*；EAggEC）**：腸管に付着性を示し，耐熱性

のエンテロトキシンEST1を産生して下痢を起こす。

⑤ **分散接着性大腸菌（Diffusely adhering *E. coli*；DAEC）**：HEp-2細胞やHeLa細胞に分散接着する大腸菌で，水様性の下痢を発症する。

⑥ **腸管出血性大腸菌（Enterohemorrhagic *E.coli*；EHEC）**：EPEC同様にインチミンを介して腸管内に定着し，出血性大腸炎を引き起こす。赤痢菌の産生する志賀毒素と同じまたは類似の毒素（ベロ毒素I型およびII型）を腸管内で産生する。腹痛，出血を伴う水様性の下痢などを発症する。本菌の中で最も重要な血清型が大腸菌O157：H7である。本菌は毒素産生性の点からベロ毒素産生性大腸菌（VTEC），あるいは志賀毒素産生性大腸菌（STEC）とも呼ばれる。

(2)　*Citrobacter*属

鞭毛を有する桿菌で，クエン酸を炭素源として利用できる。食品衛生学上は大腸菌群に含まれる。硫化水素を産生するので，*C. freundii*はサルモネラの検査の妨害となることがある。

(3)　*Cronobacter*属

鞭毛を有する桿菌で，以前は*Enterobacter sakazakii*と命名されていた菌が本属の複数の菌種に分割された。*C. sakazakii*は乳児に敗血症や髄膜炎，壊死性の腸炎などを発症させる，欧米を中心に本菌で汚染された乳児用調製粉乳が原因の感染死亡事例が報告されており，2008年からCodexの乳児用調製粉乳の微生物基準に加えられている。土壌，動物，植物など自然界から広く分離される。

(4)　*Enterobacter*属

鞭毛を有する桿菌で，広く自然界から分離される菌である。*E. cloacae*, *E. aerogenes*は食品の腐敗にも関係する。

(5)　*Klebsiella*属

鞭毛をもたない，厚い莢膜を有する桿菌である。*K. pneumoniae*は呼吸器感染症，尿路感染症，敗血症，髄膜炎などの原因となる。広く自然界に分布している。

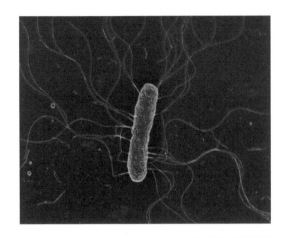

図2.7 *Proteus*（プロテウス属）

(6) *Proteus* 属（図2.7）

鞭毛を有する桿菌で，ゲノムDNAのGC含量が40%程度と低い菌である。自然界に広く分布している。タンパク質分解力が強いので，畜産物などの腐敗の原因となる。寒天培地上では薄く広がった遊走集落を形成する。

(7) *Plesiomonas* 属

*P. shigelloides*は通性嫌気性の短桿菌で，運動性がある。河川や湖沼など淡水中に生息し，淡水魚や貝類に付着している。夏場の淡水魚の生食が原因で食中毒を起こし，潜伏期間は15時間程度で，腹痛，下痢などの症状が出る。

(8) *Salmonella* 属

周毛性の鞭毛を有する桿菌で，サルモネラ食中毒の原因細菌属である。本属の菌は1885年，豚コレラ流行時に初めて分離された。菌種としては*S. enterica*（6亜種），*S. bongori*, *S. subterranea*の3菌種であるが，2,500以上の血清型がある。感染型食中毒を起こすのはほとんどが*S. enterica* subsup. *enterica*で，食中毒に関係のある血清型は*S. Enteritidis*, *S.* Typhimurium, *S.* Infantis, *S.* Newport, *S.* Chester, *S.* Oranienburgなど20種類ほどがある。*S.* Typhi（腸チフス菌），*S.* Paratyphi A菌（パラチフスA菌）など感染症の菌も食品を原因とした感染では食中毒菌扱いとなる。増殖至適pHは7〜8で，増殖至適温度は37℃であるが，食品中6.5℃

でも徐々に増殖したとの報告もある。ネズミ，イヌ，その他の家畜，鳥類，カメなど，ほとんどすべての動物に広く濃厚に分布している。

(9) *Serratia* 属

鞭毛を有する桿菌で，赤い色素産生菌として見出された菌である。代表的な菌は*S. marcescens*である。土壌，水中，空気中に存在し，食品を汚染して表面で赤い斑点をつくる。タンパク質分解活性が高いので，タンパク性の食品や蒲鉾などの腐敗を起こす。日和見感染症の菌でもある。

(10) *Shigella* 属

鞭毛をもたない運動性のない桿菌である。細菌性赤痢の原因菌は*S. dysenteriae*, *S. flexneri*, *S. boydii*および*S. sonnei*で，日本で検出される赤痢菌としては*S. sonnei*が70〜80%と多い。主な感染源はヒトで，患者や保菌者の糞便，それらに汚染された手指，食品，水，ハエ，容器を介して感染する。水系感染は大規模な集団感染発生を起こす。感染菌量は10〜100個ときわめて少ない。マウス致死活性，ベロ細胞毒性を示す志賀毒素を産生する。この毒素とまったく同じ毒素が腸管出血性大腸菌のつくるベロ毒素Ⅰ型である。この毒素はリボソーム上でのタンパク質合成を阻害する。テトラサイクリン，ストレプトマイシンなど，種々の抗生物質に対して耐性を示す多剤耐性株が分離されてきている。

(11) *Yersinia* 属

桿菌で増殖可能温度範囲が1〜44℃と広い。*Y. pestis*（ペスト菌），食中毒菌の*Y. enterocolitica*がよく知られている。小学校や中学校などの集団給食が原因で，大規模な集団食中毒事件を起こすことがある*Y. enterocolitica*は5℃以下の低温，特に0℃付近でも増殖するものもある。*Y. pestis*は中世ヨーロッパで発生した黒死病（ペスト）の原因菌である。従来はネズミの伝染病であるが，ノミを介してヒトに感染する。感染すると頭痛，衰弱，高熱を発し，ペスト菌の内毒素による皮下出血が起き，多くの場合，敗血症を発症して死亡する。

7. *Moraxellaceae* 科

Pseudomonadales 目に含まれる科で，好気性の短桿菌で，カタラーゼ陽性で運動性はない。*Acinetobacter* や *Moraxella* などの属が含まれる。

Acinetobacter は短桿菌または球菌状で，土壌，淡水，動物から検出される。生肉や調理済みの畜肉食品で低温における腐敗の原因となる低温増殖性の菌でもある。*A. baumannii* は院内感染により肺炎や尿路感染症を起こす。髄膜炎，敗血症など重症化する場合もある。本菌は外来のDNAをゲノムDNA中に組み込む能力が高く，これにより生じた多剤耐性 *Acinetobacter* は，ニューキノロン系のシプロフロキサシン，カルバペネム系のイミペネム，アミノグリコシド系のアミカシンなど多くの抗菌剤に耐性を示す。

Moraxella は短桿菌または球菌状で，ヒトや動物の粘膜に常在する菌である。食品からもよく分離される菌で，呼吸器系の感染症や肺炎の原因ともなる。*M. osloensis* は部屋干しの洗濯物の雑巾様臭の原因菌として同定されている。

8. *Morganellaceae* 科

⑴ *Morganella* 属

鞭毛を有する桿菌で，以前は *Proteus* に分類されていた。*M. morganii* はヒスチジン脱炭酸酵素活性が強いため食品中のヒスチジンをヒスタミンに変換するので，イワシ，サンマ，サバなどの赤身魚の刺身や照り焼き，みりん干しなどが原因のアレルギー様食中毒を引き起こす。

⑵ *Providencia* 属

鞭毛を有する桿菌で，*Proteus* と近縁の属である。この属の *P. alcalifaciens* は病原性が非常に弱いことから食中毒の原因菌にならないと考えられていたが，日本でパンが原因と疑われた集団食中毒で初めて食中毒原因菌として同定された．

9. *Legionellaceae* 科

Legionella 属 *L. pneumoniae* は好気性の桿菌で，倍化時間（世代時間）が数時間と長い。ヒトのレジオネラ肺炎やポンティアック熱の原因菌である。アメーバ類や藻類に寄生して水環境で長期間生存する。温泉や共同入浴施設，加湿器などから水やエアロゾル（霧状の水）を介してヒトに感染する。

10. *Pseudomonadaceae* 科

好気性の極鞭毛を有する運動性の桿菌で，胞子を形成しない。高い水分活性の環境を好むが，水中，土壌，獣肉，魚介類，植物などの自然界に広く存在し，種々の食品を汚染している。蛍光色素を産生する菌が多い。プラスミドの伝播により薬剤耐性も獲得しやすい菌である。トルエンやPCBなどの分解菌が分離され，バイオレメディエーション（生物による環境修復）への利用も行われている。近年，rRNAやDNAの塩基配列の相同性により再分類が進み，*Xanthomonadaceae*，*Burkholderiaceae* などへ再分類された菌もある。代表的な属は *Pseudomonas* で，*P. aeruginosa*，*P. fluorescens*，*P. fragi*，*P. putida* などが含まれる。

P. aeruginosa はコロニーの色から緑膿菌と呼ばれる日和見感染症の菌である。湿った環境や水中，皮膚や消化管内に生息し，食品の腐敗を起こす菌である。*P. fluorescens* は獣肉，魚肉，牛乳などを広く汚染しており，0℃近くの低温下でも増殖し，強いタンパク質分解活性を示すので，冷蔵庫内で生肉や生魚などの食品の表面に増殖し腐敗の原因となる。

11. *Vibrionaceae* 科

通性嫌気性の桿菌で，極毛性の鞭毛を有し，運動性があり，カタラーゼ陽性，オキシダーゼ陽性で，胞子は形成しない。一般にグルコースを発酵するがガスは発生しない。

⑴ *Vibrio* 属

細胞が彎曲した形態のため弧菌と呼ばれる。増殖至適温度は18～37℃で，中性～pH9で増殖する好塩性の細菌である。海水，淡水，土壌などに広く分布している。キチン分解活性が高いので，プランクトンの甲殻や魚の体表に生息する。*V. chorelae*（コレラ菌）や *V. vulnificus* などの感染症の菌や *V.*

parahaemolyticus（腸炎ビブリオ），*V. fluvialis*，*V. mimicus* などの食中毒細菌が含まれる。

　V. parahaemolyticus は，1950年，大阪市で発生したシラス干しによる食中毒の原因細菌として初めて検出された。通常は単極毛性の鞭毛をもつが，周毛性の鞭毛をもつ場合もある。増殖至適温度は35～37℃，至適pHは7.5～8.5，他の細菌に比べて増殖速度が速く，条件がよいと約10分で1回分裂する。好塩性で，食塩濃度1～8％で生育するが，3％前後が至適である。10％以上では増殖せず，また，塩分のない水道水中では死滅する。ヒトに対して病原性を示すのは下痢を引き起こす原因物質である耐熱性溶血毒（TDH）ならびに耐熱性溶血毒類似毒素（TRH）産生菌で，刺身，たたき，寿司など，魚介類の生食が原因で感染型の食中毒を起こす。本菌による溶血現象は，神奈川県衛生研究所で発見されたため「神奈川現象」と呼ばれる。

　コレラの原因菌 *V. cholerae* は腸炎ビブリオとは異なり，食塩がない条件でも増殖する。日本の河川にも存在しており，食塩濃度1～1.5％でよく増殖し，水温の上昇する夏季には汚染菌数が増える。コレラを起こす血清型はO1およびO139のみである。

　血清型O1以外の血清型の *V. cholerae* はNAG "non-agglutinable（凝集しない）" ビブリオ，すなわちコレラ菌の抗血清（O1）には凝集しないという通俗名で呼ばれる。コレラ菌のつくるコレラ毒素とよく似た激しい下痢を起こさせる毒素を産生してヒトに食中毒を起こさせる。海産魚介類に広く分布し，冷凍や冷蔵でも死滅しないので，飲料水汚染がみられるような衛生状態の悪いところで本菌に汚染された水や食物の経口摂取により発症する。

　V. fluvialis および *V. mimicus* は1～3％の塩分を好む低度好塩性で，近海魚の15～30％から分離される。易熱性細胞毒性エンテロトキシン（腸管病原活性をもつ）やコレラ毒素様の物質をつくるものもある。近海産の魚介類が原因食品となって下痢（水様便），嘔吐，腹痛を起こす。

　V. vulnificus は好塩性の *Vibrio* で，乳糖分解性がある。糖尿病や肝臓疾患のある人が経口感染すると，四肢の水疱や敗血症を起こすことがある。また，海に入って傷口から感染した場合には潰瘍や壊疽を起こすことがある。

⑵ *Photobacterium* 属

　単極毛で運動性を有する桿菌でグルコースを発酵的に分解し，酸とガスを産生する通性嫌気性菌である。海洋に生息し，好塩菌で，発光性の菌種もある。アレルギー様食中毒の原因となるヒスタミン産生菌として，低温性の *P. phosphoreum* および中温性の *P. damselae* などがある。

4 Archaea（古細菌）

　リボソームの小サブユニットのゲノムDNAの塩基配列を決定してメタン菌と他の細菌や真核生物を系統解析すると，メタン菌は他の細菌とは大きく異なることがわかってきた。さらに高度好塩菌や超好熱菌などについても同様に他の細菌とは大きく離れたメタン菌と同じグループを形成することがわかってきた。さらに，これらの生化学的性状が明らかになってくると，翻訳開始のtRNAがMet-tRNAである点，RNAポリメラーゼの構造，tRNAの分子構造，タンパク質の翻訳伸長因子などが細菌よりも真核生物に近いことがわかり，細胞膜中に脂肪酸残基が含まれず，*sn*-グリセロール-1-リン酸のイソプレノイドエーテルで構成されており，細胞壁の組成もペプチドグリカンではなく，タンパク質または糖タンパク質で構成されるS層や糖ペプチドのシュードムレインでできている点などで，原核生物の中で通常の細菌とは区別されるようになった。表2.1に細菌と古細菌，真核微生物の違いについて示す。古細菌は細胞膜の脂質や細胞壁の成分は細菌や真核微生物とは異なるが，細胞内器官がない点やリボソームの構成は細菌と同じである。ところが，開始tRNAや転写開始プロモーター配列は真核微生物と類似している点もある。こうして原核生物は六界説では真正細菌界と古細菌界の2つに分けられた。また，三ドメイン説では生物は真核生物と原核生物を構成する真正細菌と古細菌の3つのドメインに分類されることとなった。16S rRNA系統解析やDNA-DNA分

表2.1　細菌，古細菌および真核微生物の相違点

項目	真正細菌	古細菌	真核微生物
細胞の大きさ	0.5〜数 μm	0.5〜数 μm	3〜100 μm
運動方法	鞭毛，繊毛	鞭毛	鞭毛，繊毛，偽足など
細胞内器官	なし	なし	細胞核，ミトコンドリア，ゴルジ体など
細胞骨格の有無	なし	なし	あり
細胞壁の成分	ペプチドグリカンなど	タンパク質，糖タンパク質など	高分子多糖類であるグルカンやマンナンが主成分
細胞膜脂質の成分	sn-グリセロール-3-リン酸のsn-1位，2位に脂肪酸がエステル結合したエステル型脂質（sn-1,2位）	sn-グリセロール-1-リン酸のsn-2位，3位にイソプレノイドアルコールがエーテル結合したエーテル型脂質（sn-2,3位）	sn-グリセロール-3-リン酸のsn-1位，2位に脂肪酸がエステル結合したエステル型脂質（sn-1,2位）
細胞分裂部位の決定	FtsZ リング	FtsZ リング	アクチンミオシン収縮環
DNA	環状	環状	直線状
ゲノムサイズ	0.2〜10 Mbp	1.2〜6 Mbp	12 Mbp 程度
遺伝子数	200〜9,000	500〜4,500	10,000程度
リボソームの構成	50S + 30S	50S + 30S	60S + 40S
開始tRNA	N-formylMet-tRNA	Met-tRNA	Met-tRNA
転写開始位置の決定	σ因子	転写開始前複合体	転写開始前複合体

子交雑法などの解析の結果から，古細菌ドメインは，*Euryarchaeota*界，TACK群（*Crenarchaeota*門，*Thaumarchaeota*門など）や*Asgardarchaeota*群および DPANN（*Diapherotrites*, *Parvarchaeota*, *Aenigmarchaeota*, *Nanohaloarchaeota*, *Nanoarchaeota*）群を含む*Proteoarchaeota*界の2界および所属不明に分けられている。

　古細菌の生育範囲は広く，培養可能な古細菌は，間欠泉，強酸，強アルカリ，油田などの極限環境から分離されてきたものが多いことから，古細菌を表現型で分類すると「メタン菌」「高度好塩菌」「超高熱菌」および「好熱好酸菌」に大きく分類される。

　古細菌のゲノムDNAは環状で，大きさは真正細菌の半分以下のものが多く（1.2〜6 Mbp），小型や大型のプラスミド（0.3〜0.7 Mbp）を保有する菌もある。古細菌に感染するファージも見出されている。古細菌は極限的な生育環境に生息するものが多いため，酵素タンパク質は真正細菌などのものに比べると格段に耐熱性や薬剤耐性などが高いものが多い。これらにはすでに実用化されているPCR法における種々の耐熱性DNAポリメラーゼ（*Thermococcus kodakaraensis*に由来するKOD DNAポリメラーゼや*Pyrococcus furiosus*のつくるPfu DNAポリメラーゼ）がある。このほかプロテアーゼ，アミラーゼなども工業的な利用が期待されている。またメタン菌は廃棄物処理に利用されており，この際に生成するメタンガスは燃料としても利用できる。さらに古細菌は，その代謝産物の栄養機能性素材としての利用や生分解性プラスチックの原料の高産生菌としての利用も期待されている。

　それぞれ次のような性質がある。

1.　メタン菌（Methanogen）

　偏性嫌気性で水素と二酸化炭素などからメタンを生成してエネルギーを獲得する古細菌の総称である。

*Euryarchaeota*界*Euryarchaeota*門の*Metha-nobacteria*綱 や*Methanococci*綱，*Methano-microbia*綱に分類されている。地球上では海底，熱水鉱床，沼，動物の消化管，地中などから分離されている。さまざまな範囲の温度（15～105℃），pH，塩分濃度の環境に生息している。排水処理における嫌気的な分解，家畜糞便などの処理や廃棄物のコンポスト化などに利用されている。

2. 高度好塩菌（Halobacteria）

*Euryarchaeota*界*Euryarchaeota*門*Halo-bacteria*綱*Halobacteria*目に属し，2.5～5.2 MのNaCl濃度でも増殖する。真正細菌でも好塩性細菌は存在するが，16S rRNAの塩基配列が異なる。pH7～10程度で増殖し，好気性菌が多く，他の好熱菌より耐熱性は低い。40属以上の200種以上の菌種が報告されており，*Halobacterium*，*Halococcus*などが含まれる。*Halobacterium salinarum*はバクテリオルベリンという炭素数50の長鎖カロテノイドを合成するが，これはβ-カロテンの1.5倍以上の抗酸化活性を有し，食品への利用も注目されている。他種高度好塩菌に対して殺菌作用をもつハロシンと呼ばれるバクテリオシンを分泌する菌もある。

3. 超好熱菌（Hyperthermophiles）

*Euryarchaeota*界*Euryarchaeota*門では*Thermoplasmata*綱，*Thermococci*綱，*Archaeoglobi*綱，および*Methanopyri*綱に，*Crenarchaeota*界*Crenarchaeota*門では*Thermoprotei*綱に分類されている。増殖至適温度が80℃以上のものが多く，50℃以下では増殖しない菌が多い。至適温度が100℃以上のものも多く，122℃でも増殖する菌も発見されている。*P. furiosus*や*T. kodak-araensis*のDNAポリメラーゼは，真正好熱性細菌*Thermus aquaticus*が産生する*Taq* DNAポリメラーゼよりも複製の正確性が優れている。

4. 好熱好酸菌 （Thermo-acidophiles）

温泉，火山などから分離されるpH1～6の低酸性，50～97℃（至適温度は70～85℃）の高温で増殖する古細菌群である。硫化水素を酸化する好気性好熱好酸菌*Sulfolobus*属などがあり，硫化水素処理への利用について研究されている。

5 光合成細菌

光合成を行う真正細菌には，バクテリオクロロフィルをもち，酸素を発生しない紅色細菌（紅色硫黄細菌，紅色非硫黄細菌），緑色細菌（緑色硫黄細菌，緑色非硫黄細菌），ヘリオバクテリアと，クロロフィルをもち，酸素を発生する*Cyanobacteria*（シアノバクテリア門）がある。後者は藍藻とも呼ばれる。*Cyanobacteria*は通常，他の生物と共生しており，共生生物は*Cyanobacteria*の空気中の窒素固定能や光合成能に頼って生きている。

6 その他の細菌

1. *Spirochaetes*綱

細長い螺旋状のグラム陰性細菌で，一般に5回以上の螺旋を巻き，菌体の最外部に細胞と鞭毛も覆うエンベロープと呼ばれる皮膜を有する一群の細菌を総称してスピロヘータと呼んでいる。*Spirochaetes*門*Spirochaetes*綱の細菌で，*Spirochaetales*目*Spirochaetaceae*科，*Leptospirales*目*Leptospiraceae*科などが含まれる。梅毒（*Treponema pallidum*によって発生する感染症），回帰熱（シラミやダニによって媒介される*Borrelia*属の複数種の細菌による感染症），ライム病（*Borrelia burgdorferi*を原因とするマダニに媒介される感染症），レプトスピラ症（*Leptospiraceae*科に含まれる細菌による人畜共通感染症）などの病原菌が含まれる。好気性，微好気性，通性嫌気性，偏性嫌気性など，さまざまな酸素利用性の細菌が含まれている。

2. *Rickettsiaceae*科

非運動性のグラム陰性菌で桿状や球状の形態をもつ，単独では増殖できない偏性細胞内寄生菌である。通常の細菌の半分くらいの大きさである。*Proteo-*

*bacteria*門*α-Proteobacteria*綱*Rickettsiales*目*Rickettsiaceae*科の*Rickettsia*および*Orientia*属細菌をリケッチアと呼ぶ。シラミ，ダニ，ツツガムシなど，特定の節足動物を介してヒトに感染し，ロッキー山紅斑熱，発疹チフス，ツツガムシ病などの原因となる。発疹チフスの病原菌である*R. prowazekii*のゲノムは，1,110 kb，遺伝子数834個であり，細胞内寄生性のため一般の細菌よりかなり小さい。

3. *Chlamydiaceae*科

*Chlamydiae*門*Chlamydiae*綱*Chlamydiales*目*Chlamydiaceae*科の*Chlamydia*属に含まれるグラム陰性の偏性細胞内寄生菌を一般にクラミジアと呼ぶ。一般の細菌よりもかなり小さい。*C. trachomatis*はトラコーマやクラミジア肺炎，性器感染症を，*C. psittaci*はオウム病，*C. pneumoniae*はクラミジア肺炎の原因となる。ペプチドグリカンをもたないため，ペニシリンやセフェム系など*β*-ラクタム系の抗生物質が効かない。*C. trachomatis*のゲノムは，1,040 kb，遺伝子数894個であり，細胞内寄生性のため一般の細菌よりかなり小さい。

4. *Mycoplasma*属

*Tenericutes*門*Mollicutes*綱*Mycoplasmatales*目*Mycoplasmataceae*科に*Mycoplasma*が含まれる。細胞壁をもたない真正細菌である。グラム染色では陰性となるが，外膜をもたず，系統解析からもグラム陽性菌に分類される。細胞の大きさは100〜1,000 nm程度であるが，細胞壁がないため変形しやすいので，孔径0.22 μmのメンブランフィルターを通過する。通性嫌気性であるが呼吸能はなく，真核細胞の表面に寄生して必要な栄養分を獲得している細菌である。ゲノムサイズは大腸菌の1/4程度である。*M. pneumoniae*は口腔，呼吸器や尿路などに常在しており，マイコプラズマ肺炎の原因となる。

7 衛生指標細菌

食品や飲料水が非衛生的なとり扱いや，糞便汚染などによって病原菌に汚染されている可能性を病原菌検査の代わりに調べる細菌群を衛生指標細菌という。一般細菌数，大腸菌群，大腸菌，腸内細菌科菌群，腸球菌などが指標として一般に用いられる。これらは食品衛生法の基に定められた食品，添加物等の規格基準，乳および乳製品の成分規格等に関する省令の中で定められている成分規格では，食品ごとに細菌数（一般細菌数，大腸菌群，大腸菌，腸球菌，胞子形成菌や食中毒菌など）の限界値が定められている。成分規格以外に製造基準，調理基準，保存基準，加工基準などにも衛生指標細菌による微生物規格が定められている。

1. 腸内細菌科菌群

腸内細菌科菌群とは，Violet Red Bile Glucose Agar（VRBG寒天培地）上でピンク色，赤色，紫色の集落を形成するブドウ糖発酵性で，オキシダーゼ陰性の通性嫌気性グラム陰性桿菌である（ISO 21528）。大腸菌群の定義から外れる乳糖非分解性の*Salmonella*，*Yersinia*，大部分の*Shigella*も含まれる。生食用食肉の規格基準に採用された（2011年9月）。

2. 大腸菌群

大腸菌群とは「乳糖を発酵して酸とガスを産生するグラム陰性の好気性および通性嫌気性の胞子を形成しない桿菌」と定義されている。これは細菌分類学的に大腸菌に近い細菌種を示す名称ではなく，公衆衛生や食品衛生上使用される用語である。大腸菌群（coliform）には*Escherichia*，*Klebsiella*，*Enterobacter*，*Serratia*や*Citrobacter*などの腸内細菌科の属および*Aeromonas*などが含まれるが，腸内細菌科でも*Salmonella*，*Yersinia*，大部分の*Shigella*は含まれない。大腸菌群は土壌や自然水環境に広く分布しており，野菜や魚介類などの生鮮食品からも検出されるので，これらの食品では衛生指標にはならない。しかし加熱処理後の加工食品の

場合は，加熱処理が不十分，またはその後のとり扱いが非衛生的であったことを示す。食品の規格基準で大腸菌群陰性でなくてはならないのは，牛乳，はっ酵乳，アイスクリーム，洋生菓子，清涼飲料水，氷雪，魚肉練り製品，加熱食肉製品の一部，生食用冷凍鮮魚介類などである。

3. 糞便系大腸菌群

　大腸菌群の中で44.5℃で増殖するものを糞便系大腸菌群（fecal coliform）という。これも食品衛生法上の行政用語である。食品中おける糞便系大腸菌群の存在は食品が比較的新しい糞便汚染を受けたことを示すので，前述の生鮮食品の衛生指標にも用いられており，生食用食肉や生食用生カキの衛生基準に利用されている。また，冷凍食品や乾燥食肉製品などの衛生基準にも用いられている。

4. 大腸菌

　糞便系大腸菌群のうち，IMViC試験（インビック試験）においてインドール産生能(I)，メチルレッド反応(M)，Voges-Proskauer反応(Vi)およびシモンズのクエン酸利用能(C)の4つの性状試験が「＋＋－－」または「－＋－－」となる細菌の一群を食品衛生学では大腸菌（*Escherichia coli*）としている。この方法によって決められる大腸菌は，糞便系大腸菌群をおおまかに区別した場合の一菌群で，細菌分類学で厳密に決定される大腸菌（*E. coli*）とは異なる。試験法が簡便であるため，食品や飲料水の衛生指標菌として多用されている。乾燥食肉製品，生食用カキ，浅漬け，弁当および惣菜，生麺などは大腸菌陰性でなければならない。

2.3　真核微生物

1　真核微生物の分類

　真核微生物は三ドメイン説の真核生物ドメインに含まれる，五界説および六界説において菌界に分類される，地衣植物門（コケ類）以外のツボカビ門，担子菌門，ムコール門および子嚢菌門に含まれる微生物および原生生物界に含まれる藻類や原生動物をさす。一般にいう菌類とは菌界に属する生物の総称で酵母，カビ（糸状菌），キノコ類を含んでいる。細菌に対して真菌とも呼ばれる。有性生殖により子嚢胞子や担子胞子などを形成するが，有性世代のわかっていないものもあり，これらは便宜的に不完全菌と呼ばれている。図2.8に菌界の系統分類の概要を示す。

2　酵母

　酵母（yeast）は，分類学上は子嚢菌門および担子菌門に含まれる単細胞性の運動性のない真核微生物である。卵型，球形，楕円形，レモン型などの形態をしており，直径が3〜5 µm程度で，細菌より数倍大きい。酸素がない場合は発酵により，酸素がある場合には好気的な呼吸を行って増殖する。酵母の生活環には一倍体と二倍体の世代があり，それぞれ出芽（*Saccharomyces*など）や分裂（*Schizosaccharomyces*など）により増殖する。子嚢胞子や担子胞子などの有性生殖による胞子を形成するが，これらの胞子を形成せず有性世代のわかっていない酵母も存在する。パン，ビール，清酒，ワインなどの発酵食品の製造に不可欠であるが，腐敗や異臭発生の原因ともなる。低い酸素分圧の環境では発酵型の腐敗を起こし，好冷性の酵母は冷凍食品で腐敗を起こすことがある。また酵母は，細菌より浸透圧耐性が高い菌種もあり，糖濃度の高い果汁，蜂蜜，シロップ，乾燥果実などや高塩分濃度の漬物などを腐敗させることもある。果汁，果実，野菜，乳製品，魚介類や惣菜などの低温流通食品の変敗原因酵母として *Candida*，*Saccharomyces* などの属が，塩辛，漬物，畜産加工品などの変敗やアルコール臭発生酵母として *Zygosaccharomyces*，*Debaryomyces* などが，食品の異臭（シンナー臭）原因酵母として *Candida*，*Wickerhamomyces* などの属が報告されている。次に代表的な酵母の属を説明する。

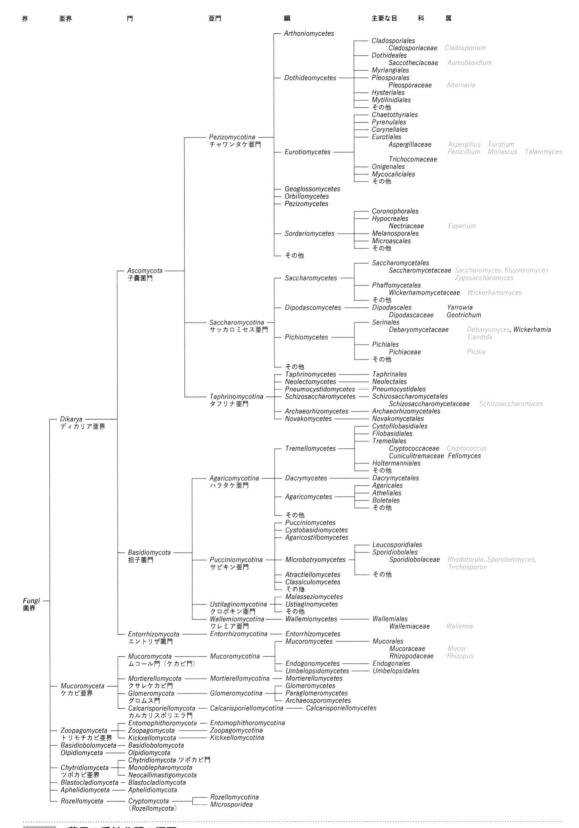

図2.8 菌界の系統分類の概要

青字は本章で説明した菌群

1.　子嚢菌門の酵母

⑴　*Candida* 属

　有性生殖を行わない不完全菌（酵母）である。出芽によって増殖するが，偽菌糸（菌糸に近い形態）をつくることもある。一部の菌種は以前 *Torulopsis* 属に分類されていた。代表的な種は *C. albicans* で，ヒトの腸管，口腔，皮膚や粘膜に存在する酵母である。日和見感染症の原因となり，皮膚カンジダ症や口腔炎などを起こす。味噌の発酵やワイン醸造に関係する酵母も含まれる。低温増殖性のため，低温流通食品の変敗，蒲鉾のネト（粘質物），果汁飲料の変敗の原因ともなっている。*Candida* は乳酸飲料や果汁飲料などの酸性飲料の飲み残しペットボトルの膨張を引き起こす微生物としても検出されている。

⑵　*Debaryomyces* 属

　土壌，空中などに広く分布する低温増殖性の多極出芽酵母で，最高発育温度は31〜35℃である。産膜酵母として知られており，食品では，石油臭，ネト，スライム形成などの腐敗現象を引き起こす。乳製品，食肉，畜肉加工品，練り製品，肉まん，奈良漬，味噌などで問題となる。

⑶　*Kluyveromyces* 属

　乳糖を発酵してエタノールを産生する酵母で，牛乳，チーズ，乳酒などから分離される。高温でのエタノール発酵や増殖が可能な耐熱性酵母 *K. marxianus* が土壌から分離されている。

⑷　*Pichia* 属

　Pichia 属は *Wickerhamomyces* 属，*Starmera* 属，*Cyberlindnera* 属および *Ogataea* 属などに再分類された。本属には，ワインの発酵を妨害する菌種，生乳やチーズの汚染菌などが含まれる。

⑸　*Saccharomyces* 属

　細胞の形態は球形または卵形で，出芽によって増殖する。食品産業において重要な酵母が数多く含まれている。*Saccharomyces cerevisiae* は代表的な種で，パン，清酒，ビール，ワインなどの製造に使われてきた酵母であり，品種改良や育種などによりさまざまな風味を醸し出す実用酵母が作出され，

それぞれの発酵分野で飲料や食品の開発に利用されてきた。真核細胞のモデル生物として，細胞の分裂機構，染色体の複製機構，シグナル伝達機構，細胞周期などの基礎研究が行われて真核生物の基本的な性質が明らかにされてきた。ゲノムDNAの大きさは12 Mbp程度である。濃縮果汁，調味料などの糖分の多い食物の品質劣化の原因となる。

⑹　*Schizosaccharomyces* 属

　分裂酵母で，代表的な種は *S. pombe* である。アフリカの伝統的な酒（pombe）から分離された酵母で，これが種名の由来になっている。熱帯地方の土壌，果実などから分離され，増殖至適温度が37℃と他の酵母よりも高い。

⑺　*Wickerhamomyces* 属

　Pichia 属から再分類された酵母で，*Wickerhamomyces anomalus*，*W. canadensis*，*W. ciferri*，*W. subpelliculosa* などを含む。強いエタノール資化性をもち，広く自然界に分布しており，食品において酢酸エチルを生成してシンナー臭を発生させる。特に *W. anomalus* はパン，生菓子，半生菓子，ジャム，果汁，シロップ，生・ゆで麺，味噌，畜肉加工品，練り製品，穀物加工品漬物，ワインなどで問題となった事例がある。

⑻　*Zygosaccharomyces* 属

　代表的な種は *Z. rouxii* で，味噌や醤油の諸味の熟成中のアルコール発酵や，香味形成に重要な耐塩性〜好塩性の酵母である。シロップやジャムなどの糖分の高い食品の劣化にも関係する。*Z. bailii* は耐糖性（50％程度），アルコール耐性（18％程度まで），酢酸耐性（2％程度），ソルビン酸や安息香酸などの保存料に対する抵抗性も高い。

　これらのほかに *Yarrowia* 属，*Geotrichum* 属などがある。

2.　担子菌門の酵母

⑴　*Cryptococcus* 属

　発酵能はないが，油脂分解力が強い。30℃では発育するが37℃では生育しないものが多い。ヒトの皮膚および自然界に広く分布しており，果汁，果実，

食肉加工品，冷蔵サラダなどで問題となる。病原性を有する種があり，クリプトコックス症の大半は *C. neoformans* が原因菌となり，三大真菌症の原因菌の中でも健常者に感染する真菌である。

(2) *Rhodotorula* 属

自然界，特に水系環境に生息する赤色酵母のひとつである。低温から中温域で生育した場合に色素を産生する。発酵能はないが，油脂分解力が強く，増殖が速いのが特徴で，保存料（安息香酸など）に抵抗性を有し，0.25％の安息香酸を炭素源としてpH4.5でよく生育するものや氷河や極地に生息する好冷性の種もある。食肉，食肉加工品，水産加工品，練り製品，海苔などにおいて腐敗の原因となり，変色，着色（赤色斑点，淡橙色斑点，赤変など），異臭などを引き起こす。

(3) *Sporobolomyces* 属

出芽だけではなく射出胞子を形成する酵母で，赤色酵母のひとつである。*Sporobolomyces* 属に属する酵母はコエンザイムQ10，カロテノイド類やL-カルニチンなどの有用物質の産生菌としても注目されている。

(4) *Trichosporon* 属

自然界に広く分布し，ヒトの皮膚や爪などからも検出される酵母である。発酵能はない。一部の酵母は40℃でも発育する。冷凍肉，豆腐，生菓子，チーズ，バター，マッシュルーム，野菜などで問題となる酵母である。日和見感染症を起こす酵母でもある。

3 カビ

カビも糸状菌も分類学上の呼び名ではない。分生子と呼ばれる胞子を形成して胞子が発芽して菌糸状の構造体を形成して増殖する真菌である。分類学上は多核の菌糸体をつくって増殖する菌界に属する真核生物である。糸状に分岐した直径2～10 μmの管状構造を菌糸，この菌糸の集合したもので，菌糸の先端が伸長し，分岐しながら成長する菌糸体，菌糸体から分岐して柄が上に伸び，その先端に胞子をつくり，繁殖に重要な子実体（fruiting body）など

で構成されている。菌糸や胞子そのものは小さくて肉眼で見ることはできないが，増殖してできたコロニーは肉眼で見える。図2.9にカビの模式図を示す。さらにカビの胞子は，赤，青，緑，黒など，菌種固有の色調で目立つので，食品クレームの原因としても重要である。

カビは食品産業で種々の食品や飲料の醸造に利用されてきた。日本では味噌，醤油，清酒などの製造に利用している。カマンベールチーズやブルーチーズの熟成にも使用される。抗生物質ペニシリン，酵素類，クエン酸などの有機酸およびビタミンB₂などの生産に種々のカビが利用されている。カビの産生するアミラーゼやプロテアーゼ，セルラーゼなども食品加工に利用されている。この一方で，ある種のカビは発ガン性のカビ毒をつくるものもある。これまでに300種類以上のカビ毒が報告されている。カビ毒は一般に熱に対して安定で，通常の加熱調理では完全に分解されない。食品に関係のあるカビの属について次に説明する。

1. 子嚢菌門のカビ

(1) *Alternaria* 属

ススカビと呼ばれる。好湿性で，綿毛状の灰白色から黒褐色のコロニーをつくる。住宅内に発生するほか，リンゴ，ナシ，イチゴなどの青果物の病気や腐敗の原因となる。焼売などで灰色や黒い斑点形成の原因菌として *A. alternata* が分離されている。植物の病原菌も含まれ，本属の産生するアルテルナリア毒素による穀類，油糧種子，果物および野菜の汚染が懸念されている。

(2) *Aspergillus* 属

コウジカビと呼ばれる。白，黄色，青緑，褐色，黒など，さまざまな色の分生子をつくる。清酒や焼酎の醸造に使われる黒麹（*A. niger, A. awamori*），黄麹（*A. oryzae*）などは色に由来する呼び名である。有用なコウジカビの代表的な菌種は *A. oryzae* で，清酒，味噌，醤油の製造に使われている。醤油には *A. sojae* も利用されている。沖縄の泡盛は *A. awamori* や *A. saitoi* が，鰹節には *A. glaucus* が使わ

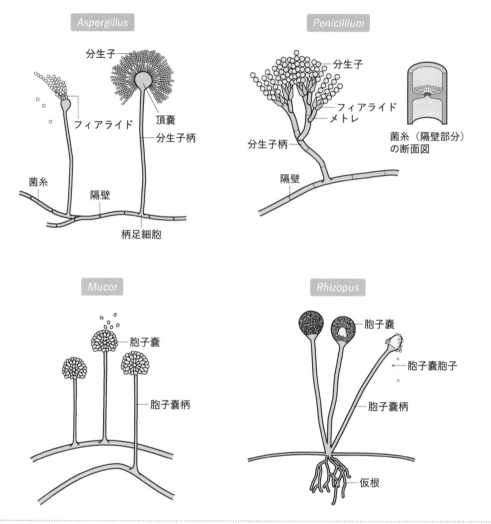

図2.9　カビの模式図

れている。これに対し有害なカビも含まれており，*A. flavus*はアフラトキシン（aflatoxin）と呼ばれるカビ毒を産生する。現在，B1, B2, G1, G2, M1, M2などの種類のアフラトキシンが報告されており，アフラトキシンB1は天然物の中で最も強い発ガン物質である。動物実験ではアフラトキシンの経口投与により肝細胞の壊死や肝臓ガンが発生する。アフラトキシンはピーナッツ，トウモロコシ，各種香辛料，ピスタチオなどから検出されている。また*A. flavus*はコウジ酸（メラニン色素生成を阻害する）産生菌としても知られている。ほかにもカビ毒として，オクラトキシン，フミトレモルジン，ステリグマトシスチンを産生するカビも含まれる。ゲノム解析プロジェクトの結果，コウジカビのゲノムDNAは38 Mbp，遺伝子数は約12,000個である。

(3) *Aureobasidium* 属

黒色酵母様菌と呼ばれる好湿性のカビである。ゼリーや清涼飲料水からも分離される。植物だけではなく，湿気の多いところでプラスチックやゴムなどにも生えて黒色のコロニーをつくる。*A. pullulans* は増粘剤のプルランの製造に利用されている。

(4) *Cladosporium* 属

乾燥や低温に強く，住宅内の壁や畳，ビニールクロス，パンやミカンなど種々の食品に深緑や黒い斑点状に発生する。黒カビと呼ばれる菌種を含む。自然界や工業製品など至るところに広く分布している。

(5) *Eurotium* 属

比較的乾燥を好むカビで，香辛料や乾燥果実，菓子，高糖度ジャムなどの食品で増殖するほか，衣類や革製品，カメラレンズの表面などでも増殖する。食品上では青緑色または黄色のコロニーを形成する。

(6) *Fusarium* 属

大麦や小麦の赤カビ病菌など農産物の加害菌が含まれる。土壌や住環境から検出され，特に麦やトウモロコシに増殖してカビ毒を産生する種もある。これらのカビ毒は，化学構造によりデオキシニバレノールとニバレノールなどが含まれるトリコテセン系カビ毒（嘔吐，下痢，造血機能障害），ゼアラレノン（家畜の不妊，流産），ブテノライドなどに分類されている。これらのカビ毒は小麦粉，押麦，ハト麦などの麦類，ポップコーンなどのトウモロコシを原料とした製品などで検出されている。

(7) *Monascus* 属

菌糸内に赤やピンクの色素を産生し，紅麹カビとして紅酒などの製造に使われる*M. purpureus, M. anka, M. ruber*などが含まれる。このカビのつくる赤色色素は天然色素（モナスカス色素）として食品に利用されている

(8) *Penicillium* 属

青や青緑色の分生子をつくるので青カビと呼ばれる。抗生物質ペニシリンの産生菌は*P. chrysogenum*などである。カマンベールチーズ製造には*P. camenberti*が使われている。ブルーチーズの製造にも青カビが使われている。カビ毒を産生するものとしては，輸入米で黄変米事件の原因となった*P. citrinum, P. islandicum, P. citreonigrum*などがある。*P. expansum*はリンゴなどに生え，カビ毒のパツリンを産生する。

(9) *Talaromyces* 属

土壌に分布しており，耐熱性が高い菌種が含まれる。清涼飲料水で93〜95℃達温の殺菌条件でも生残して繊維状異物形成の原因となる。

2. ムコール（ケカビ）門のカビ
(1) *Mucor* 属

ケカビと呼ばれ，ヒトに対して種々の日和見感染症を起こす。

(2) *Rhizopus* 属

クモノスカビと呼ばれる。土壌中に生息する好湿性のカビである。パン，穀類，ピーナッツ，香辛料，食肉加工品，乳製品から検出される。*R. oligosporus*（Saito）（*R. microsporus*のsynonym）はインドネシアの大豆発酵食品テンペの発酵に利用される。

3. 担子菌門のカビ
(1) *Wallemia* 属

好乾性カビである。乾燥果実，パンケーキ，饅頭，半生麺などに紫色や茶褐色の小さな斑点を発生させる。*W. sebi*がこれらの変敗を起こすことが多い。

2.4　原生生物

1 原生生物の分類

真核で単細胞の生物が原生生物である。このうち運動性がなく光合成を行うものを一般的に藻類，運動性のあるものを原生動物（*protozoa*）という。原生動物のうち寄生性で病原性のものを原虫（単細胞性の寄生虫）と呼ぶことがある。動物やヒトの腸管内をはじめ，地球上の至るところに生息している。現在広く受け入れられている五界説および六界説では，真核生物に含まれるのは，動物，植物，菌類，原生生物の四界である。八界説では原生生物を三界に分けている。しかし，近年のゲノム解析の結果，新しい真核生物の分類が発表され，原生生物の分類は大きく変わりつつある。次に代表的な原生生物について五界説および六界説を基本として説明する。

2 藻類

淡水性および海水性のものが多いが，土壌や陸上の水のないところに生息する気生藻類などがある。緑藻，紅藻，渦鞭毛藻，ミドリムシ，ユーグレナな

どが含まれる。海産の藻類を海藻といい，食用の藻類として，微生物ではないがマコンブ，ワカメが，海苔としてはスサビノリ（*Pyropia yezoensis* または *Neopyropia yezoensis*）やアサクサノリ（*Pyropia tenera* または *Neopyropia tenera*）やアオノリ，寒天の原料となるテングサなどが含まれる。*Chlorella* 属の緑藻類は健康食品としても利用されている。鞭毛藻のミドリムシ（*Euglena* 属）は栄養補助食品や食材の一部としてだけではなくバイオ燃料への応用研究も行われている。食品には利用できないが，バイオ燃料として利用できる炭化水素を光合成により生成する緑藻 *Botryococcus braunii* もある。

3 原生動物

　原生動物は，伝統的な分類では，肉質虫（細胞の形を変形させて偽足をつくって運動する原生動物，アメーバ類），鞭毛虫（鞭毛で運動する原生動物，ミドリムシ，ランブル鞭毛虫など），胞子虫（運動器官をもたない，胞子を形成して増殖する原生動物，クリプトスポリジウム，トキソプラズマなど），繊毛虫（繊毛を使って移動する原生動物，ゾウリムシやツリガネムシなど）の4つの綱に分けられていた。地球には65,000種類程度が存在する。分子系統分類では，肉質虫（Sarcodina）はいわゆるアメーバなどを含む *Amoebozoa* 界と *Rhizaria* 界に分かれている。鞭毛虫（Flagellate）は多様であり，有色鞭毛虫綱（*Chromonadea*）および無色鞭毛虫綱（*Leucomonadida*）に，胞子虫（Sporozoa）は，*Apicomplexa* 門，*Cercoza* 門，*Microsporidia* 門，*Cnidaria* 門および *Chlorophyta* 門へと分割された。繊毛虫は *Ciliophora* 門に含まれるようになったが，原生動物の分類は確定しているわけではない。次にヒトに危害を及ぼす原生動物について説明する。

1. *Acanthamoeba* 属（アカントアメーバ）

　本属は *Amoebozoa* 門 *Acanthopodida* 目 *Acanthamoebidae* 科に属し，土壌に生息する。コンタクトレンズを汚染して角膜炎を起こしたり，河川で

ヒトに感染して脳炎の原因となることもある。

2. *Cryptosporidium* 属

　Apicomplexa 門 *Eucoccidiorida* 網 *Cryptosporidiidae* 科の哺乳類の腸管に寄生する直径4～6 μmの大きさの小型の胞子虫である。水や食品を介してヒトに感染すると，大量の水様性下痢，激しい腹痛，嘔吐を引き起こす。潜伏期間は4～10日程度で，有効な薬剤や治療法は確立されていない。多くは感染1～4週間後に自然治癒する場合が多いが，乳幼児や高齢者では重症化することもある。感染源として飲料水のほか，プールや公園の池の水が特定されている。

3. *Cyclospora* 属

　Apicomplexa 門 *Eucoccidiorida* 目 *Eimeriidae* 科の胞子虫で，ヒトのサイクロスポーラ症の原因になるのは *Cyclospora cayetanensis* である。飲料水を介して成熟したオーシストの経口摂取により感染し，水様性の下痢を起こす。水のほか，アメリカの感染例では原因食品として輸入ラズベリー，サラダなども報告されている。

4. *Entamoeba* 属

　赤痢アメーバ（*Entamoeba histolytica*）は *Amoebozoa* 門 *Entamoebida* 目 *Entamoebidae* 科に属し，経口感染により小腸で増殖して赤痢に似たアメーバ赤痢を起こす。

5. *Kudoa* 属

　Cnidaria 門 *Multivalvulida* 目 *Kudoidae* 科に分類される粘液胞子虫で，本来は魚の病原体を多く含む属である。*K. thyrsites* は，ヒラメなどに寄生してジェリーミート化（筋肉が溶解した状態）の原因となる。ヒラメの喫食による原因不明の食中毒事例から食中毒原因物質として *K. septempunctata* が同定された。*K. hexapunctata* も食中毒の原因となる。

6. *Sarcocystis* 属

　*Apicomplexa*門*Eucoccidiorida*目*Sarcocysti-dae*科の胞子虫に分類される寄生虫で，馬刺しによる原因不明の食中毒事例から*Sarcocystis fayeri*が発見された。*Sarcocystis*のシスト（嚢子）は体長数mm~1 cm程度である。ウマを中間宿主，イヌを終宿主としており，感染してシストが筋肉中に形成された馬肉を生で食べると，食後数時間で嘔吐，下痢，腹痛を起こす。馬肉はいったん冷凍することで馬刺しによる食中毒のリスクを低減できる。

7. *Toxoplasma* 属

　*Apicomplexa*門*Eucoccidiorida*目*Toxo-plasmatidae*科の胞子虫に属する*Toxoplasma gondii*は，終宿主がネコ科の動物で，子猫への接触，汚染された豚，牛および鶏肉を加熱不十分で食べた場合や，害虫を介してヒトに経口感染する。ほとんどの場合，免疫により増殖が抑えられるためほとんど問題にならないが，初感染した妊婦では胎児に感染し，胎児は流産や死産することが多い。そうではなくても水頭症，脳内石灰化，精神運動障害などの重い症状が新生児期から現れる。

2.5　ウイルス

1 ウイルスの分類

　動物細胞や植物細胞を宿主として増殖する濾過性病原体である。ウイルスは核酸とタンパク質からなる，生物と無生物の中間的な存在である。感染対象の宿主の種類により，動物ウイルス，植物ウイルスと呼ばれる。特に微生物に感染するウイルスはファージと呼ばれ，細菌に感染するファージはバクテリオファージと呼ばれる。さまざまな形態のさまざまな動物や植物に対して病原性を示すウイルスが存在する。麻疹，インフルエンザ，エボラ出血熱，エイズ，肝炎，SARS，新型コロナウイルス，食中毒の原因となるノロウイルスなどがある。家畜に感染するウイルスにより発症する鳥インフルエンザや口蹄疫により，日本でも大量のニワトリやウシ，ブタが殺処分されてきた。ウイルス粒子は，核酸とそれをとり囲むカプシド（タンパク質の殻）から構成されている。さらにその外側にエンベロープ（膜成分）を有するものがある。ウイルスの有する核酸のタイプ（DNA, RNA，二本鎖，一本鎖など）により第一群~第七群に分類されている。さらに各群は，目>科>属>種に階層分類されている。本書では，大きくDNAウイルスとRNAウイルスに分けて，食品を介してヒトに感染するウイルスを中心に説明する。

2 DNAウイルス

1. *Adenoviridae*（アデノウイルス）科

　二本鎖直鎖状DNAをもつ本科のウイルスは，肺炎をはじめとしたさまざまな疾患の病因となる。*Adenoviridae*科のウイルスを一般にアデノウイルスと呼び，ヒトのアデノウイルスは*Mastade-novirus*属に属する。1975年に乳幼児急性胃腸炎の患者から分離されたアデノウイルスは従来のものと異なり，腸管アデノウイルスと呼ばれた。エンベロープをもたないウイルスで，大きさは直径70~85 nm，正二十面体，二本鎖DNAをもち，広範囲のpH安定である。常温ではかなり長期間安定であるが，56℃で不活性化される。

3 RNAウイルス

1. *Astrovirus* 属

　3種の構造タンパクからできており，遺伝子は一本鎖RNAである。*Astroviridae*（アストロウイルス）科の属でヒトの胃腸炎の原因ウイルスである。

2. 肝炎ウイルス（Hepatitis virus）

　ウイルスに起因する肝炎は8種類あり，A型とE型肝炎が経口感染する。エンベロープをもたない一本鎖RNAウイルスである。

(1) A型肝炎ウイルス（Hepatitis A）

　Picornaviridae（ピコルナウイルス）科*Hepa-tovirus*（ヘパトウイルス）属に含まれ，熱抵抗性（60℃，1時間）が高く，酸，アルコールにも抵抗性

である。ヒトからヒトへ接触感染したり，飲料水，生または加熱不足の魚介類，二枚貝，サラダなどの生の食品による感染例がある。

(2)　E型肝炎ウイルス (Hepatitis E)

Hepeviridae（ヘペウイルス）科*Hepevirus*（ヘペウイルス）属に含まれるウイルスで汚染飲食物により伝達され，ヒトからヒトへの伝播も起こる。ユーラシア大陸の内陸部に広く分布するウイルスである。

3.　*Norovirus*属

*Norovirus*は胃腸炎患者の糞便から検出される小型のウイルス粒子の属名で，*Caliciviridae*（カリシウイルス科）のウイルスである。*Norovirus*には*Norwalk virus*種が含まれる。大きさは20～40 nmである。カキの生食など飲食物またはヒトを介して感染する。

(1)　*Norwalk virus*

ノロウイルス食中毒の原因ウイルスで，分子量58～60 kDaの一種の構造タンパク（カプシド）でできており，エンベロープはもたない。遺伝子は約7.6 kbpの一本鎖RNAである。ヒトiPS細胞株から作製した腸管上皮細胞などを用いて培養できる。

4.　*Rotavirus*属

Reoviridae（レオウイルス）科*Sedoreovirinae*（セドレオウイルス）亜科の属で，世界中でヒトや動物から分離される。1973年に急性非細菌性胃腸炎の乳児から検出された。直径約70 nmで，エンベロープはもたない。遺伝子としては二本鎖RNAをもち，A～H群に分類されている。ヒトからはA，B，C群が検出される。2～3日間の潜伏期間ののち，水様性の下痢を起こす。

(1)　A群ロタウイルス

乳幼児下痢症の最も重要な原因ウイルスである。日本では毎年11月～3月に流行する。14血清型が確認されており，ヒトでは7型がある。主に1～4型が流行している。

(2)　B群ロタウイルス

中国大陸やインドで大規模な流行を引き起こしたことがある。成人に激しい下痢を起こすので成人性下痢症ロタウイルスと呼ばれている。

(3)　C群ロタウイルス

本ウイルス感染症は世界各地で散発的に発生している。幼児から成人まで感染する。

5.　*Sapovirus*属

*Caliciviridae*科の属で，遺伝子は一本鎖RNAである。二十面体構造で，分子量62 kDaの一種の構造タンパクでできており，乳幼児から年長児にみられる胃腸炎の原因ウイルスである。

6.　SARSコロナウイルス2

新型コロナウイルス感染症（COVID-19）の原因となる*Coronaviridae*（コロナウイルス）科*Betacoronavirus*（ベータコロナウイルス）属Severe acute respiratory syndrome-related coronavirus (SARS関連コロナウイルス) に属するウイルス（略称SARS-CoV-2）である。2019年にヒト病原性コロナウイルスとして7番目に発見されたエンベロープをもつ一本鎖RNAウイルスである。2019年から世界的な呼吸器感染症の大流行を引き起こし，2023年までの世界の累計死者数は680万人を超えた。本ウイルスに対する感染対策としてmRNAワクチンが初めて実用化された。

4　ファージ

バクテリオファージは，細菌に感染すると細菌内で増殖し，最終的には細菌を溶菌して放出される。しかし，細菌に感染しても増殖せず，ファージの遺伝子はプロファージとして細菌のゲノムDNAに組み込まれて，細菌の分裂増殖とともに娘細胞に引き継がれて安定に保存される場合もあり，この現象を溶原化と呼んでいる。このため，抗生物質耐性や病原性遺伝子がファージ感染により伝播していく場合もある。感染するファージの型で同一の細菌種に含まれる菌株を分類するファージ型別，さらにバイオ

テクノロジーの分野では有用な遺伝子を細菌に導入する場合にもファージが利用されてきた。また近年，食中毒細菌の制御や細菌による感染症の治療のためにファージを使う技術も開発されている。

[参考文献]

- 杉山正則：基礎と応用 現代微生物学，共立出版（2010）
- 一色賢司編：食品衛生学 第3版，東京化学同人（2010）
- 日本食品微生物学会監修：食品微生物学辞典，中央法規出版（2010）
- ILSI Japan食品微生物研究部会編：ILSI Japan Report Series清涼飲料水における芽胞菌の危害とその制御（宮本敬久監修），国際生命科学研究機構（2011）
- J. Nicksonほか：微生物学キーノート（髙木正道ほか訳），シュプリンガーフェアラーク東京（2002）
- 清水潮：食品微生物の科学（第3版），幸書房（2012）
- 児玉徹，熊谷英彦編：食品微生物学，文永堂出版（2000）
- 木村光編：ゲノム微生物学，シュプリンガーフェアラーク東京（1999）
- 吉田眞一編：戸田新細菌学 改訂34版，南山堂（2013）
- 好井久雄，金子安之，山口和夫編：食品微生物学ハンドブック，技報堂出版（1995）
- 相磯和嘉監修，食品微生物学，医歯薬出版（1976）
- 木村光編：食品微生物学 改訂版，培風館（1988）
- 宇田川俊一：食品のカビ検索図鑑 —自然環境・室内環境調査にも役立つ—，幸書房（2023）

[図版出典]

図2.3A 九州大学食品衛生化学研究室

図2.3B 藤井建夫（東京家政大学）

図2.4，図2.6 愛知県衛生研究所

図2.5 協同乳業株式会社：ビフィズス菌LKM512

図2.7 医学生物学電子顕微鏡技術学会

微生物の構造と機能

　生物は2つのグループ，原核生物と真核生物に大きく分けられる。微生物のうち，細菌と古細菌は原核生物に属し，カビや酵母は真核生物に属するため，その細胞構造は大きく異なっている。真正細菌と古細菌は細胞膜に囲まれた1つのスペース（細胞質）しかもたず，遺伝情報の担い手であるDNA，細胞構造や代謝などの生体機能を維持するタンパク質，その他，アミノ酸やビタミンなどの低分子物質をはじめとし，すべての生命活動に必要な分子が細胞内に混在している。これに対しカビや酵母の細胞では，染色体DNAを格納する核や，電子伝達系を擁するミトコンドリアなど，さまざまな機能をもった細胞小器官が多様な役割を分担しており，大きさも一般に細菌細胞より数倍から10倍以上大きい。一部の細菌（胞子形成細菌）は，胞子（芽胞）を形成して休眠し，飢餓状態や熱や紫外線といった厳しいストレス条件下に耐えて再び生育環境が整うと発芽して栄養細胞に戻るという生活環をもっている。カビや酵母は，環境状況などに応じて有性胞子を形成し，接合，遺伝子の組み換え，そして減数分裂をくり返すことによって遺伝的多様性を保ちながら生き延びる。一方，ウイルスは細胞を基本構造とせず，DNAもしくはRNAと，宿主細胞への感染成立のために必要な最低限のタンパク質などを小さな殻（ヌクレオキャプシド）の中に格納し，宿主の細胞機能を利用しつつ分身を増やしていく生存戦略をとる。

3.1　原核細胞と真核細胞

1 微生物細胞の姿

　細胞は，原核細胞と真核細胞の2つのグループに分けられる。微生物では，細菌（真正細菌），古細菌が原核細胞をもつ原核生物に分類され，真菌（酵母，カビ，キノコ），原生生物，その他の微小な多細胞生物が真核細胞をもつ真核生物に分類される。我々人間のような生物は真核細胞をもつため，酵母，カビなどに近い仲間であることになる。

　原核細胞には，ゲノムDNAを格納する「核」をはじめとした細胞小器官（オルガネラ）が存在せず，細胞膜で囲まれた1つのスペース（細胞質）しかない（図3.1上）。このなかに，遺伝情報の大部分を記録するゲノムDNAも，その他の生命活動に必要なタンパク質，脂質，糖質，その他の低分子化合物（アミノ酸，有機酸，ビタミンなど）といった生体分子も，すべてが混合して存在している。一方，真核細胞の細胞質には，核のほかに，小胞体，ゴルジ体，ミトコンドリア，液胞，光合成を行う生物においては葉緑体など，独自の膜で囲まれた細胞小器官が別個に存在していて，それぞれが器官として別々の役割を担っている（図3.1下）。

2 微生物細胞の大きさ

　真核細胞のほうが原核細胞よりも構造的に複雑であるため，細胞の大きさもその分かさ高くなる。原核細胞の直径は最小のものでは0.2 μm，大きくても10 μm以内に収まるが，真核細胞の大きさは5～100 μmと原核細胞の数倍から10倍以上のスケールが

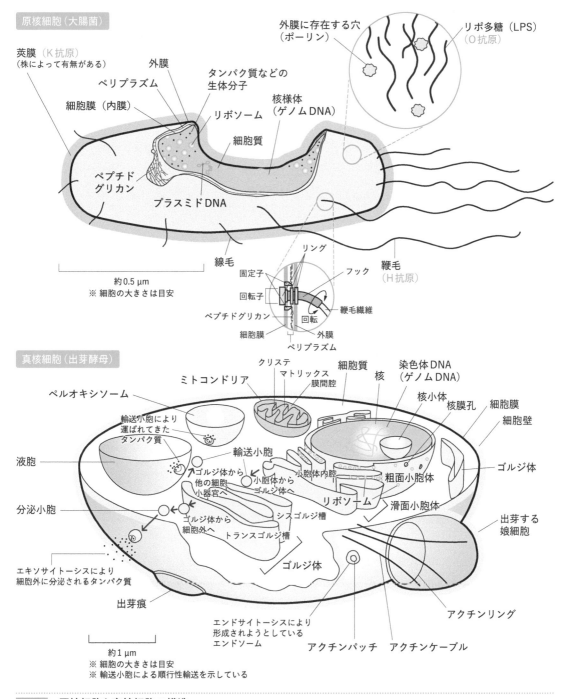

原核細胞（大腸菌）

莢膜（K抗原）
（株によって有無がある）

外膜

ペリプラズム

細胞膜（内膜）

タンパク質などの
生体分子

リボソーム

核様体（ゲノムDNA）

細胞質

外膜に存在する穴
（ポーリン）

リポ多糖（LPS）
（O抗原）

ペプチド
グリカン

プラスミドDNA

約0.5 μm
※ 細胞の大きさは目安

線毛

リング

固定子

回転子

ペプチドグリカン

回転

細胞膜

ペリプラズム

外膜

フック

鞭毛繊維

鞭毛
（H抗原）

真核細胞（出芽酵母）

ペルオキシソーム

ミトコンドリア

クリステ
マトリックス
膜間腔

細胞質

核

染色体DNA
（ゲノムDNA）

核小体

核膜孔

細胞膜

細胞壁

輸送小胞により
運ばれてきた
タンパク質

輸送小胞

液胞

ゴルジ体から
他の細胞
小器官へ

小胞体から
ゴルジ体へ

小胞体内腔

リボソーム

粗面小胞体

ゴルジ体

分泌小胞

ゴルジ体から
細胞外へ

シスゴルジ槽

トランスゴルジ槽

滑面小胞体

ゴルジ体

出芽する
娘細胞

エキソサイトーシスにより
細胞外に分泌されるタンパク質

出芽痕

エンドサイトーシスにより
形成されようとしている
エンドソーム

アクチンパッチ

アクチンケーブル

アクチンリング

約1 μm
※ 細胞の大きさは目安
※ 輸送小胞による順行性輸送を示している

図3.1　原核細胞と真核細胞の構造

ある。図3.2を見ると，微小な微生物の世界においても，いかに個々の間でスケールが違うかがイメージできる。

　仮に我々人間（身長約160 cm）を細菌の大きさに置き換えると，酵母はバスの大きさ（約10～15 m），ゾウリムシのような原生生物はジャンボジェット機の大きさ（約70 m）にも匹敵することになる。直径が最も小さいのはウイルスであり，細菌の数分の一から数十分の一のスケールである（0.02～0.2 μm）。しかし，ウイルスは細胞を基本構造としないため非

細菌を人間の大きさに拡大すると

約1,600,000 µm	人間	多細胞	日本（九州～北海道）(2,000 km)	
1,000～2,000 µm	ノミ，ミジンコなど	多細胞	滑走路 (2,000～3,000 m)	
30～100 µm	原生生物	単細胞／多細胞	ジャンボジェット機 (70 m)	微生物の世界
5～10 µm	酵母（真菌）	単細胞（カビ・キノコは多細胞）	空港バス (10～15 m)	微生物の世界
1～4 µm	一般の細菌	単細胞	人間 (1.6 m)	微生物の世界
0.5～2 µm	リケッチア	単細胞	スーツケース (1 m)	微生物の世界
0.3～0.5 µm	クラミジア	単細胞	ボストンバッグ (50～60 cm)	微生物の世界
0.1 ～ 0.3 µm	マイコプラズマ，ファイトプラズマなど	単細胞	ノートパソコン (30～40 cm)	微生物の世界
0.02 ～ 0.2 µm	ウイルス	細胞ではない	パスポート (10 cm)	微生物の世界

図3.2 微生物の大きさ

生物とされることが多く，これに従えば，最も小さな微生物は直径0.1～0.3 µm程度のマイコプラズマやファイトプラズマ，次いで0.3~0.5 µm程度のクラミジアとなる。

これらのきわめて小さいサイズの細菌群は，細胞が小さいだけに多くの代謝系を欠いており，ゲノムサイズも一般に小さく，動植物などの細胞への感染や寄生を通して，他の細胞の代謝に助けられて生存するものが多いのが特徴である。

3 微生物の形態

1. 原核細胞（細菌・古細菌）

細菌には大きく分けて2つの形態，すなわち丸い形状をもつ球菌（coccus）と細長い形状をもつ桿菌（bacillus）がある。また，コンマ型の*Vibrio*，螺旋(らせん)型の*Campylobacter*，*Helicobacter*，糸状の構造をもつ*Streptomyces*に代表される放線菌類，V字型やY字型を示す*Corynebacterium*，*Bifidobacterium*など，さらに特徴的な細胞形状をもつ細菌もある。通常，細菌は，ゲノムDNAを複製して2つに分配しつつ，細胞の中央でくびれをつくり，やがてちぎれるように2つに分裂する増殖形態をとる。

もうひとつの細菌の重要な構造物として，胞子（芽胞ともいう）がある（図3.3）。胞子は，グラム陽性桿菌である*Bacillus*や*Clostridium*などが細胞内につくる殻状の構造である。胞子形成細菌は環境中の栄養が枯渇したり，熱や紫外線を受けるなど負荷の高い環境にさらされると，胞子の中にゲノムDNAやリボソーム（タンパク質の合成装置）など生き残るために必要な重要分子のみを保存し，元の細胞構造は溶かして捨ててしまう。胞子は再び環境が改善

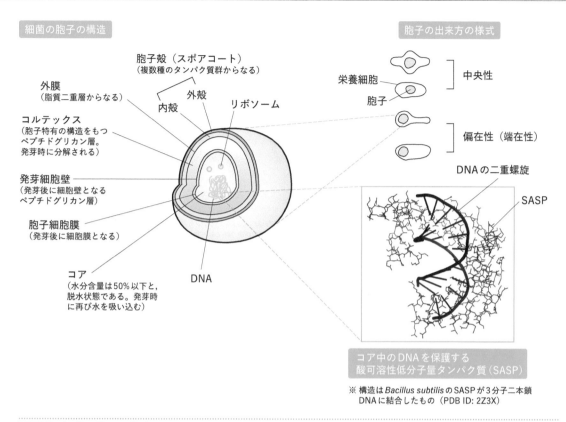

細菌の胞子の構造

胞子殻（スポアコート）
（複数種のタンパク質群からなる）
外殻
内殻
リボソーム

外膜
（脂質二重層からなる）

コルテックス
（胞子特有の構造をもつ
ペプチドグリカン層。
発芽時に分解される）

発芽細胞壁
（発芽後に細胞壁となる
ペプチドグリカン層）

胞子細胞膜
（発芽後に細胞膜となる）

コア
（水分含量は50％以下と，
脱水状態である。発芽時
に再び水を吸い込む）

DNA

胞子の出来方の様式

栄養細胞
胞子
中央性

偏在性（端在性）

DNAの二重螺旋
SASP

コア中のDNAを保護する
酸可溶性低分子量タンパク質（SASP）

※ 構造は *Bacillus subtilis* のSASPが3分子二本鎖
DNAに結合したもの（PDB ID: 2Z3X）

図3.3　細菌の胞子の構造

して栄養成長に適した状況になると発芽して元の栄養細胞に戻る能力をもっており，これにより厳しい状況をやりすごして自己の生存を図ることができる。

　胞子は一般に熱などの外界からのストレスに強く，食材を加熱処理したにもかかわらず，ウエルシュ菌（*Clostridium perfringens*）やセレウス菌（*Bacillus cereus sensu stricto*）などによって起こる食中毒の起因のひとつにもなっている。胞子がこのようなストレスに強いのは，特殊なペプチドグリカン構造からなる厚いコルテックスとタンパク質からなる胞子殻（スポアコート）が中心部（コア）を厳重に保護しているからである。また，胞子の形成時にはコア内部から絞り出されるように脱水現象が起きる。これは，加水分解によりあらゆる生体分子の分解を引き起こす水分子をできるだけ追い出し，代謝を止め，発芽して栄養細胞となるまでDNAなどの内容物を安定に保護し生き延びようという，胞子形成細胞の賢い戦略といえよう。コア中のDNAには

酸可溶性低分子量タンパク質（SASP）がカバーをするように張りついており，ストレス状態を切り抜けられるよう堅固に保持している（図3.3）。また，*Streptomyces*のような放線菌も，カビに類似した糸状の栄養体として増殖しながら多様な形態の耐久性のある胞子をつくるが，*Bacillus*や*Clostridium*が形成する芽胞に比べると耐熱性には一般に劣る。

2．真核細胞（酵母・カビ・キノコ）

　真菌の細胞形態は，細胞が糸状（菌糸）となっており，集合体を形成して多細胞生物として振る舞うカビ（糸状菌）か，細胞は楕円もしくは卵型であり単独で行動する単細胞生物として振る舞う酵母かに大きく分けられる。しかし，生存状況に応じて両方の形態をとる菌種（二形性真菌）も存在する（栄養飢餓などの状態になると菌糸状構造を形成する一部の*Candida*酵母など）。キノコは大きな担子器果

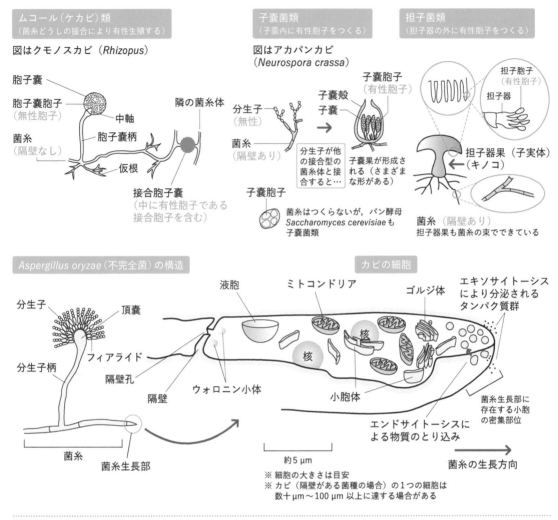

ムコール（ケカビ）類
（菌糸どうしの接合により有性生殖する）

図はクモノスカビ（*Rhizopus*）

胞子嚢
胞子嚢胞子
（無性胞子）
菌糸
（隔壁なし）
中軸
胞子嚢柄
仮根
隣の菌糸体
接合胞子嚢
（中に有性胞子である
接合胞子を含む）

子嚢菌類
（子嚢内に有性胞子をつくる）

図はアカパンカビ
（*Neurospora crassa*）

子嚢胞子
（有性胞子）
子嚢殻
子嚢
分生子
（無性）
菌糸
（隔壁あり）

分生子が他
の接合型の
菌糸体と接
合すると…

子嚢果が形成さ
れる（さまざま
な形がある）

子嚢胞子
菌糸はつくらないが，パン酵母
Saccharomyces cerevisiae も
子嚢菌類

担子菌類
（担子器の外に有性胞子をつくる）

担子胞子
（有性胞子）
担子器
担子器果（子実体）
（キノコ）
菌糸　（隔壁あり）
担子器果も菌糸の束でできている

Aspergillus oryzae（不完全菌）の構造

分生子
分生子柄
頂嚢
フィアライド
隔壁孔
隔壁
菌糸
菌糸生長部

カビの細胞

液胞
ミトコンドリア
ゴルジ体
エキソサイトーシス
により分泌される
タンパク質群
核
核
ウォロニン小体
小胞体
エンドサイトーシスに
よる物質のとり込み
菌糸生長部に
存在する小胞
の密集部位
菌糸の生長方向

約5 μm
※ 細胞の大きさは目安
※ カビ（隔壁がある菌種の場合）の1つの細胞は
　 数十μm〜100 μm 以上に達する場合がある

図3.4　さまざまな真菌の構造

（子実体）を形成する点でカビと異なるが，これは
カビと類似した糸状の細胞が束になったものである。
カビは，菌糸の端部を伸長しながら栄養細胞を増殖
させていく（図3.4）。そのときに，ある程度伸長し
た段階で隔壁をつくり，複数の細胞が連なった状態
となる場合と（子嚢菌類と担子菌類がこれにあた
る），隔壁をつくらず1つの長くつながった細胞を
つくる場合（この場合，1つの細胞内に多くの核を
含む多核体となる。ムコール（ケカビ）類の代表例
であるケカビ（*Mucor*）やクモノスカビ（*Rhizo-pus*）などがこれにあたる）がある。隔壁をもつ場
合は，その中心には隔壁孔と呼ばれる穴が開いてい
て，細胞間での物質のやりとりができるようになっ

ている。隣の細胞が傷害を受けたときにはウォロニ
ン小体（woronin body）と呼ばれる器官が穴を塞
いで細胞質の流出を防ぎ，被害を最小限にとどめる
ことが一部の子嚢菌類などにおいて知られている
（図3.4）。一方，酵母は分裂もしくは出芽によって
増殖し，出芽の場合は小さく娘細胞が細胞のある一
点から大きくなり，母細胞から離れた後には細胞表
面に出芽痕という跡が残る（図3.1）。

真菌の胞子は原核生物の胞子と異なり，有性生殖
を行うための重要な役割を担っている。子嚢と呼ば
れる袋の中に形成される子嚢胞子，担子器の外に飛
び出すようにして形成される担子胞子，隣り合った
菌糸どうしが接合してつくられる接合胞子などがあ

るが，それぞれ遺伝子の組み換わりを経たうえで減
数分裂した染色体DNAが格納されて，やがて環境
中にちらばっていく（図3.4）。その後，発芽して
栄養細胞に戻るのは細菌の胞子と同じであるが，そ
の際は単数体として発芽して無性世代を過ごし，や
がて単数体どうしが出合い接合，融合して有性世代
に移行する。この際，一般に担子菌類では，菌糸ど
うしは融合するものの，それぞれの核が独立したま
ま同じ細胞内に共に存在する二核菌糸（二次菌糸）
となり増殖する。一方，子嚢菌類では，細胞融合が
起こった後に核融合により染色体が倍化した細胞が
形成され，その状態で増殖するという違いがある。
その後，環境状態などに応じて再び減数分裂する。
これらのプロセスのくり返しの中で遺伝子の組み換
わりが断続的に起こる。つまり，胞子を仲立ちとし
た生活環の中で遺伝的多様性を保つ生存戦略をとる
のが真菌の大きな特徴である。無性世代しか確認さ
れない真菌は不完全菌類に分類され，減数分裂を伴
わず，染色体DNAがそのままの状態で格納された
分生子のみをつくる（環境中にちらばっていき，発
芽，増殖するという特徴は類似している）。また，
ムコール（ケカビ）類が接合胞子以外につくる胞子
嚢胞子も，組み換えを経ず染色体DNAがそのまま
格納された無性胞子である。

3.2　細菌細胞の構造と機能

　原核生物には細菌と古細菌がある。それぞれ細胞
膜や細胞壁を構成する成分や遺伝子複製およびタン
パク質の発現系などに違いがあるが，ここでは，食
品腐敗，食中毒，発酵食品製造に大きくかかわる細
菌の機能と構造について記述する。

1 表層構造

　細菌細胞の表層構造は，超薄切片透過電子顕微鏡
像（図3.5）にみられるように一層の膜のように見
えるが，細菌の種類に応じて大きな違いがある。細
菌の分類に古くから使われる手法にグラム染色があ

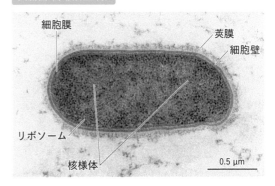
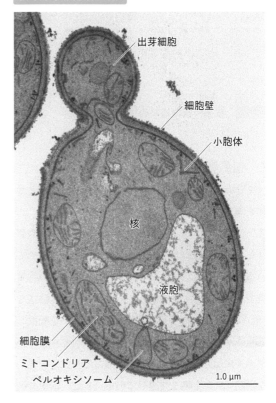

図3.5　原核微生物（上）と真核微生物（下）の超薄切片電子顕微鏡像

るが，グラム陽性細菌は濃青色，グラム陰性細菌は
ピンク色に染まることが分類群を判断するうえでの
決め手のひとつになっている。このグラム染色によ
る色分けを可能とするのが細胞表層の構造である
（図3.6）。

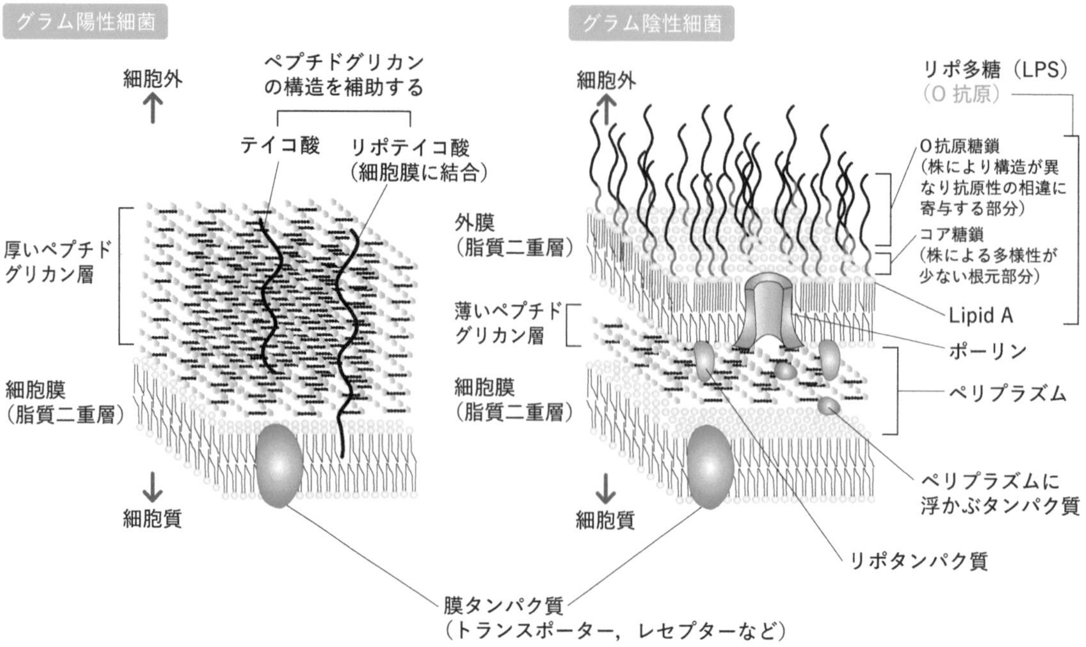

図3.6　**細菌の細胞表層の構造**

1.　細胞膜

　グラム陽性細菌もグラム陰性細菌も，細胞質と外部を隔てる細胞膜は脂質二重層からなっており，ホスファチジルエタノールアミンやホスファチジルグリセロールなどのリン脂質がその主要部分を占めている。この脂質二重層を境界として，細胞内の物質濃度，pHなどの定常性を保ち，内外の物質輸送を行う関所にあたる多種のトランスポーターを配置し，細胞外からのさまざまな栄養源や危険物質などのシグナルに反応するレセプターを備えるなど，大まかな役割は真核生物と共通している。また，細菌の細胞膜には，生体活動のエネルギーとなるアデノシン三リン酸（ATP）を合成するための呼吸鎖が存在する（ただし，酸素存在下で生存できない偏性嫌気性細菌の一部の菌種のように呼吸鎖をもたない場合もある）。呼吸鎖は真核細胞においてはミトコンドリアに存在している（p.61参照）。

2.　細胞壁

　細胞膜の外側にある細胞壁は，グラム陽性・陰性細菌の間でその様相が大きく異なる。要となるのは，ペプチドグリカンという糖鎖がペプチド構造でつなぎ合わされた網目状の構造であり，この厚さが両タイプの菌の間で大きく違う。グラム染色では青色色素による染色操作の後にアルコールによる脱色操作があるが，このときにペプチドグリカンが厚いため色素が抜けないのがグラム陽性細菌が濃青色に染まる理由である。ペプチドグリカンの厚さは，グラム陽性細菌で数十nm程度，グラム陰性細菌で数nm程度である。グラム陽性細菌はペプチドグリカンが強固なため，浸透圧の変化や物理的ショックに強く，細胞が壊れにくい特徴をもつ。

　グラム陰性細菌は反対に壊れやすいが，ペプチドグリカンの外にさらにもう一層，脂質二重層からなる外膜があり，外膜と細胞膜（内膜）の間にペリプラズムと呼ばれるスペースが存在する（図3.1，図3.6）。グラム陰性細菌は，細胞質と違って細胞外環境により近いペリプラズムをうまく利用しており，ここにさまざまな酵素を分泌しておいて生体に必要な物質を合成する反応を行わせたり，外膜のポーリンと呼ばれる低分子の物質を通す穴を通って入ってきた物質を改めて細胞質内に入れるか吟味するなど，

さまざまな生存戦略に利用している。グラム陰性細菌に薬剤耐性菌が多く現れるのも、ペリプラズム内の酵素の作用などにより薬剤の構造が変化して効かなくなることが一因であると考えられている。

3. リポ多糖

リポ多糖はLPS（lipopolysaccharide）と略され、グラム陰性細菌がもつ外膜のさらに外側にある構造である（図3.1, 図3.6）。リポ多糖はLipid Aという根元にあたる糖脂質構造（リン酸化された2つのグルコサミンから複数のアシル基が伸長した構造をもつ）を外膜に差し込んだ形で一体化させており、ここからオリゴ糖構造をもつコア糖鎖が外側に向かって伸長している。さらにその先に数個の糖が数回から数十回のくり返し構造をとったO抗原糖鎖が伸びている。

LPSは内毒素（エンドトキシン）とも呼ばれ、細菌が動物に感染した際にここを基軸にしてさまざまな免疫系の応答が引き起こされる。特にO抗原糖鎖は抗原性を決定する大きな要因になっており、ある抗体を作用させた際に免疫反応が起きるか起きないか（抗体の結合に伴う菌体凝集により判断される）で株を分別し、例えば大腸菌ではO8やO157のように番号を与えて分類することができる。すなわち、LPSは細かく血清型で菌株を分類する際の重要な指標になっている。この方法は、後述（p.46, 8.3節（p.106）参照）するH抗原やK抗原を含め、食中毒細菌などの同定に用いられる基本的手法のひとつとなっている。

4. 莢膜

莢膜は細菌細胞の最も外側に位置する構造であり、LPSのさらに外側をとり囲んでいる（図3.1）。基本的な働きは細胞の保護であり、外界から細胞本体に到達するまでの防護壁のひとつとして考えられている。莢膜の有無は菌の種類によってさまざまであり、同菌種でも株によってもつ場合ともたない場合がある。莢膜は菌体に結合した構造というよりは、粘液質の多糖が菌体外に分泌され層を構成したものであ

る（菌種によってはポリペプチド鎖が含まれる場合もある）。はっきりと1つの層を構成する場合を、通常、莢膜と呼ぶが、多糖層が分厚く不定形で境界線が不明瞭となり、粘液質の中に複数の菌体が埋まって存在するような場合はバイオフィルムとなる。莢膜も動物に感染させた際に免疫応答を起こす要因のひとつであり、K抗原として扱われる。

5. 鞭毛

細菌の鞭毛は、細胞膜から細胞壁を貫通し、外に長く伸びるタンパク質性の毛状の構造であり、主に細菌の運動にかかわっている。長さは数μm～10 μmほどであり、構成するタンパク質はフラジェリンと呼ばれる分子である。鞭毛には特有のねじれがあり、根元の細胞膜の部分にある回転モーターが鞭毛をスクリューのように回転させることによって、鞭毛自体がもつねじれ構造の特性により推進力や後退力が生まれて菌体が泳いでいく（図3.7）。鞭毛の数と生える位置は細菌の種類により異なっており、大腸菌

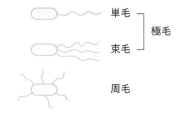

細菌の鞭毛の様式

単毛 ｝極毛
束毛
周毛

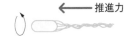

鞭毛の回転方向による運動制御（大腸菌など）

反時計回り

← 推進力

鞭毛が束ねられてスクリューのように回転し直進する

時計回り

鞭毛がほどけて推進力がなくなり停止（方向転換）する

図3.7　細菌の鞭毛

のように数本ある周毛の場合，コレラ菌のように太い極毛が1本存在する場合など，さまざまである（図3.7）。また，運動性をもたない大部分の乳酸菌のように鞭毛をもたない細菌も多数存在する。鞭毛も動物に対する抗原性をもっており，H抗原として扱われる。鞭毛が存在する細菌を動物に接種すると，一般に鞭毛に対する抗体が優先的につくられる。鞭毛はタンパク性であるため適切な条件で菌体を加熱すればとり除くことができ，加熱により失われないO抗原と分別できるので，食中毒菌などをより細かく特定する際に役立てられている。例えば，O抗原，H抗原の組み合わせをO157：H7などと表記し，大腸菌を細かく分類することができる。ただし，H抗原による分類が困難な細菌種もあり（例えば，腸炎ビブリオの場合むしろK抗原による分類が積極的に用いられる），いずれの抗原が分類に適用できるかは菌種ごとに判断される。

6．線毛

　線毛は，菌体外の環境中の他因子と相互作用するために必要で，鞭毛ではない毛状の構造の総称である。もっぱら運動性にかかわる鞭毛とは明確に区別され，バクテリオファージの感染成立に必要であったり，DNAの外部からのとり込みに必要であったり，自己凝集に必要であったりと，その用途は多岐にわたっている。真核細胞の運動性にかかわる「繊毛」と異なることも認識しておく必要がある。線毛を構成するタンパク質はピリンと総称され，同一の菌体内でも複数の種類が存在する場合がある。

⑴　付着線毛

　線毛の役割として古くから認識されてきたのが付着である。主に宿主細胞の表面に存在する糖脂質，糖タンパク質などに結合する働きをもち，病原性細菌の場合には付着後に病原性が発揮されるため，疾病的な観点から重要因子として認識されてきた。マンノースに結合するI型線毛，ガラビオースに結合するP線毛などが知られている。一方，線毛も細菌の運動性にかかわる場合がある。IV型線毛は，細胞表面上で伸縮をくり返すことにより付着物の方向に

細胞を引っ張り，固体表面上を進んでいく滑走運動にかかわることが知られている。液体中における鞭毛を用いた泳動とは別の形式の菌体運動といえる。もっとも運動にかかわるとはいえ線毛自体が行うことは環境物への付着とその後の引き寄せ動作であり，本質的には付着が機能であるといえる。

⑵　性線毛

　最もよく知られている性線毛として，大腸菌のF線毛が挙げられる。F因子と呼ばれる大きさ95 Kbp程度のプラスミドDNA上にその構造遺伝子がコードされており，本因子をもつ株にはF線毛が生じる。この線毛は，別のF因子をもたない細胞と出合った際に接合を起こす働きがあり，F因子の複製が相手の株に渡される。このように，ゲノムDNAとは別に水平伝播によって遺伝子を株間で移していくシステムに性線毛が使われる場合がある。

② 細胞内部の構造

1．細胞質

　細胞質は細胞膜で外界と隔てられた細胞の内側をいい，生物が生命を維持するために酵素を用いて異化，同化などを行う代謝の場である。また，細菌には細胞小器官がないため，ゲノムDNA，リボソーム，プラスミドDNAや，タンパク質，脂質，糖鎖などの高分子，その他のアミノ酸，ビタミンなどの低分子，すべてが細胞質内に混在しており，細胞質はすべてこの生体内分子を一括して維持，管理する場になっている。

2．核様体（ゲノムDNA）

　細菌は原核生物であり，細胞小器官が存在しないためDNAを格納する核がない。そのため，遺伝の本体となるゲノムDNAは細胞質内に露出した形で存在するが，ある程度固まって存在しており，核様体と呼ばれる。細菌のゲノムDNAは二重螺旋構造で引き伸ばすと環状となっているものが1個から多いものでは10コピー以上有する種も存在する。長さは菌種によってさまざまであるが，およそ数Mbp（Mbpは百万塩基対）の場合が多く，その上にコー

ドされる遺伝子数は数千程度である。細菌の遺伝子には，1つの転写単位（1本のmRNA）の中に複数のタンパク質のコード領域が含まれるオペロンがしばしば存在する。

3. リボソーム

リボソームは細胞質中に存在するタンパク質合成装置であり，複数のタンパク質と数本のrRNA（リボソームRNA）が絡み合ってできている。細菌のリボソームの大きさは遠心分離した際の沈降速度から求められる沈降係数S（スベドベリ）を用いて70Sと表記され，2つのサブユニットからなり（50Sサブユニットと30Sサブユニット），ゲノムDNAから転写されてできてきたmRNA（メッセンジャーRNA，伝令RNA）にとりついて塩基暗号の翻訳を行い，タンパク質の合成を行う。リボソームの構造中にはtRNA（トランスファーRNA，転移RNA）を結合する2つのサイト（アミノアシルtRNA結合サイト，ペプチジルtRNA結合サイト）があり，ここに20種類のアミノ酸を結合した各tRNAが次々に入ってきて，ペプチド結合でつなぎ合わされては送り出されていき，タンパク質の鎖が伸びていく。

4. プラスミドDNA

プラスミドDNAは，ゲノムDNAとは別に細胞内に存在する，自律複製する小サイズのDNAであり，一般に環状の構造をもつ。プラスミドDNAは，細胞分裂時にゲノムDNAと同様に複製物が娘細胞に渡され継承されるが，前述したF因子のように，接合により細胞どうしで受け渡しが行われるものもある。プラスミドの大きさは数Kbp〜100 Kbpを超えるものまでさまざまであり，その上に数個ないし数十個以上の遺伝子群が存在している。通常，プラスミドDNA上の遺伝子は細胞の生存に不可欠なものは少ないが，プラスミドを保持することによってある薬剤に対して耐性となったり，他の微生物の生育を抑制する抗菌物質の生産能が与えられたり，特定の物質を資化，分解する能力が付与されたりする。すなわち，環境に適応して生き延びるためや，

他の微生物と相互作用するためといった多くの役割においてプラスミドの機能が活躍している。このように，独自に複製，分配，あるいは水平伝播しながら細菌の形質を柔軟に変化させていくことがプラスミドDNAの特性といえるが，ゲノムDNA上にコードされた転写調節因子がプラスミド上の遺伝子発現を調節したり，プラスミドとゲノムの間で遺伝子の組み換わりが起こることも多々あるなど，ゲノムDNAと機能上密接に関連している場合も多い。一方，真菌もプラスミドをもっている場合があり，出芽酵母*Saccharomyces cerevisiae*の核内に存在する2 μmプラスミドがよく知られている。

3.3 カビ・酵母細胞の構造と機能

カビ・酵母は真核生物であり，多数の細胞小器官が存在する複雑な内部構造をもつ（図3.1, 図3.4, 図3.5）。真核細胞は，動物，植物，微生物など生物種によって少しずつその形や特質が異なるが，ここではカビ・酵母の栄養細胞をイメージすることとし，藻類等に存在する葉緑体などについては割愛する。

1 表層構造
1. 細胞膜・細胞壁

カビ・酵母をはじめとした真菌の細胞膜も，細菌と同じく脂質二重層でできている。細胞膜の上には多種のレセプター分子や能動輸送にかかわるポンプ（トランスポーター）などが存在し，外界と細胞内部の情報や物質の連絡を保つ機能も，真核生物，原核生物共通である。一方で，細胞壁を構成する成分は細菌と異なり，細菌の細胞壁が糖鎖とペプチドが複合してできたペプチドグリカンからなるのに対し，真菌の細胞壁はグルカン，キチン，キトサン，マンナンといった多糖類からなっている。同じ真核生物でも，細胞壁のない動物細胞に比べるとカビ・酵母の細胞は壊れにくく頑丈になっている。

2 細胞内部の構造

1. 核

　真核細胞の核の中には遺伝情報を担う染色体DNA（ゲノムDNA），RNA，および核内に特化して働くタンパク質群（DNAと結合して染色体の構造を維持するヒストンや，細胞の寿命にかかわるテロメア配列のメンテナンスにかかわるテロメラーゼなど）が入っている。核はDNAの塩基配列を写しとってRNAを合成する転写の場であり，合成されたRNAは核膜孔を通って核外へ運び出され，リボソームによるタンパク質への翻訳に使われる。真核生物の染色体DNAの転写は原核生物と異なり，1つの転写単位には基本的に1つのタンパク質のコード領域しかのっていない。また，酵母やカビの染色体DNAは，通常，環状ではなく直鎖状であり，複数存在する場合が多い（例えば，出芽酵母*Saccharomyces cerevisiae*では16本，分裂酵母*Schizosaccharomyces pombe*では3本，黄麹カビ*Aspergillus oryzae*では8本である）。この点でも細菌と大きな違いがある。

2. 小胞体

　小胞体は，その一部を核膜に結合した網状あるいは板状の器官で，タンパク質合成装置であるリボソームが表面に多数付着した粗面小胞体（主にタンパク質合成後の修飾を担う）と，付着していない滑面小胞体（主にコレステロールやトリグリセリドなどの脂質の合成を担う）がある。粗面小胞体は，細胞外に分泌されるタンパク質や他の細胞小器官に運ばれるタンパク質に修飾を施し，輸送小胞に包んで送り出すための港のような場所である。小胞体にとり込まれる種類のタンパク質にはシグナルペプチドと呼ばれるアミノ酸配列があらかじめ遺伝情報中に仕込まれており，翻訳中にリボソームがシグナルペプチドを認識すると，リボソームは粗面小胞体に結合して小胞体の内側（小胞体内腔）にポリペプチド鎖を伸長しながら注入していく。この後，小胞体内腔で糖鎖がつけられたり，システイン残基どうしの間でジスルフィド結合が形成されたり，フォールディ

ング（タンパク質の正しい折りたたみ）を促進するシャペロンの助けを借りたりしながら高次構造が整えられる。これらのタンパク質には，どの細胞小器官に運ばれるか，あるいは細胞外に分泌されるかなどの情報もシグナル配列として仕込まれており，輸送小胞に包まれて後述のゴルジ体へ運ばれた後，最終的な配送先が決められる。滑面小胞体で合成された脂質も小胞体から輸送小胞にのせられてゴルジ体へと向かい，膜脂質などとして機能するべく細胞膜などに配送されていく。

3. リボソーム

　真核細胞のリボソームも原核細胞と同じく複数のタンパク質と数本のRNAが絡まって出来上がっている。しかし，その構成，サイズは原核生物と異なり，全体のサイズは80S，サブユニットは40Sと60Sの2つからなっている。

4. ゴルジ体

　ゴルジ体は，小胞体で修飾を受けたタンパク質が輸送小胞で送り届けられる第二の港であると同時に，ここから道筋が分かれて細胞外への分泌に向かうか，他の細胞小器官に向かうかが決められる分岐点でもある。ゴルジ体では，タンパク質に対してさらなる糖鎖修飾が行われる。小胞体で付加されたマンノースを一部除去したり，ガラクトースや*N*-アセチルグルコサミンなどの糖分子を新たに付加したりする。ただし，出芽酵母においては最終的に分泌・輸送タンパク質につけられる糖鎖はマンノースを主成分とするものであり，これに対しヒトなどでは，さらに複合的な糖鎖となっているなど，生物種によって糖タンパク質のもつ糖鎖構造に違いがあることを知っておく必要がある。糖鎖がタンパク質に付加される理由は，タンパク質の親水性を増加させるためや，表面に糖鎖を提示することによる他分子との相互作用，分泌されたタンパク質が分解酵素などにより攻撃を受けるのを妨げるためなど，複数の理由が挙げられる。

　一方，ゴルジ体は小胞体に局在させるべきタンパ

ク質を送り返す役割も担っており，これは逆行性輸送と呼ばれる。ゴルジ体には小胞体方面からやってくる輸送小胞を受け入れるシスゴルジ槽（ゴルジ嚢ともいう）と，その反対側で細胞外や各細胞小器官へタンパク質を送り出す方向にあたるトランスゴルジ槽がある。トランス面では分泌小胞に包んで細胞外へと向かわせるか，輸送小胞に包んで細胞小器官に向かわせるかの最終分別が行われ，各小胞を配送先へと向けて送り出すために忙しく包み込みの作業が行われている。通常，真核細胞ではシス面からトランス面まで扁平な板状にゴルジ槽が並んでいるが，出芽酵母ではこれが整列して並んでおらず，散在していることが知られている（しかし，機能としてはシスとトランスのゴルジ体が厳然として存在する）（図3.1）。細胞膜にたどり着いた分泌小胞は膜と融合して内部の物質を外へ放り出し，これをエキソサイトーシスと呼ぶ。

5. ミトコンドリア

ミトコンドリアは，ATPを合成し，生体エネルギーを得るための酸化的リン酸化，好気呼吸の場である。染色体DNAとは別にミトコンドリアもDNAをもっており，独自に分裂増殖する特徴をもっているため，原核生物が寄生した姿ではないかともいわれる。しかし，ミトコンドリアのDNAは染色体DNAに比べてとても小さく，通常，数万bpにとどまり（例えば，出芽酵母 *Saccharomyces cerevisiae* の染色体DNAは1,200万bpもある），ミトコンドリア内で必要な大部分のタンパク質は染色体DNAから転写，翻訳されたものが運ばれてきて使われている。

ミトコンドリアには二重の膜があり，このうち内側の膜（内膜）には呼吸鎖複合体（I〜IVがある），すなわち，電子伝達系が存在する。内膜の内側（マトリックス）と外側（膜間腔）ではプロトン（H^+）の濃度が違っており，これは常に呼吸鎖複合体群の働きによってプロトンが外に汲み出されていることによるものである。この濃度勾配により生じる膜電位（膜の外と内の間に生じる電圧）を利用して，再び外から中にプロトンを流し込む際にADPからATPが合成される。このATP合成を実際に担うのは内膜に存在するATPシンターゼという酵素である。マトリックス内には1 mlあたり数百mgに及ぶ高濃度の酵素タンパク質群が溶解しており，プロトン汲み出しの原動力となるNADHやFADH$_2$を電子伝達系に供給しつづけるためにクエン酸回路（TCA回路）が代謝回転している。

6. 液胞

液胞は図3.1，図3.5にみられるように，細胞質と分け隔てられて膜で包まれた胞状の器官であり，ここでは細胞内浸透圧やイオン強度の調整が行われるほか，アミノ酸などの生体活動に必要な物質の貯蔵庫としても機能することが知られている。また，酵母・カビの液胞においては，動物細胞ではリソソームに存在するような不要物質を分解するための加水分解酵素群が多数存在している。これらの酵素は，細胞内に異常なタンパク質分子などが蓄積した際に，自食作用により不要物をとり込んだ自食胞（オートファゴソーム）を液胞と融合させ，分解およびリサイクルを行うシステムであるオートファジーにおいて役割を果たしている。

7. ペルオキシソーム

他の細胞小器官と同じく脂質二重膜で囲まれた器官で，内部には多種の酸化酵素（オキシダーゼ）をもっている。主な役割として脂肪酸の酸化反応（β酸化）があり，ここからアセチルCoAが生成する。ミトコンドリアでもβ酸化が行われるが，これはアセチルCoAをすぐにクエン酸回路に送り込んで電子伝達系をより強力に回転させる目的が大きく，ペルオキシソームは別の酸化の場と考えてよい。生体成分に必要な酸化反応を全般的に請け負うほか，アミノ酸，プリン，ピリミジンなどの代謝も行われる。出芽酵母では比較的大きく確認され，1〜3 μmになる場合もある（図3.5）。内部では多量の酸素が消費されて酸化ストレスをもたらす過酸化水素が生じるが，同じくペルオキシソーム内に存在する酵素カタラーゼにより解毒される機構がある。

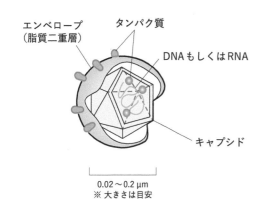

ウイルスの構造（正二十面体のもの）

エンベロープ
（脂質二重層）
タンパク質
DNAもしくはRNA
キャプシド

0.02〜0.2 μm
※ 大きさは目安

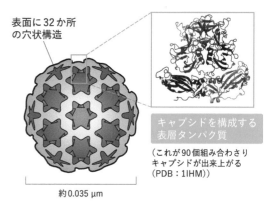

ノロウイルスの推定ヌクレオキャプシド構造

表面に32か所
の穴状構造

キャプシドを構成する
表層タンパク質

（これが90個組み合わさり
キャプシドが出来上がる
（PDB：1IHM））

約0.035 μm

図3.8　ウイルスの構造

8. 細胞骨格

　膜に囲まれた器官ではないが，細胞内に骨格的に存在する構造として微小管，アクチン細胞骨格などが挙げられる。微小管はチューブリンというタンパク質で形成されていて，細胞分裂の際の分裂装置の主体である。分裂の際に微小管は紡錘糸を形成し，染色体DNAの娘細胞への分配に役割を果たす。アクチン細胞骨格には，細胞膜が陥入して小胞（エンドソーム）を形成するエンドサイトーシスの際に凹んだ小胞部分を切り離す役割を担うアクチンパッチや，特に出芽酵母のように細胞の偏った部位で出芽する場合に，成長部位に優先的に必要分子の輸送などを行う（細胞極性の形成）アクチンケーブル，細胞分裂の際に細胞質を二分するためのくびれをつくるアクチンリングが挙げられる（図3.1）。エンドサイトーシスはさまざまな物質を細胞内にとり込むためのしくみであるが，外来の遺伝子をとり込む際にもこの機構が利用されることが知られている。

3.4　ウイルスの構造と機能

　ウイルスは，細菌や真菌と異なり細胞をもたず，遺伝情報をのせたDNAもしくはRNAと，それを包むタンパク質の殻を基本構造とする特徴をもつ（図3.8）。細胞をもたないということは生体成分の代謝機構をもたないということであり，ATPの合成によるエネルギーの産生，遺伝子の複製，転写，タンパク質の産生などの生命活動に必須のプロセスも自己の力では行うことができない。このため，これらの機能については感染する対象の細胞に全面的に依存することになる。

1 DNAもしくはRNA

　ウイルス粒子の殻の中には，遺伝の本体となるDNAもしくはRNAが収められている。DNAの場合もRNAの場合も一本鎖と二本鎖のケースがあり，ウイルスの種類による。ウイルスの遺伝子は他の生物よりも著しく小さい場合が多く，コードされる遺伝子数は数個から多くとも数十個に限られるため，長さとしてはほとんどの場合せいぜい数万bpにとどまることになる（細菌のDNAでも百万bp以上の場合がほとんどであるから，少なくとも1/10以下の大きさとなる）。そのなかには，宿主細胞への感染後に自己の遺伝子を複製，転写するための酵素や，自己の体を増殖させるために必要な構造タンパク質などがコードされている。宿主細胞に感染したウイルスは，自分のもつ少ない機能と宿主細胞の遺伝子・タンパク質発現系などの機能をうまく組み合わせて活用し，細胞内で自己のウイルス粒子を組み立て，

増殖し，最終的には細胞から出ていく。このとき，細胞の死滅を伴う場合が多く，宿主細胞からみればウイルスに攻撃を受けたことになる。ウイルスは感染後すぐに宿主細胞を破壊し増殖するものもあるが，長く宿主の一定の場所に潜伏しつづけ，免疫能の低下などを引き金に増殖するものもある。

　RNAを遺伝主体とし逆転写酵素をもつウイルスはレトロウイルスと呼ばれ，宿主細胞内に入ると，この酵素の働きでRNAからDNAをつくる。この際，自己の遺伝子を宿主のゲノム上に忍び込ませ（これをプロウイルスの状態という），その後ある期間の後に再び自己の遺伝子を転写活性化してタンパク質を合成し，ウイルス粒子を組み立てて増殖し，宿主細胞から出ていくという生活環をもつ。細菌に感染するファージ（バクテリオファージ）の場合も，宿主細菌のゲノムDNAに自己の遺伝子を潜り込ませて潜伏する場合があり，こちらは溶原化と呼ばれる。

2 キャプシド

　ウイルスの遺伝子が収められたコアの外には，それを包むタンパク質性のキャプシドがある。ウイルス性胃腸炎の集団発生を引き起こすノロウイルス（図3.8）のように，正二十面体の構造をもつキャプシドが多く報告されているほか，螺旋状の形をしたものもある。キャプシドは内部のDNAやRNA，その合成酵素などのタンパク質を保護しており，遺伝子本体とキャプシドを合わせた構造はヌクレオキャプシドと呼ばれる。キャプシドが最外殻となる場合は，ここが感染生物に免疫応答を起こさせる抗原となる。

3 エンベロープ

　エンベロープはキャプシドのさらに外側にある脂質二重層からなる膜構造であり，ウイルスによってもつものともたないものがある。これは，宿主細胞を破ってウイルス粒子が外に出てくるときに，宿主の細胞膜の一部を外側にまとった（いわば服を奪った）ものである。エンベロープにはウイルス自身のタンパク質が表面に保持・提示されており，宿主側

の受容体と結合する役割を担っているほか，感染の際に宿主の細胞膜と融合する働きをもつ。エンベロープをもつウイルスにおいては，感染した宿主が抗原として認識し免疫応答を起こすのはこの部位となる。

［参考文献］

• 村尾澤夫，新井基夫編：応用微生物学 改訂版，培風館（1993）

• （公財）発酵研究所監修：IFO 微生物学概論，培風館（2010）

• 熊谷英彦ほか編：遺伝子から見た応用微生物学，朝倉書店（2008）

Chapter 4

微生物の代謝

　微生物は高等動植物と異なり，その細胞の大きさや多様性のゆえに地球上のあらゆる環境に存在して，食品の原材料・加工・流通や保蔵において，きわめて多様で重要なかかわりをもっている。したがって，これらの微生物の多様な存在や増殖を支える代謝について知ることは，食品にかかわる微生物を学ぶうえで大変重要である。微生物は生存し増殖するといった生命活動維持のために，そのエネルギーや生体構成物質を生合成している。これらの生体内化学反応は特異性を有する酵素により行われており，その過程を総称して代謝と呼ぶ。代謝は，とり込んだ物質を分解してエネルギーを獲得する過程である異化と，生体物質を合成する過程である同化の2つに分類される。微生物は，糖質，アミノ酸，脂質，核酸といった栄養素から菌体成分を生合成する。その際，密接に関連した異化と同化の代謝過程を利用して，栄養素の相互変換や分解を解糖系やTCA回路（tricarboxylic acid cycle：クエン酸回路）などを通じて行っている。その過程で生じたH^+を呼吸鎖である電子伝達鎖に伝達してATPを生産している。また，ある種の微生物は，嫌気的な代謝である発酵により有機化合物の分解を行ってエネルギーを獲得している。

4.1　菌体成分

　微生物の代謝を知るうえで，まずこれらの菌体を構成している成分についての概要を知ることは，代謝の意味や微生物細胞内で生じている菌体成分の生合成の流れを知ることになり，代謝についての理解を深めることになる。食品に関係する微生物として対象となるものに，原核生物に属する細菌（真正細菌）や古細菌（アーキアともいう）と真核生物に属する酵母やカビを含む真菌類とが存在する。

　細菌の主な構造は，最表層には強度を保つための細胞壁があり，すぐ内側には栄養塩などをとり込む細胞膜が存在し，そのなかには細胞質があり，リボソーム，RNA，DNAなどが存在する。細菌の細胞壁はペプチドと糖からなるペプチドグリカン（ムレイン），タンパク質，リン脂質，リポ多糖などから構成される。細菌の細胞膜は脂質二重膜からなり，

タンパク質や糖タンパク質が埋め込まれたり結合したりしている。また種類により，鞭毛や線毛を有するものもある。古細菌の多くは細胞壁として糖タンパク質からなるS層（S-レイヤー）を有するが，一部のメタン菌はペプチドグリカンに類似したシュードムレインからなる細胞壁を有する。原核生物の細胞質にはオルガネラが存在せず半流動性の物質で，タンパク質，酵素タンパク質，貯蔵糖，リボソーム，RNA，DNAやミネラルなどから構成される（図4.1）。

　大腸菌を例に，これら主要成分の化学組成を細胞全重量に対する割合（%）でみると，水が最も多く約70%存在し，タンパク質（15），核酸（RNA：6，DNA：1），多糖（3），脂質（2），構成単位分子や代謝中間体（2），無機イオン（1）となっている。真核生物においても細胞成分組成はあまり変わらない。

　真核生物であるカビの細胞壁は主にキチンからなるが，酵母のそれはマンナン，グルカンのほか，タ

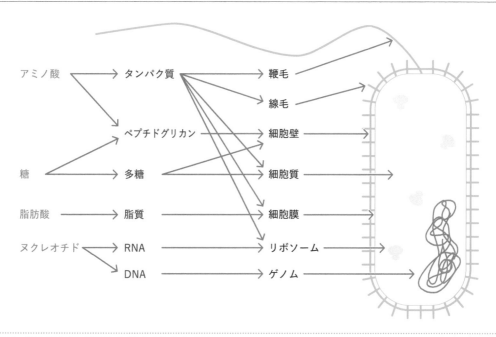

図4.1 微生物細胞（細菌）を構成する主な成分

ンパク質やリン脂質から構成されている。これらの真菌類は，細胞内に核膜に包まれた核やミトコンドリア，小胞体などが存在している。カビは菌糸と呼ばれる糸状の細胞をもち，有性生殖や無性胞子により繁殖する。また酵母は，胞子や有性生殖をもつ生活環を有している。したがって，このような真核微生物は，環境変化に応じて分化過程を有するため発現する菌体成分が変化することになる。

4.2　栄養の摂取と代謝系の概略

　微生物が増殖し，分裂するためには，まずその栄養となる素材物質を生息環境から細胞膜を通じてとり込んで摂取する。必要とされる生体内の化学反応はきわめて多様で，各種菌体成分を生合成するための材料として使われる。細胞膜からの物質のとり込みは，拡散による場合や，濃度に逆らってエネルギーを使って能動輸送される場合がある。

　一般に細胞膜を通過できるのは，無機イオンをはじめ，アミノ酸や単糖といった低分子の生体成分である。タンパク質や多糖のような高分子成分は，微生物が生産する分解酵素により低分子にしてからとり込む。

　代謝反応の数はきわめて多く複雑かつ多様であるが，最もよく研究されている代表的な腸内細菌である大腸菌を，糖（グルコース）を炭素源として培養した場合の代謝経路の概略をまとめたのが図4.2である。細胞外からとり込んだ糖（例えばグルコース）をピルビン酸にまで分解し，ATPを生み出す解糖系はほとんどすべての微生物がもっている。このピルビン酸はTCA回路を回ることで最終的にCO_2と水に分解され，その過程で生じたH^+が電子伝達鎖（呼吸鎖）に伝達されてATPが生産される。この分解過程である異化によって生じたエネルギーすなわちATPと還元力（NADPH）が，同化である生合成過程に利用される。異化と同化の経路はこのように密接に関係しており，解糖系やTCA回路の中間代謝産物からアミノ酸，脂質，ヌクレオチドなどが生合成され，これらが重合（アッセンブリー）して細胞質，細胞膜，細胞壁，鞭毛，線毛，リボソーム，ゲノムなどの細胞構造を構築している。またこれらの経路で生成されたNADHやFADHとしての還元力（H^+）が，電子伝達鎖の作用により効率よくATP

が生産され，エネルギーを必要とする多様な生合成過程に利用されている。

　異化と同化の経路をエネルギー関係からまとめたのが図4.3である。異化は分解的な経路で，ATPやNADPHの形で化学エネルギーを生産し，アミノ酸，糖や有機酸といった生体素材物質を生じながら，

CO_2やアンモニアのような最終生成物を生じる。生じた化学エネルギーは，同化である生合成経路に利用されて生体高分子が生合成される。

4.3　代謝を担う酵素

1 酵素とその特徴

　微生物を含むすべての生物における生体内の反応の多くは，触媒機能を有するタンパク質である酵素により行われているが，ごく一部のRNAにも触媒機能が存在し，リボザイムと呼ばれている。微生物の生産する酵素の多くは細胞内で機能する菌体内酵素であるが，生合成された後，菌体外に輸送される菌体外酵素も存在する。

　一般に酵素はアミノ酸が結合した生体高分子（分子量約1万～100万）であり，タンパク質のみからなる場合と，触媒に必須な補欠分子族を結合している場合がある。補欠分子族には低分子量の有機物（ビタミンなど）や無機物（金属イオンなど）があるが，有機態のものは補酵素と呼ばれている。補欠分子族がないタンパク質はアポ酵素と呼ばれ，補欠分子族が結合して活性を有するものをホロ酵素と呼んでいる。酵素反応を受ける物質である基質が結合して反応を受ける場所を酵素の活性部位という。一般に酵素の活性部位には，基質が結合するのに適し

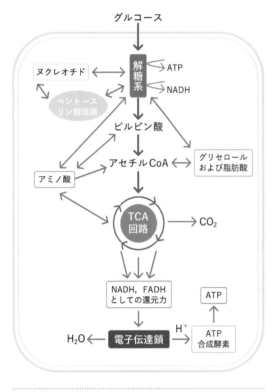

図4.2　細菌細胞の代謝経路の概略図

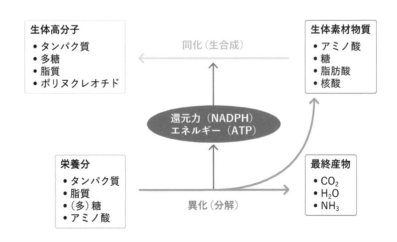

図4.3　異化と同化の関係

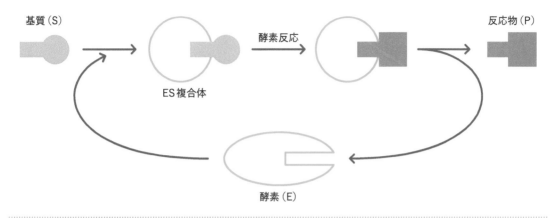

基質（S）　　　　　　　　　　　　　　酵素反応　　　　　　　　　反応物（P）

ES複合体

酵素（E）

図4.4　酵素反応の模式図

た特異的なアミノ酸残基や補欠分子族が三次元的に
配置しており，基質が化学反応を起こすための遷移
状態をとりやすい状態となり反応が進行する。まず
基質が酵素の活性部位に結合すると酵素の構造は変
化し，酵素基質複合体（ES複合体）を形成する。
その状態で化学反応が進行し，生じた反応産物が活
性部位から遊離し，酵素は元の形に戻り反応が終了
する（図4.4）。酵素は引き続き未反応の基質と結
合して反応し，反応産物を生じた後また次の反応を
くり返しながら，生体内の代謝過程において基質濃
度や反応制御物質などで厳密な調節を受けている。

2 酵素反応

　酵素は工業化学などで用いられる金属触媒の性質
とは大きく異なり，基質の立体構造の微妙な違いを
正確に認識し，反応液中の各種イオン濃度，pHや
温度などの少しの違いによって反応速度が大きく異
なる。このようにタンパク質からなる酵素は，人工
的な触媒と異なり基質特異性や触媒としての性能が
常温においてもきわめて高いことが特徴である。

　酵素反応において，酵素濃度を一定に維持し基質
濃度を増大させると，図4.5に示すように，基質濃
度sが小さいうちは反応速度vは酵素反応の初速度
に比例するが，sが非常に大きくなると一定となる。
この双曲線は$y = ax/(b + x)$ という式で表せる。
この式を書き換えると，$v = V_{max} \cdot s/(K_m + s)$ と

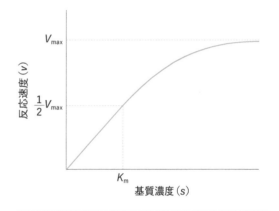

図4.5　基質濃度と反応速度の関係

なり，ミカエリス–メンテンの式と呼ばれている。
ここでV_{max}は曲線の漸近線（xが無限大のときのy
値）で最大反応速度である。K_mはvがV_{max}の1/2の
ときの基質濃度でミカエリス–メンテン定数と呼ぶ。
したがって，酵素のK_m値が小さい場合は，その酵
素が基質に対して強い親和力をもっていることを意
味している。

　K_m値やV_{max}値を求めるには，vとsを二重逆数
プロット（ラインウィーバー–バークのプロット）
で表すと容易に得られる。この直線は$1/v = (K_m/V_{max}) \cdot 1/s + 1/V_{max}$で表される。この図より，縦
軸切片が$1/V_{max}$となり，横軸切片が$-1/K_m$を示し，
容易に各々の値が得られる（図4.6）。これらの値
は，同じ酵素でも反応条件により変化する。

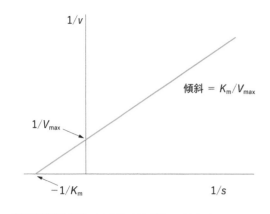

図4.6　ラインウィーバー–バークのプロット

3 主な酵素の種類

　酵素は，触媒する反応の種類と基質特異性の違いにより，国際生化学分子生物学連合の酵素委員会の基準に基づいて分類し命名されている。酵素委員会がつけるEC番号（酵素番号：Enzyme Commission numbers）は，反応形式に従ってECに続く4組の数字で表したもので，最初の数字は触媒する反応の種類を表し，次の6種類がある。2, 3番目の数字で反応を受ける結合や補欠分子族の種類によって細分し，最後の数字でサブグループ内での通し番号として整理がなされている。

① EC 1.　酸化還元酵素（オキシドレダクターゼ）
　　　　　酸化還元反応
② EC 2.　転移酵素（トランスフェラーゼ）
　　　　　基の転移反応
③ EC 3.　加水分解酵素（ヒドロラーゼ）
　　　　　加水分解反応
④ EC 4.　脱離酵素（リアーゼ）
　　　　　基がとれて二重結合を残す反応
⑤ EC 5.　異性化酵素（イソメラーゼ）
　　　　　異性体の生成反応
⑥ EC 6.　合成酵素（リガーゼ）
　　　　　ATPの加水分解を伴う2分子結合反応

　酵素の名称には「常用名」と「系統名」があり，次のような呼び方がされている。例えば，EC番号＝EC 1.1.1.1は，系統名はアルコール：NAD^+オキシドレダクターゼ（酸化還元酵素）であるが，常用名はアルコールデヒドロゲナーゼ（脱水素酵素）が使用されている。各グループの代表的な微生物が生産する酵素例を表4.1に示す。

4.4　異化

1 解糖系（エムデン–マイヤーホフ経路）

　代謝における同化と異化の両過程は，4.2節の図4.3で示したように，お互いに密接に関連しており，異化によりとり出されたエネルギーは同化の過程で利用されている。すなわち，生体内で過不足が生じた物質があれば，相互に連結した各種代謝経路を活用することによって不足または過剰な代謝物質量の調整を行い，生体内の恒常性の維持を行っている。主要な生体構成物質の中央代謝経路として好気性微生物において最も重要な経路が，解糖系とそれに続くTCA回路である。多くの微生物にとってグルコースは種々の代謝において最も重要で代表的な物質であり，その異化のために解糖系（またはエムデン–マイヤーホフ経路（EM経路））を利用する（図4.7）。解糖系は，原核・真核微生物をはじめ高等動植物まで普遍的に存在する重要な代謝経路である。解糖系は酸素がない嫌気的な環境でも，酸素がある好気的な環境でも細胞質で進行する。本経路は1分子のグルコースを2分子のピルビン酸にまで分解してATPとNADHの還元力をとり出す過程で，全体の収支を次に示す。

　グルコース ＋ 2ADP ＋ 2Pi ＋ $2NAD^+$
　→　2ピルビン酸 ＋ 2ATP ＋ 2NADH ＋ $2H^+$

　すなわちグルコース（C_6：六炭糖）がATPによりリン酸化され，フルクトース（C_6）に異性化され，さらにATPによりリン酸化されフルクトース1,6-ビスリン酸（C_6）となり，次に二分割されてジヒドロキシアセトンリン酸（C_3）とグリセルアルデヒド3-リン酸（C_3）が生成する。ジヒドロキシアセトンリン酸は異性化によりグリセルアルデヒド3-リン酸となり，

表4.1　微生物酵素の代表例

1. 酸化還元酵素

EC番号	酵素名（系統名）	酵素反応
1.1.1.1	アルコールデヒドロゲナーゼ （アルコール：NAD^+ オキシドレダクターゼ）	アルコール ＋ NAD^+ ⇔ アルデヒド（またはケトン）＋ NADH ＋ H^+
1.4.1.2	グルタミン酸デヒドロゲナーゼ （L-グルタミン酸：$NAD(P)^+$ オキシドレダクターゼ）	L-グルタミン酸 ＋ NAD^+ ＋ H_2O ⇔ α-ケトグルタル酸 ＋ NH_3 ＋ NADH ＋ H^+

2. 転移酵素

EC番号	酵素名（系統名）	酵素反応
2.6.1.1	アスパラギン酸アミノトランスフェラーゼ （L-アスパラギン酸：α-ケトグルタル酸　アミノトランスフェラーゼ）	L-アスパラギン酸 ＋ α-ケトグルタル酸 ⇔ オキサロ酢酸 ＋ L-グルタミン酸
2.7.1.21	チミジンキナーゼ （ATP：チミジン　5′-ホスホトランスフェラーゼ）	ATP ＋ チミジン → ADP ＋ チミジン 5′-リン酸

3. 加水分解酵素

EC番号	酵素名（系統名）	酵素反応
3.1.11.3	エキソデオキシリボヌクレアーゼIV （二本鎖DNA　5′-ヌクレオチドヒドロラーゼ）	二本鎖DNAの5′-末端から5′-モノヌクレオチドを生成する
3.5.1.1	アスパラギナーゼ （L-アスパラギン　アミドヒドロラーゼ）	L-アスパラギン ＋ H_2O ⇔ L-アスパラギン酸 ＋ NH_3

4. 脱離酵素

EC番号	酵素名（系統名）	酵素反応
4.1.1.49	ホスホエノールピルビン酸カルボキシキナーゼ （ATP：オキサロ酢酸　カルボキシリアーゼ）	ATP ＋ オキサロ酢酸 ⇔ ADP ＋ ホスホエノールピルビン酸 ＋ CO_2
4.3.1.1	アスパラギン酸アンモニアリアーゼ （L-アスパラギン酸　アンモニアリアーゼ）	L-アスパラギン酸 ⇔ フマル酸 ＋ NH_3

5. 異性化酵素

EC番号	酵素名（系統名）	酵素反応
5.1.1.3	グルタミン酸ラセマーゼ （グルタミン酸　ラセマーゼ）	L-グルタミン酸 ⇔ D-グルタミン酸
5.2.1.1	マレイン酸イソメラーゼ （マレイン酸　cis-trans-イソメラーゼ）	マレイン酸 → フマル酸

6. 合成酵素

EC番号	酵素名（系統名）	酵素反応
6.2.1.5	スクシニルCoA シンテターゼ （コハク酸：CoA　リガーゼ）	ATP ＋ コハク酸 ＋ CoA ⇔ ADP ＋ Pi ＋ スクシニルCoA
6.3.1.2	グルタミンシンテターゼ （L-グルタミン酸：アンモニアリガーゼ）	ATP ＋ L-グルタミン酸 ＋ NH_3 ⇔ ADP ＋ オルトリン酸 ＋ L-グルタミン

さらにピルビン酸に分解される過程で最終的に2分子の還元型NADHと2分子のATPが生成される。この際，好気条件では，解糖系で生じたNADHは後述する電子伝達鎖に進み，酸化型NAD^+の再生が行われる。また嫌気条件では，ピルビン酸はエタノールや乳酸にまで還元する過程が働き，その際NAD^+が再生される。この過程は発酵と呼ばれており，微生物の種類により，エタノール，乳酸，酪酸，ブタノール，アセトンなどの発酵産物が生産されるが，いずれも細胞全体の酸化還元バランスは維持されている。

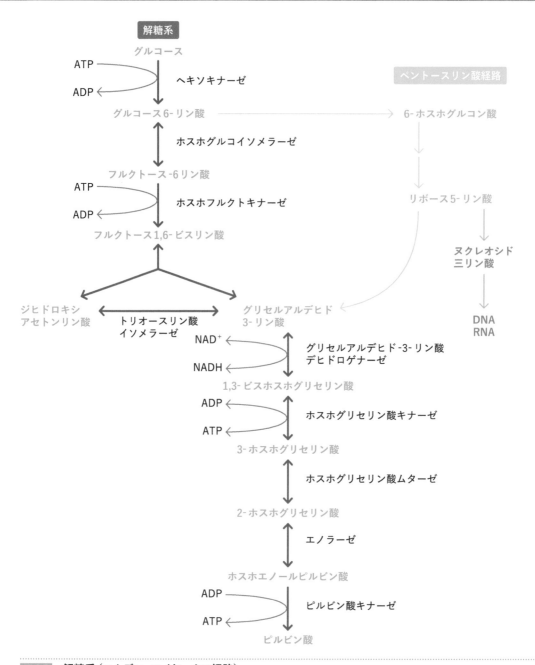

図4.7　解糖系（エムデン−マイヤーホフ経路）

2 エントナー−ドゥドロフ経路（ED経路）

　好気性細菌の一部（*Pseudomonas, Rhizobium,* や*Alcaligenes*属）は解糖系の代わりにエントナー−ドゥドロフ経路（Entner-Doudoroff pathway：ED経路）を用いてグルコースを代謝することができる（図4.8）。本経路も酸素がなくても働く。グルコース1分子から2分子のピルビン酸を生成し，嫌

気状態ではエタノールや乳酸が生産される。本経路は解糖系よりエネルギー効率が低く，グルコース1分子から1分子のATP，NADPH，NADHを生産する。

　古細菌においても，好気性や一部の嫌気性クレンアーキオータ（*Crenarchaeota*）にED経路が認められているが，グルコースのリン酸化がされないか

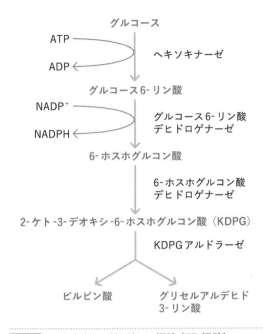

図4.8 **エントナー–ドゥドロフ経路（ED経路）**

または一部の過程がリン酸化なしに進行するため，非リン酸化ED経路や部分リン酸化ED経路と呼ばれている。

　ED経路で生じた代謝産物は，解糖系の場合と同様に関連する生合成系に利用され重要な役割を担っている。

3 ペントースリン酸経路

　ペントースリン酸経路（pentose phosphate pathway）はヘキソース–リン酸経路（hexose monophosphate pathway：HMP経路）とも呼ばれ，多くの生物に存在し，細胞内において解糖系またはエントナー–ドゥドロフ経路と同時に酸素の有無にかかわらず働く。この経路ではグルコース6-リン酸（C_6）が酸化後さらに脱炭酸してペントース5-リン酸（C_5）が生成し，炭素数3〜7の糖リン酸エステルの相互変換がなされ，グルコース6-リン酸が再生される回路である（図4.9）。したがって，その中間代謝産物が重要なエネルギー源であるが，本経路は各種生合成のためにより重要である。例えば，本代謝系で供給されるNADPHは長鎖脂肪酸などの生合成に利用される。またエリトロース4-リン

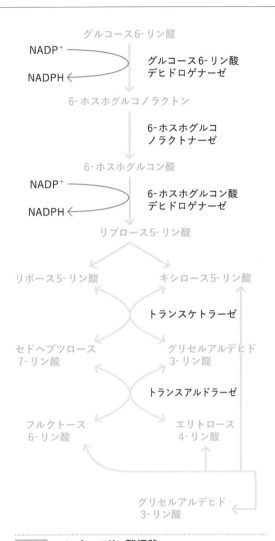

図4.9 **ペントースリン酸経路**

酸（C_4）は芳香族アミノ酸の合成に，リボース5-リン酸（C_5）はDNAやRNAの素材であるヌクレオシド三リン酸の生合成に利用される。多くの微生物は解糖系とペントースリン酸経路の両経路をもつが，いずれの経路で糖を代謝するかは微生物種や環境条件により異なる。

4 TCA回路（クエン酸回路）

　TCA回路は，解糖系などで生じたピルビン酸のCO_2への好気的代謝であり，細菌，古細菌，酵母，糸状菌などの微生物から高等動植物に至るまで広く分布している。真核生物では解糖系の酵素群が細胞質に存在するのに対して，TCA回路の酵素群はミト

コンドリアのマトリックスに局在する。一方，原核生物ではいずれも細胞質に存在する。本回路は，ピルビン酸が補酵素A（CoA；coenzyme A）と結合してアセチルCoAとなり，オキサロ酢酸と反応してクエン酸が生成する。その後，脱水素反応や脱炭酸反応をくり返し，イソクエン酸，α-ケトグルタル酸，スクシニルCoA，コハク酸，フマル酸，リンゴ酸と段階的に図に示すような反応を経由してオキサロ酢酸に戻る。この回路を回転することでピルビン酸は最終的にCO_2と水に分解される過程である（図4.10）。生じたCO_2は細胞外に放出され，水素は補酵素を通じて還元型のNADHとFADHの形で電子伝達鎖に渡されてATPと水が生じる。このようにTCA回路は糖類（炭水化物）の好気的代謝を行う重要な過程であり，電子伝達鎖とも共役して

エネルギー供給に大きな役割を果たしている。またアセチルCoA，α-ケトグルタル酸，オキサロ酢酸は，それぞれ脂質，グルタミン酸族アミノ酸，アスパラギン酸族アミノ酸を生合成する代謝中間体であり，これらを供給することにより生体成分の生合成過程に中心的な役割を担っている。

　TCA回路は好気性生物においては必須であるが，通性嫌気性微生物では酸素が存在するときのみ本回路は機能している。また偏性嫌気性微生物では不完全な回路（不完全TCA回路）を有し，生じた代謝中間体を用いてアミノ酸などの生合成を行うために利用されている。またTCA回路を逆行させる還元的TCA回路をもつ緑色硫黄細菌や好熱古細菌の一部の種においては，CO_2固定にこの回路を利用している。

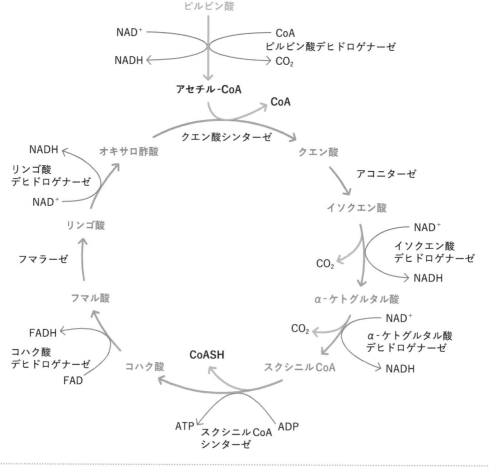

図4.10　TCA回路（クエン酸回路）

4.5 発酵

自然環境や食品の製造・加工・保蔵中において，酸素濃度が低いか存在しない嫌気的な状態が多く存在するが，そのような条件下においても多様な微生物が発酵によりエネルギーを得て生存している。酸素，NO_3^- や SO_4^{2-} といった電子受容体なしで，有機物の分解によりエネルギーを獲得する嫌気的代謝を発酵という。微生物は発酵過程において，嫌気的に有機化合物を分解しエタノールや有機酸，CO_2 を生産してエネルギーを得ている。しかし好気呼吸と比べて発酵におけるエネルギー（ATP）生産効率はとても低く，完全な酸化が起こらないため多様で多くの代謝産物が生じる場合がある。微生物による有用物質生産においては重要な現象であり，酸素の有無にかかわらず「アミノ酸発酵」や「核酸発酵」といった言葉が使用されている。

発酵と好気的な呼吸は，グルコースからピルビン酸までの代謝経路は共通である。発酵ではピルビン酸以降の代謝過程で，それ以前の過程で生じたNADHを各種デヒドロゲナーゼによりNAD$^+$に再酸化する。この過程でATPの生成が増大し，嫌気性微生物の生存を可能としている。

酵母 *Saccharomyces cerevisiae* を代表とするエタノール発酵では，前述の嫌気的代謝経路によりエタノールが生成する。ピルビン酸はエタノールと CO_2 に分解され，NADHはNAD$^+$に酸化される。乳酸発酵は *Streptococcus* や *Lactobacillus* の乳酸菌により行われ，ピルビン酸は乳酸に還元され，この際，NADHがNAD$^+$に酸化される。発酵産物は乳酸のみであることからホモ乳酸発酵と呼ばれ，エタノールや他の産物が生じるヘテロ乳酸発酵とは区別される。乳酸・酢酸・ギ酸・コハク酸・エタノールなどの複数産物をつくる混酸発酵やブタンジオール発酵（混酸発酵産物以外に2,3-ブタンジオールを含む）は，それぞれ腸内細菌の主要な発酵タイプである。

主な異化経路，すなわち，解糖系，エントナー-ドゥドルフ経路，ペントースリン酸経路およびTCA回路におけるグルコース1分子あたりのATP収率（分子）を比較すると，それぞれ2，1，0および34となる。発酵においては，酢酸が生成されるときにおいて2か3である。このようにTCA回路はきわめて高いATP生産効率を有しているが，本回路には酸素が必要であり，大部分のATPはその後の酸化的リン酸化により生成している。発酵過程のように嫌気条件や酸素濃度がきわめて低いか一時的にしか存在しない環境においては，一般にATP生産効率が低いために増殖速度が遅く，その結果，発酵産物の生産が制限されることになる。

4.6 電子伝達鎖（呼吸鎖）とエネルギー生産

微生物は，異化反応により生じたNADH + H$^+$とFADHをさまざまな酸化還元電位を有する電子伝達体から構成される電子伝達鎖の働きにより，効率的にATPを生成している。真核生物においては，電子伝達はミトコンドリア内膜で行われているが，原核微生物においては細胞膜で行われている。すべての電子伝達経路は，一連の共役する酸化還元反応により機能しており，真核微生物のミトコンドリアにおける電子伝達鎖を図4.11に示す。本電子伝達鎖は，複合体Ⅰ（NADHデヒドロゲナーゼ），Ⅱ（コハク酸デヒドロゲナーゼ），Ⅲ（シトクロムc酸化還元酵素），Ⅳ（シトクロムc酸化酵素）と呼ばれる4つの酵素群からなり，異化経路で生じたプロトン（H$^+$）を酸化還元電位に応じてこの一連の酵素群間で受け渡しを行い，最終受容体の酸素分子に渡されて水が生じる。その際，多くの酵素群間で電子の受け渡しが行われるため，電子伝達鎖と呼ばれる。各酵素群複合体は，これらの酸化還元反応に共役してプロトンをマトリックス側から内膜の外側に輸送し，ミトコンドリア膜内外にプロトン濃度勾配が生じ，プロトン駆動力が形成される。複合体Ⅴはプロトン輸送ATP合成酵素（シンターゼ）であり，プロトンは本酵素により膜内に移動し，その際，放

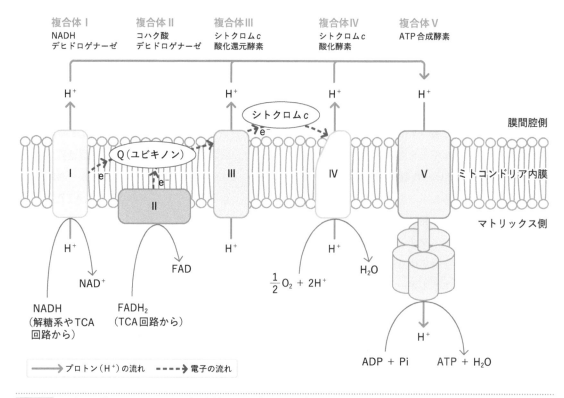

図4.11　ミトコンドリアにおける電子伝達鎖とATP合成の概略

出されるエネルギーを用いてATPが合成される。このATP生成がミトコンドリアにおける酸化的リン酸化反応である。このようなプロトン駆動力は，ミトコンドリアのみならず膜を隔てた物質の能動輸送や鞭毛の回転運動にも利用されている。

　細菌の電子伝達鎖は，ミトコンドリアのものとは異なり種によって多種多様であり，末端電子受容体に至る途中で経路が分岐している。細菌の多くは増殖環境に応じて電子伝達中の電子の流れを変化させることが可能である。また嫌気性細菌においては，嫌気条件の下での電子伝達鎖では，最終電子受容体として酸素の代わりに硝酸やフマル酸などに電子を渡すことができる。

4.7　生合成（同化）

　これまで異化によるエネルギー生産を中心に微生物の代謝を概観してきたが，ここではタンパク質，核酸，多糖や脂質などの生体高分子を構成するアミノ酸，ヌクレオチド，糖（グルコース），脂肪酸などの低分子素材の生合成系について細菌（特に大腸菌）を中心に概観する。これら低分子素材は，解糖系，ペントースリン酸経路，TCA回路などの代謝中間体から合成される（図4.12）。すなわち，これらのエネルギー代謝経路は，ATPや還元力を生産するだけではなく，生合成前駆体の供給に重要である。

1 グルコースの合成

　多くの微生物では，細胞壁の骨格は多糖類から構成されており，また炭素やエネルギーをグリコーゲンやデンプンといった多糖類の形で貯蔵する。これら多糖類は，グルコースやグルコース誘導体から構成されている。微生物が環境の変化により，有機酸であるオキサロ酢酸などからグルコースを生合成する経路を糖新生と呼ぶ。糖新生における中間産物は解糖系のものとすべて同じであり，解糖系において不可逆な3つの反応過程以外は解糖系の逆反応である。

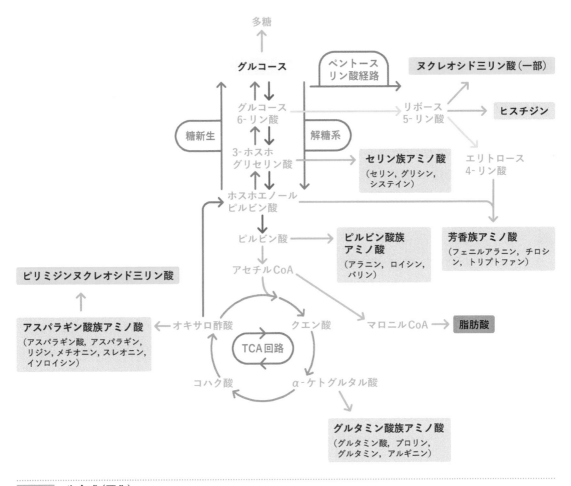

図4.12　生合成（同化）

2 アミノ酸の合成

　微生物におけるアミノ酸の生合成経路は多様であるが，前駆物質は解糖系，ペントースリン酸経路，TCA回路から供給され，供給元によりおよそ6つに分類（族）されている（図4.12）。解糖系で生成される3-ホスホグリセリン酸からはセリン族アミノ酸（セリン，グリシン，システイン）が，ピルビン酸からはピルビン酸族アミノ酸（アラニン，ロイシン，バリン）が合成される。また，同経路のホスホエノールピルビン酸とペントースリン酸経路で生じたエリトロース4-リン酸からは，芳香族アミノ酸（フェニルアラニン，チロシン，トリプトファン）が合成される。さらにペントースリン酸経路で生じたリボース5-リン酸からはヒスチジンが合成される。TCA回路で生じたα-ケトグルタル酸から

は，グルタミン酸族アミノ酸（グルタミン酸，プロリン，グルタミン，アルギニン）が，オキサロ酢酸からはアスパラギン酸族アミノ酸（アスパラギン酸，アスパラギン，リジン，メチオニン，スレオニン，イソロイシン）が生合成される。

3 脂肪酸の合成

　リン脂質は，原核および真核微生物の細胞膜の主要な構成物質である。細菌のリン脂質は，グリセロールの1位と2位にエステル結合した脂肪酸から構成されているので，ここでは脂肪酸の合成について述べる。細菌の脂肪酸合成は，まずアセチルCoAを材料としてアセチルCoAからアシル運搬タンパク質（ACP）へのアセチル基の転移により，アセチルACPが生成する。またアセチルCoAがカルボ

キシル化されて生成したマロニルCoAも，ACPの働きによりマロニルACPとなり，両者が縮合反応によりアセトアセチルACPが生成し，還元，脱水を経てアシルACPとなる。生じたアシルACPとマロニルACPがさらなる縮合，還元，脱水をくり返して，炭素数が2つずつ長い脂肪酸が合成される。古細菌ではグリセロールにイソプレノイドがエーテル結合した特異な構造のリン脂質を有しており，生合成過程も細菌のものと異なっている。

④ ヌクレオチドの合成

ヌクレオチドはRNAやDNAの構成単位であり（第6章参照），そのリボース部分はペントースリン酸経路よりリボース5-リン酸として供給され，その後5-ホスホリボシル1-ピロリン酸に変換される。本部分を土台としてプリン環は，アスパラギン酸，葉酸，グルタミン，グリシン，CO_2を材料に合成される。一方ピリミジン環は，独立してカルバモイルリン酸とアスパラギン酸の縮合によりピリミジン骨格が合成される。その後ホスホリボシル1-ピロリン酸と結合してピリミジンヌクレオチドが合成される。

4.8　メタボローム解析

近年，多くの微生物においてDNA配列の網羅的解析（全ゲノム解析）が進み，代表的な微生物においてはすでに詳細なゲノム解析が行われている。しかしながら多くの機能未知遺伝子が存在することも事実であり，今後，遺伝子操作系の発展とともに未知遺伝子の機能特定が大きな課題である。全ゲノム解析が進行して多くのゲノム情報が蓄積するとともに，その後，タンパク質の網羅的解析（プロテオーム解析），mRNAの網羅的解析（トランスクリプトーム解析）が行われている。しかし，生体にはDNA，RNA，タンパク質のような高分子のほかに低分子のアミノ酸，脂肪酸，有機酸，核酸などが存在し重要な役割を果たしている。したがって，生物のより正確な生理を理解するためには，低分子代謝産物を解析することが必要不可欠である。そのため微生物全体の遺伝子情報を，バイオインフォマティクス的手法を用いて解析し，その生物の網羅的代謝過程を解明する研究が進行している。すなわち，これまでは培養が困難であったため，あるいはたとえ培養できても詳細な代謝過程の解析が技術的に困難である場合も多く，未知の代謝系の存在すら不明のことが多いと思われる。しかし，近年，次世代シーケンサーを用いた迅速かつ正確なゲノム情報の取得と，代謝過程を解析するバイオインフォマティクスの進歩により，微生物細胞内で生じている代謝過程を迅速かつ詳細に推測する手法が確立されている。また最新の高感度マススペクトロメトリーを用いて，微量の菌体からも代謝中間体の迅速同定も可能となり，よりいっそう代謝過程の全容がわかりやすくなってきた。このように，全代謝産物を網羅的に解析することをメタボローム解析と呼んでいる。各種のDNAデータベースに加えて，京都大学化学研究所が開発した"遺伝子ゲノム百科事典"といわれるKEGG（Kyoto Encyclopedia of Genes and Genomes：http://www.genome.jp/kegg/）により，遺伝子情報から微生物細胞で起こっている代謝過程を容易に概観できるようになってきた。今後は，遺伝子情報から該当する微生物種の分類・進化系統学的情報のみならず，生存や環境適応に直結する代謝に関しても生理・生態学的特性と関連づけながら知ることが可能になり，これまでとは異なった視点から微生物を概観することができるようになってきている。

［参考文献］

・A. Bruce *et al.*：Essential 細胞生物学 原書第3版（中村桂子，松原謙一監訳），南江堂（2011）
・J. Nicklin *et al.*：微生物学キーノート（高木正道，杉山純多，小野寺節訳），丸善出版（2012）

Chapter 5

微生物の増殖

　微生物は分裂または出芽によって個体数を増やしていく。細菌の場合，1つの細胞が分裂して増殖するため，好適条件下では細菌数の増加は2倍，4倍，8倍と，指数関数的である。細菌が増殖するときの様子（菌数の変遷，分裂時間）はある程度の精度で計算により推定することができる。もちろん，自然界では競合する他の種類の微生物やファージの存在により，その消長は大きく影響を受け，実験室などの人工的な環境での動態とは異なる場合も多い。しかし，食品中ではある程度この法則に従って細菌の数は増加する。細菌数が指数関数的に増加するということは，条件が揃えば食中毒細菌や腐敗細菌は食品中で速やかにその菌数を増やし，食品衛生的に問題となるレベルに達することを意味する。そのため，食品に関係の深い微生物の増殖特性を調べ，どのような条件で増殖が促進あるいは抑制されるかといった情報を得ることは，食品保蔵学を研究するうえで大変重要なことである。特に，水分活性，温度，pH，食塩濃度，酸素などといった，食品中の微生物の増殖に大きな影響を及ぼす環境因子については詳細に研究され，各環境因子の増殖抑制機構について明らかにされてきた。

5.1　微生物の増殖と死滅

1 増殖の定義

　微生物は脊椎動物や節足類のように生殖により子孫を増やすのではなく，分裂や出芽により個体数を増やしていく。細菌では細胞分裂によって，酵母では母細胞から娘細胞が発生する出芽と呼ばれる方法や分裂によって，カビは分生子の形成・発芽によって個体数を増やしていく。この個体数の増加が増殖であり，一般には増殖能力を有している状態を「生存」と定義する。一方，増殖能力が不可逆的に失われた状態は「死滅」と定義される。ある種の細菌を凍結状態におくと増殖しないが，それを適当な環境に移すと増殖することがある。このように一時的には増殖能力を失っているが，可逆的に増殖能力を回復するものは生菌である（増殖能力を失っている状態の菌を損傷菌ということもある）。逆に，一部の生物活性は示すが，増殖能力は完全に失っている状態は死んだ細菌またはVBNC（生きているけれど培養できない生菌）と呼ばれる特殊な状態の細菌細胞である。

　実験室で細菌を増殖させるためには，細菌の増殖に必要な栄養成分や温度などの増殖条件を揃える必要がある。栄養成分を含んだ液体や固体を培地（あるいは培養基）といい，培地で増殖させることを培養という。培養中の培地には，生きている細胞と死滅した細胞とが混在しているのが普通であるが，両方を合わせた数を全菌数，培地で増殖した細胞の数を生菌数と呼ぶ。液体培地における細菌の増殖は，それが濁っていく状態を観察することで追跡でき，固形培地の場合では，細菌集落（コロニー）が大きくなっていくことでわかる。しかし，厳密に細菌の増殖の度合いを調べる場合，正確に生菌数を測定する必要がある。ここでは，細菌を例として培養中の細菌の挙動について説明する。

2　細菌の世代時間

　細菌の細胞は，一個体から二個体に分裂増殖することによって個体数を増やしていく（図5.1）。分裂した細胞が成長し，次に分裂するまでの時間を世代時間（generation time）という。世代時間は，細菌の種類や環境条件（または培養条件）により異なる。研究目的で頻繁に使用される大腸菌の場合，至適条件下における世代時間は約20分である。非常に短い例としては，腸炎ビブリオの約10分というものがあり，肺結核菌などの増殖の遅い種類では世代時間が約8時間というものもある。細菌が分裂し，独立した細胞として存在するためには，分裂時に核様体（DNA）とその他の生存に関するすべての高分子，単量体などの複製が完了していなくてはならない。複製プロセスにおける菌体構成成分の合成は2,000種以上のさまざまな化学反応が含まれている。そのため，細菌が分裂するまでに必要とする時間（世代時間）は遺伝的特徴，栄養状態などにより大きく影響される。つまり，菌の種類によって世代時間が異なるのは，複製に必要な時間が菌種により異なるからである。世代時間は次のような計算式から算出することができる。

　最初の細菌数をa，n回分裂後の細菌数をAとすれば

$$A = a \times 2^{n-1} \quad\text{(1)}$$

(1)式を対数にすれば

$$\log A/a = (n-1) \times \log 2 \quad\text{(2)}$$

　Aに達するまでに経過した時間をt，世代時間をGとすれば

$$n = t/G \quad\text{(3)}$$

(3)式を(2)式に代入し，$\log 2 \fallingdotseq 0.3$とすれば，

$$G \fallingdotseq 0.3\, t/(\log A/a + 0.3) \quad\text{となる。}\text{(4)}$$

　最初の生菌数aとt時間後の生菌数Aを測定すれば，その条件下における世代時間を(4)式から計算することができる。

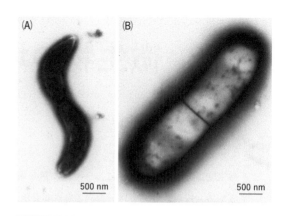

図5.1　**分裂中の細菌（対数増殖期）の透過型電子顕微鏡写真像**

(A) *Terasakiella pusilla*，(B) *Bacillus subtilis*
細胞が分裂により分かれている。2%酢酸ウラン染色。

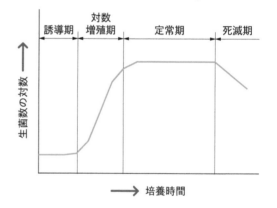

図5.2　**細菌の増殖曲線**

　世代時間を調べることは，その細菌の増殖速度を知ることになり，さまざまな菌種と増殖速度を比較することができる。また，増殖速度等の情報は食品中での挙動の推定に有用であり，食品の消費期限（または賞味期限）の設定などに利用される。

3　細菌の増殖曲線

　細菌を新しい液体培地に接種し，一定の条件で増殖させた場合，培養時間と生菌数の対数との関係は図5.2のようになり，これを細菌の増殖曲線（growth curve）と呼んでいる。

　細菌の種類や培養条件によって増殖曲線の形に多

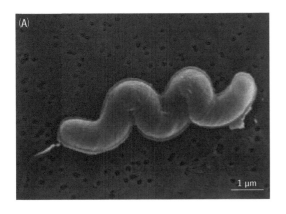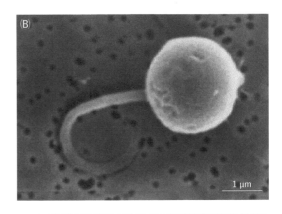

図5.3　増殖過程による細菌の細胞形態の変化

Marinospirillum megaterium の走査型電子顕微鏡写真。(A) 対数増殖期の栄養細胞，(B) 定常期の耐久細胞（coccoid body）

少の差異はあるが，一般的には誘導期（induction period またはlag phase），対数増殖期（logarithmic phase），定常期（stationary phase），死滅期（death phase）の4期に分けられる。

　細菌を新しい培地に接種した場合，接種直後から分裂，増殖が開始されるわけではなく，正常な世代時間より長くなるのが普通である。このような期間が誘導期（または遅滞期）である。最初に接種する細菌が損傷を受けていたり，増殖の準備が整っていなければ誘導期は長くなり，逆に新鮮な活力のある細菌を接種すれば誘導期は短くなる。誘導期において細菌は新しい環境を認識し，それに適応しながら，あるいは損傷回復して増殖に向かう準備（例えば遺伝子の発現の方向づけ）をしている。

　次いで栄養をとり込み，菌体成分の合成，DNAの複製を開始する。やがて細胞は大きくなり，ついには2つの細胞に分裂しはじめる。誘導期を過ぎると徐々に一部の細胞から正常な分裂がはじまり，やがてほぼすべての細胞がいっせいに一定の世代時間で分裂を続けるようになる。この期間の増殖は指数関数的であり，至適条件下では，その菌のもつ最大の増殖速度で増殖する。実際，この期間において細菌数の対数を縦軸に，時間を横軸にプロットすると直線が得られる。対数増殖期の細胞は正常で活力に富んでおり，最も速く分裂するので，世代時間の測定はこの期間の細胞について行われる。菌体内で発現される遺伝子も生体高分子の生合成，基質のとり込み，代謝などの細胞の増殖に関係するものが中心である。

　しかし，対数増殖期はいつまでも続くものではなく，細胞数がある程度に達すると，それまでに排泄された有害物質の蓄積，栄養の枯渇，好気性細菌では酸素の枯渇などのために細胞分裂速度は次第に鈍化し，やがて分裂が停止，最後には死滅がはじまる。増殖が見かけ上，止まっている時期を定常期と呼ぶ。定常期では細菌の一部は死滅しはじめるが，一方では残りの細菌は緩やかながら増殖を続けている。つまり，細菌集団における生菌と死菌の差し引きで生菌数が頭打ちになっている状態である。細菌が定常期に入るときには，環境の悪化に備えるため，発現させる遺伝子の種類を変えることが知られている。対数増殖期では細菌の増殖に関する遺伝子の発現が顕著であったが，定常期ではストレスに対応するための遺伝子の発現が促進される。種類によっては細菌の形態も変化する。例えば，胞子形成菌は栄養細胞から胞子に変遷し，一部の螺旋菌ではcoccoid bodyと呼ばれる球状の耐久細胞に変化する（図5.3）。定常期を経た後，生み出される細菌数よりも死滅していく細菌数が多くなる死滅期に移行する。

4 微生物数の測定

1. 細菌数の測定

　増殖の過程を追跡するためには，増殖中の微生物の細胞量または細胞数（バイオマス）を定量的に計測する必要がある。一般的には試験菌を新しい培地に接種し，経時的に細胞数を計数（計量）し，増殖曲線を画いて評価する。前述したように，増殖速度を測定するためには，増殖が最も活発である対数増殖期の細菌のバイオマスを計測する。細胞量を直接的に計測する唯一の方法は，培地から細胞を集め，乾燥し，秤量することである。この方法で一定量の培養中の細胞物質の乾燥重量を知ることができるが，測定に時間がかかり，感度が比較的低い。

　一方，単細胞微生物の細胞量を計測するのによく使われる方法は光学的測定法である。本法の原理は細胞の浮遊液によって散乱される光の量を測定するもので，小粒子が，ある範囲内では濃度に比例して光を散乱させるという特性に基づく。つまり，光線が細菌浮遊液を通過する場合，散乱の結果生じる透過光量の減少は細胞密度に反映される。この関係はランベルト・ベールの式と同様に，次式で表すことができる。

$$E = -\log_{10}(I/I_0)$$

　ここで E（濁度）は細胞浮遊液に当てる光の強さ（I_0）と浮遊液を通過してきた光の強さ（I）に対する比の対数（散乱のある場合を正とするために負号をつけてある）で表される。

　このような光学的計測は，通常，濁度計や分光光度計を用いて行われる。本法は細胞密度を測るのに便利であり，既知密度の細菌浮遊液に対しての濁度をあらかじめ測定して検量線を作成しておけば，培養液の濁度を測定することで細胞密度の概数が推定できる。現在，微生物の増殖を追跡するための手法として最も一般的であり，細胞密度測定に特化した機器も市販されている。分光光度計にて測定する場合，培地成分の吸収の影響，菌濃度の定量性を考慮し，600 nm 付近の波長を使うことが多い。

　細胞量を測定する方法のほかに細胞数測定法も増殖の測定手法としてしばしば用いられる。浮遊液中の単細胞生物の数は正確に測られた容積（極少量の試料でのみ可能であるが）中の個々の細胞を顕微鏡下で数えることにより測定することができる。そのような算定は，通常，計算板と呼ばれる特殊な顕微鏡用スライドグラスを用いて行う。計算板には一定面積の正方形をつくるように線が引かれ，それによってスライドグラスとカバーグラスとの間に一定の深さの液層がつくられるように工夫されている。その結果，各正方形を覆う液体の容積が正確にわかる。このようにして得られる直接的算定数は，全細胞数と呼ばれる。このなかには生細胞と死細胞の両者が含まれるが，少なくとも細菌の場合には，特殊な染色法で生菌と死菌を染め分けないかぎり，顕微鏡的検査で両者を区別することができない。

　生きた微生物数の測定は平板計数法によって行うことができる。塗沫法（とまつ）では寒天平板培地の表面に，混釈法では寒天培地中において分散されて互いに空間的に隔離された状態で接種された個々の生細胞は，増殖するとそれぞれ孤立した肉眼的に見えるコロニー（colony：集落）を生じる（コロニーは1つの細菌が分裂して数億個に増殖してできた細菌集団で，1つの細胞が大きくなったものではない）。したがって，細菌集団の適当な希釈液を調製し，それを適切な寒天平板培地に接種して培養した後，生じるコロニー数を数えてこの値に希釈倍数を掛ければ，はじめの集団内の生細胞数を知ることができる。この方法はしばしば生菌数測定法（生細胞数測定法）と呼ばれる。直接顕微鏡的測定法とは対照的に，この方法では用いた寒天平板培地上に肉眼でコロニーを確認できるまで増殖した細胞のみが計測される。ただし，生菌数測定に使用される培地および培養条件（温度，pH，食塩濃度，酸素の有無など）が試験菌の増殖条件を満たしている必要がある。実際に，多種多様な微生物が存在している海水や土壌などを試料とした場合，培地を使用した生菌数測定法では生存している微生物の1/100以下の微生物数しか検出できていないといわれている。

2. ファージの増殖と計数法

　細菌ウイルス（バクテリオファージまたはファージともいう）は厳密には生物に分類されないため，ファージが宿主細胞にとりつき，粒子数を増大させる様式を増殖と呼べるのかには議論があるであろう。しかし，ファージは第2章（p.36参照）で説明したように，宿主細胞に感染した後，細胞内でその数を増やし，もとのファージ粒子数より数十から数百倍にその数を増やして宿主を破壊して細胞外に出ていくため，宿主である微生物の消長に重大な影響を与える。微生物を培養し有効利用している食品や発酵産業ではファージの特徴を調べ，制御方法を確立することは安定生産を達成するために重要な技術のひとつである。

(1) ファージの検出と計数

　少数のファージ粒子を宿主である細菌の培養液中（対数増殖期）に加えると，一部の細菌細胞は感染を受ける。一定時間後，感染細胞は溶菌を起こす。感染細胞の溶菌によって多数の新しいファージ粒子が外に放出される。この様式を一般にファージの増殖と呼んでいる。すべてのファージはこのような基本パターンによって増殖するが，この過程の分子レベルでの詳細な点についてはファージによってかなりの相違がある。放出されたファージ粒子は引き続き集団内の他の細胞に感染することが可能となり，同じサイクルをくり返す。その結果，はじめに加えた感染性ファージ粒子の数が宿主細胞の数に比べて小さい場合であっても，細菌集団のほぼ全体が数時間で破壊されてしまう。このように，ファージによる宿主の溶菌という性質を利用してファージの計数が行われる。概要は次のとおりである。

　宿主細胞の浮遊液を均一に接種した寒天平板の表面にファージを含む試料の適当な希釈液を塗り広げることで，この試料中のファージ粒子または感染細胞の数を測定することができる（両者をまとめて感染中心という）。ファージ粒子を添加したこの寒天平板を適当な時間培養すると，ファージ粒子または感染細胞が存在する地点を除く平板表面全体に健全な宿主細胞の増殖により生じる白濁層が認められる

ようになる。一方，ファージの感染部位のまわりには溶菌による透明帯がみられる。これは継続的なファージ増殖により塗抹された宿主細胞の白濁層が局所的に破壊された結果生じたもので，溶菌斑やプラークと呼ばれる。1個のプラークは1個のファージ粒子が宿主に感染した結果，または1個の感染細胞が存在していたことを意味しているので，平板状のプラーク数を計数し，希釈倍率を掛ければ試料に存在していた感染中心数を計数できる。

(2) ファージの増殖特性

　ファージの特性を論じるうえでファージが宿主に感染したときの潜伏期間の長さ，1つのファージ粒子が1つの細胞に感染し，放出されるファージ粒子の数（バーストサイズ）は形態観察，遺伝子の塩基配列解析と並んで重要な形質である。これらの特徴は一段増殖実験を行うことで知ることができる。概要は次のとおりである。

　培養した宿主細胞とファージ粒子浮遊液を1個以上のファージ粒子で感染される細胞がほとんどないような（ファージ粒子数のほうが少ない）割合で混合し，ファージが細胞に吸着される間の短い時間置いた後，この混合液を希釈し，それ以上ファージ粒子の宿主細胞への吸着が起こらないようにする。一定時間ごとに希釈した混合液から試料を採取し，ファージ粒子と感染細胞の数を前述したファージ計数法により測定する。一連の実験で得られたプラーク数をグラフにプロットすると，ある期間（潜伏期）を通じて感染中心の数は一定の値で推移する。次いで，この値は，感染した細胞が溶菌して各細胞から多数のファージ粒子が放出されるのに伴い突如として増加する（放出期）。すべての感染細胞が溶菌し終わると，感染中心の数は再び一定の値にとどまるようになる。ここでファージ粒子と宿主細胞の吸着が効率的に起こると仮定するならば，バーストサイズは，放出後に存在する粒子の数を放出前に存在する粒子数で割ることによって算出できる。図5.4に乳酸菌に感染するファージの一段増殖実験で得られた結果を示す。グラフ上のデータから潜伏期は6時間，バーストサイズは約80と推定される。

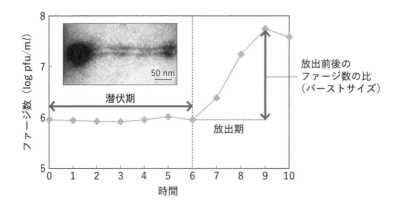

図5.4　乳酸菌に感染するファージの一段増殖実験結果

写真はファージの透過型電子顕微鏡写真像。宿主：*Tetragenococcus halophilus*　潜伏期：6時間，バーストサイズ：約80

5.2　微生物の各種培養法

1 バッチ式培養（回分培養）（Batch Culture）

　培養開始時に必要な栄養素を培地に添加し，ほぼ閉鎖系で微生物を培養する方法。小スケールでの培養方法として一般的である。培養開始時に増殖に必要な栄養素および被培養微生物を添加し，培養するだけなので設備も簡単である。しかしながら，培養初期に一度に多量の栄養素が供給されてしまうため，増殖に伴い生成される代謝物（老廃物）により増殖が阻害される場合が多い。そのため培養可能期間が短く生産性が低い。これを改良したのが流加培養（Fed-Batch Culture）で，培養中に栄養成分を加えていく方法である。培養初期に糖やアミノ酸などの栄養素の濃度を低く抑えることができ，増殖中に排出される老廃物の過剰蓄積を抑制することができる。培地成分を有効に使うことができるため，成果物の回収率がよく，また，装置もあまり複雑にならないため，生産培養で広く用いられている方法である。これらの培養法においては，単純な培養容器としてフラスコや試験管が用いられるが，産業的にはジャーファーメンタと呼ばれる培養装置の使用が一般的である（図5.5）。本装置は培養時の温度を制御しつつ，培養液の撹拌および通気が可能であり，さらには培養液のpHをモニターし，最適pHに中和することができる。

2 連続培養

　前述したバッチ式培養は閉鎖系の培養環境であるため，ジャーファーメンタのように溶存酸素量やpHを調整しても，培養時間が増加するにつれ，栄養素

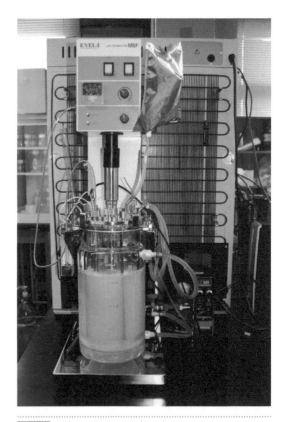

図5.5　ジャーファーメンタ

発酵槽上部に通気口，撹拌棒，pHメーター，溶存酸素計など培養液の調整に必要なモニター，注入口が付いている。

の枯渇，老廃物の蓄積などで増殖環境の悪化は避けられない。そのため，増殖好適条件は長時間維持されない。一方，図5.6に示したように，増殖容器を滅菌培地貯留槽に連結し，微生物の増殖開始後，培地貯留槽から絶えず新しい培地が供給されるよう組み立てたものが連続培養装置である。ある種のバイオリアクターともいえる。増殖容器内の液量はサイホン排液口を通じて過剰量を絶えず除去することにより一定に維持される。この系を用いれば，長時間にわたり微生物集団を対数増殖期の状態に維持することができる。新しい培地が一定の速度で流入すると増殖容器内の細菌はサイホン排液口から流出する分とちょうど置き換わる分だけ増殖する。新しい培地の流入速度が変わると，それに対応して増殖速度が変化する。しかし，微生物の最大増殖速度は種類ごとに決まっており，新鮮培地の流入速度を上昇させても，試験菌のもつ最大増殖速度を超える速度で増殖することはできない。連続培養における微生物の増殖速度の制御法としてケモスタット方式およびタービドスタット方式が一般的である。ケモスタット方式の連続培養装置では，定量ポンプを用いて培地の容器内への流入速度を一定の速度に保ち，定常状態を維持する。この方式の場合，培地の流入速度を調節することで増殖速度を変えることができる。一方，タービドスタット方式の培養装置では，培養装置内の細胞密度が一定になるように流入する培地の量を調節するものである。この場合，培養容器の一方から光を照射し，反対側に光電管を置いて，培養液の濁度を測定できるようになっている。濁度がある一定の値から少しでも増加したり減少したりすると，電気的フィードバック回路が働き，培地が容器内に流入したり，流入を停止したりするように電磁弁を開閉する。以上のような原理からわかるように，ケモスタット方式は広い範囲内で増殖速度をいろいろと変えて定常状態をつくり出す場合に用いられ，タービドスタット方式は増殖速度が大きい一定細胞濃度の細胞集団を得るのに用いられる。連続培養は微生物を物質生産の材料として用いる発酵工業のような分野で欠かせない技術である。

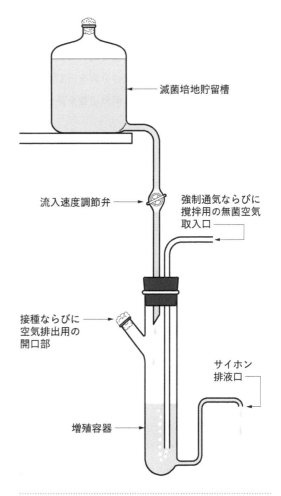

滅菌培地貯留槽

流入速度調節弁

強制通気ならびに撹拌用の無菌空気取入口

接種ならびに空気排出用の開口部

サイホン排液口

増殖容器

図5.6　連続培養装置

3 同調培養

　細菌は細胞の分裂をくり返して増殖するため，生育のステージ（分裂から分裂の間の細胞の状態）が同じ集団を集めて培養してやれば分裂のサイクルがそろった集団が得られる。このように細胞分裂のタイミングを揃えて培養する手法を同調培養（synchronous culture）と呼び，生理生化学的研究に広く用いられている。発育ステージが揃っている細胞を得る手法として，ろ過により分裂直後の小型の細胞のみを集める方法や，低温処理により発育ステージを揃えてから培地に移す方法などが知られている。同調性が高い細胞集団が得られれば，数世代にわたって一定の時間間隔（世代時間）で段階的に生菌数

が2倍になっていく様子が観察できる。しかしながら、生育ステージが厳密に揃った細胞集団を得ることが難しいこと、分裂した細胞間で微妙に生理的な差異が生じることから、数世代の分裂を経て同調培養は崩れてしまう。そのため、同調培養を長く続けることはできない。

5.3 微生物の増殖に及ぼす環境要因の影響

1 水分

微生物も他の高等生物同様、生存には水分を必要とし、食品中の微生物は食品に含まれる水分を使って増殖する。したがって、食品中の水分の管理は食品を保蔵するうえで重要である。食品中の水はその状態によって結合水と自由水とに分けられる。結合水とは食品中の成分であるタンパク質、炭水化物、塩類などの分子と結合した状態の水で、微生物はこの水を利用することはできない。一方、自由水はこのような成分と結合していない水で、微生物によって利用できる水である。つまり、自由水の多い食品ほど微生物は増殖しやすく、水分含量の多い食品であっても自由水が少なければ微生物は増殖しにくい。このように、単に食品中の水分含量だけで微生物の増殖の難易を判断することは難しいため、水分活性という概念が導入されている。

1. 水分活性

食品または溶液の水分活性（a_w；water activity）は、その食品または溶液の蒸気圧Pと水の蒸気圧P_0との比で表される。

$$a_w = P/P_0$$

この蒸気圧Pの大きさは食品または溶液の自由水の量に依存している。したがって、自由水が少なければPは小さくなり、a_wの値も小さくなる。純水のa_wは1であり、水に溶質が加わるとPの値は溶質の濃度に応じて小さくなり、a_wも小さくなる。このと

き、溶液の蒸気圧が低下するのは、水分子が溶質分子に引きつけられて蒸発しにくくなるためである。理想溶液における蒸気圧降下については次式で計算できる。

$$P/P_0 = n_2/(n_1 + n_2)$$

ここでPは与えられた溶液の蒸気圧、P_0は同一温度における溶媒の蒸気圧、n_1は溶質のモル数、そしてn_2は溶媒のモル数である。このように溶質添加による蒸気圧の降下度は溶質のモル濃度の関数であり、溶質の種類には無関係である。例えば、食塩、ショ糖、グリセリンを溶質とした場合、それぞれ添加した溶質のモル数に比例してa_wは小さくなるが、食塩は水に溶けてナトリウムイオンと塩素イオンに解離するので、a_wに及ぼす効果は非電解質であるショ糖およびグリセリンのほぼ2倍になる。

前述の計算式は理想溶液でのa_wの挙動を示したもので、食品のようなさまざまな物質が溶質として存在している場合、a_w値の予測は難しい。そのため、食品のa_w値と環境空気の関係湿度（RH；relative humidity）の間にRH＝a_w×100の関係があることを利用して測定される。つまり、既知のRHをもつ密閉空間を用意し、そのなかに調べたい食品を置き、平衡水分に到達したときのRHを測定すれば食品のa_w値が求められる。なお、食品中の水は食品成分によって拘束されているので、食品の水蒸気圧は純水のそれより常に小さい。また、まったく水を含まない食品の水蒸気圧は0であるから、食品のa_wは0～1の範囲内にある。

2. 水分活性と微生物の増殖

微生物が増殖できるa_wの範囲は培地の組成やpHなどにより多少変動するが、微生物の種類によって異なる（図5.7）。これまで多くの微生物について増殖可能なa_w値の下限が測定されている。一般にグラム陰性菌の下限はa_w0.95、グラム陽性菌は0.91、大部分の酵母の場合は0.87、カビ類は0.80である。a_w0.70以下ではすべてのカビ類の増殖も完全に阻止される。腐敗しやすいとされる生鮮魚肉の場合、多

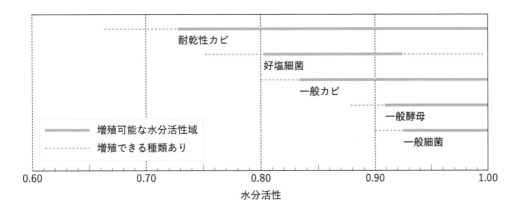

図5.7 微生物の増殖水分活性域

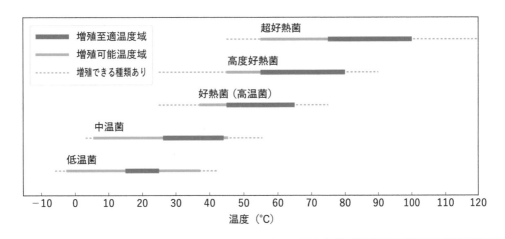

図5.8 細菌の増殖温度域

量の自由水を含有し，a_wは0.99と大きく，細菌の増殖には好適な条件である。これを乾燥したり，食塩や砂糖を添加したりしてa_wを小さくすると細菌による腐敗を防止することができる。実際に保存食といわれる水産加工品のa_wを見てみると，塩ザケ0.89，イワシ丸干し0.80，塩タラコ0.92，シラス干0.87，干しエビ0.64などである。食品に関係する微生物の増殖可能なa_wについては9.7節（p.126）を参照されたい。

2 温度

　微生物の増殖は環境の温度により大きく影響される。微生物の増殖可能な温度域の上限と下限の間に

至適温度域と呼ばれる微生物が活発に増殖する比較的狭い温度域がある（図5.8）。至適温度域および増殖の上限，下限温度は微生物の種類によって多様である。例えば，ヒトの病原菌の至適温度は37℃前後にあるが，5℃付近で冷蔵した魚で増殖する腐敗細菌の至適温度は15〜25℃前後にある。一般に細菌は増殖が可能である温度範囲と至適温度域に基づいて低温菌（psychrophiles），中温菌（mesophiles），好熱菌（高温菌，thermophiles），高度好熱菌（extreme thermophiles），超好熱菌（hyperthermophiles）の5群に大別される（表5.1）。

　低温菌の至適温度域は15〜25℃，中温菌では25〜45℃などである。低温菌の定義として0℃におけ

表5.1   増殖温度による微生物*の分類

種 類	温度と増殖の関係	例
低温菌	0℃，2週間で明確に増殖する	冷蔵魚の腐敗細菌，冷水域の海洋細菌
中温菌	5℃以下あるいは55℃以上の温度で増殖できない	腸内細菌科の細菌，一般の病原菌
好熱菌（高温菌）	55℃以上の温度で増殖する	レトルト食品，缶詰，缶入り飲料などの腐敗菌
高度好熱菌	75℃以上が増殖の上限温度である	熱水孔などに存在する細菌や古細菌
超好熱菌	90℃以上が増殖の上限温度である	高度好熱菌よりも極限環境に存在する細菌や古細菌

＊古細菌が含まれる。

表5.2   主な食中毒菌の増殖温度域

細 菌	増殖温度域（℃）
腸炎ビブリオ	5 ～ 44
黄色ブドウ球菌	6.5 ～ 50
サルモネラ	5 ～ 46.2
カンピロバクター	30 ～ 45
病原性大腸菌	2.5 ～ 49.4
ウエルシュ菌	10 ～ 52.3
ボツリヌス菌	
タンパク分解菌	10 ～ 48
タンパク非分解菌	3.3 ～ 45
セレウス菌	4 ～ 55
リステリア	－ 1.5 ～ 45
赤痢菌	6.1 ～ 47.1

データは厚生労働省とFDAの資料から引用。両資料で値が異なる場合は下限値と上限値を採用した。

る増殖が挙げられるが，0℃付近に至適温度をもつわけではなく，0℃で遅いながらも増殖できる細菌という意味である。したがって，種類によっては至適温度が15℃のものや30℃のものもある。中温菌および好熱菌などについても同様で，至適温度や増殖可能温度域は種類によって大きく異なる（表5.2）。食品分野では55℃以上で増殖し，食品の腐敗や変敗に関与する菌群（主にBacillusやClostridiumなどの一部）について高温菌と呼ぶことがある。増殖温度域は好熱菌と同程度でthermophilesと英訳される。微生物は一般に高温に対して弱く，増殖至適温度より数℃から十数℃高い温度で増殖上限温度に達し，増殖は停止する。高温に対する抵抗性は菌種によって大きく差があり，一般的に食品に関係する細菌は湿熱で55 ～ 70℃，10～30分間さらされると死滅する。しかし，胞子（芽胞ともいう）は100℃にて数時間の湿熱で加熱されても生残する。高度好熱菌や超好熱菌は海底の熱水孔などに存在する菌群で，増殖上限温度が75℃以上の菌群のことをさす。本菌群は食品とのかかわりが少ないが，保有する酵素は高い耐熱性を有するため，産業界や学術研究などで幅広く応用されている。分子生物学分野の研究や遺伝子診断などで用いられるPCRのDNAポリメラーゼは好熱菌（特に超好熱菌）由来の酵素である。一方，大部分の細菌栄養細胞とカビ，酵母の胞子は耐熱性が弱く，60～63℃，30分以内の加熱で死滅する。

　高温と比較すると微生物は低温に対しては強く，増殖の下限温度よりかなり低い温度でも死滅することはない。また，菌種によっては凍結条件下で長期間生存するものもあれば，次第に死滅していくものもある。多くの細菌は冷凍によって完全には死滅せず，冷凍食品中で損傷はしているが生残している。この場合，食品を解凍すると細菌の増殖が再びはじまる。

3 水素イオン濃度（pH）

　微生物の増殖は環境のpHによっても大きく影響される。一般的な細菌の場合，増殖可能なpH域は，酸性側で4～5，アルカリ側で9.4～9.7で，至適

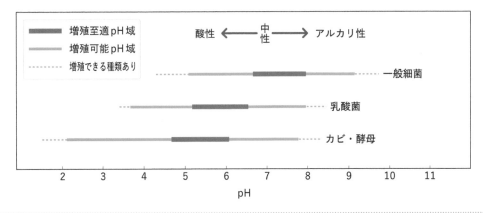

図5.9　微生物の増殖pH域

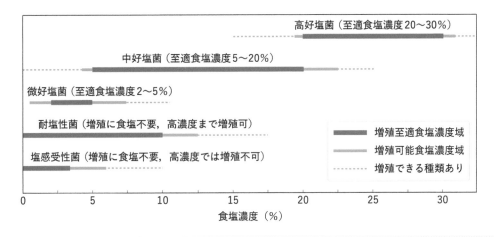

図5.10　細菌の増殖食塩濃度域

pHは7〜8である（図5.9）。しかし，乳酸菌のようなよく知られた細菌でもpH3.3〜4.0ぐらいまで増殖でき，*Alicyclobacillus*のような特殊な細菌においてはpH2前後でも増殖する。本菌は胞子を形成し，耐熱性を有するため，果汁飲料やpHの低い缶詰などの変敗菌として問題となっている。硫黄細菌の中にはpH0.6でも生存できる種類も存在する。カビや酵母の至適pHは4.0〜6.0であるが，pH2.0付近のかなり強い酸性でも増殖できる種類が存在する。したがって，鮮魚や野菜，麺類のような中性に近い食品では主に細菌が増殖しやすく，果実のような酸性の食品では酵母やカビが増殖しやすい。一方，微生物の中にはアルカリ側のpHに対しても耐性をもっているものがあり，pH10〜11の高pH領域の環境で生活している微生物も存在している。しかし，食品の保存において，このような微生物は中華生麺やピータンのような場合を除き，あまり問題にならない。

4 塩分濃度

　微生物の増殖は環境の塩分濃度（特に食塩濃度）によっても大きく影響を受ける。食塩は食品の水分活性を低下させ，Naイオンそのものも抗菌作用を示すため，微生物の増殖を抑制する物質として古くから用いられてきた。微生物が増殖可能食塩濃度よりも高い食塩濃度にさらされると，高浸透圧による

脱水，代謝阻害や形態の損傷により死滅し，低い食塩濃度では，低浸透圧により細胞の膨張・崩壊および代謝異常により死滅する。しかし，微生物の食塩に対する耐性は多様で，増殖に食塩を要求するもの，高濃度の食塩にも耐性をもつものも存在する。細菌の場合，食塩濃度依存性または耐性により，図5.10に示すように群別される。

　まず，食塩を要求しない非好塩菌（non-halophiles）と食塩がなければ増殖できない好塩菌（halophiles）とに大別され，非好塩菌はさらに5〜10%程度の食塩で増殖が抑制される塩感受性菌（大腸菌など）ともっと高い食塩濃度でも増殖できる耐塩性菌（ブドウ球菌など）とに分けられる。一方，好塩菌は増殖の至適食塩濃度によって微好塩菌（slight halophiles），中好塩菌（moderate halophiles），高好塩菌（extreme halophiles）の3種類に分けられる。非好塩菌の中で塩分に対し感受性の強い細菌は，食品の腐敗に関係の深い，嫌気性胞子形成菌の*Clostridium*やグラム陰性桿菌で，多くは5〜10%の食塩で増殖が阻害される。好気性の胞子形成菌や*Staphylococcus*は耐塩性があり，食塩濃度15〜20%でも増殖することができる。微好塩菌の代表は海水に生息する海洋細菌で，腸炎ビブリオもこの仲間である。中好塩菌の代表としては魚肉などの塩蔵品から分離される*Tetragenococcus*や*Halomonas*である。高塩分環境に生存する微生物としては天日塩に生存する古細菌*Halobacterium*が有名で，塩ザケなどに付着し，増殖すると赤色や紫色のコロニーを形成し，商品価値を低下させることがある。

5 酸素

　細菌の一部の種類とわずかな原生動物（原虫）を除けば，地球上の生物は酸素がなければ生活することはできない。細菌の種間でも酸素に対する応答は多様であり，酸素に対する要求程度によって好気性菌（aerobes），微好気性菌（microaerophiles），通性嫌気性菌（facultative anaerobes），偏性嫌気性菌（obligate anaerobes）の4群に大別される（表5.3）。好気性菌の増殖は酸素に依存し，酸素がない状態では増殖できない。微好気性菌は増殖に酸素を要求するが，大気に含まれる酸素分圧よりも低い環境を好む。通性嫌気性菌は，酸素を利用できる場合にはそれを利用するが，酸素なしでも増殖できる。偏性嫌気性菌は酸素を利用できず，むしろ酸素の存在は有毒である。

　食品に関係の深い好気性菌は*Pseudomonas*，*Micrococcus*，多くの*Bacillus*などであり，食肉の食中毒細菌として重要な*Campylobacter*は微好気性菌である。大腸菌，黄色ブドウ球菌，魚介類の食中毒菌である腸炎ビブリオなどは，酸素の有無にかかわらず増殖できる通性嫌気性菌である。ボツリヌス菌，ビフィズス菌は偏性嫌気性菌で，酸素に暴露されると速やかに死滅する。乳製品などの発酵食品で重要な乳酸菌は増殖に酸素を利用できないが，ほとんどの種類は酸素に暴露されても死滅はしない。このため，通性嫌気性菌に分類される。

　酸素を利用できる細菌の場合は特殊な例を除き，呼吸経路であるクエン酸回路（TCA回路）をもち，最終電子受容体は酸素である。そのため，呼吸できる通性嫌気性菌にとっては酸素のある環境のほうが

表5.3　**酸素要求性による微生物*の分類**

種類	酸素と増殖の関係	例
好気性菌	酸素が存在するときだけ増殖する	*Bacillus*，*Pseudomonas*，*Micrococcus*，カビ
微好気性菌	酸素が少し存在するときだけ増殖する	*Campylobacter*
通性嫌気性菌	酸素があってもなくても増殖する	腸内細菌科の細菌，*Vibrio*，酵母，黄色ブドウ球菌，乳酸菌
偏性嫌気性菌	酸素が存在しないときだけ増殖する	*Clostridium*，ビフィズス菌

*カビ，酵母が含まれる。

増殖には好適といえる。一方，呼吸に必要な代謝系・合成経路をもたない細菌では，分子状酸素をエネルギー代謝に直接利用できないため，エムデン−マイヤーホフ経路（EM経路）やエントナー−ドゥドロフ経路（ED経路）などによりエネルギー（ATP）を獲得する。

*Clostridium*は代表的な偏性嫌気性菌であるが，このなかにはボツリヌス菌を含む耐熱性の強い胞子を形成する菌種があり，缶詰の腐敗や食中毒の原因となる。これらの菌は酸素の毒性を解毒できないため耐性がない。しかし，酸素は好気性菌に対しても高濃度では毒性を示し，多くの好気性菌は大気濃度よりも高い酸素濃度では増殖できない。

1. 酸素の毒性

酸素は強力な酸化物質であり，呼吸における優れた電子受容体である。しかし，細菌の呼吸において，酸素から水に還元する際の副産物として過酸化水素（H_2O_2），スーパーオキシドラジカル（O_2^-），ヒドロキシルラジカル（$HO\cdot$）などの非常に反応性の高い活性酸素と呼ばれる化合物が生成される。これらの活性酸素は菌体成分を強力に酸化し，細胞機能の障害作用を示すため，細菌が生存するためには，これらの活性酸素を速やかに分解する必要がある。好気性菌や通性嫌気性菌では後述するような解毒機構を有している。一方，偏性嫌気性菌が酸素に暴露された場合，菌体内に存在するフラビン酵素などが酸素と反応し，活性酸素を生成する。しかし，偏性嫌気性菌は活性酸素の解毒機能が欠落しているため，酸素に暴露されると死滅すると考えられている。

2. 活性酸素解毒の機序

好気性菌および通性嫌気性菌はスーパーオキシドディスムターゼ（SOD；superoxide dismutase）と呼ばれる酵素をもつため，細胞内でスーパーオキシドが致死量に達するほど蓄積されることはない。この酵素はスーパーオキシドが酸素と過酸化水素とに変換される反応を触媒する。

$$2O_2^- + 2H^+ \xrightarrow[\text{SOD}]{} O_2 + H_2O_2$$

これらの細菌のほとんどは過酸化水素を酸素と水とに分解するカタラーゼも同時に保有している。

$$2H_2O_2 \xrightarrow[\text{カタラーゼ}]{} 2H_2O + O_2$$

空気の存在下で増殖できる乳酸菌群などの細菌はカタラーゼをもたないが，これらの菌の大部分はパーオキシダーゼをもち，過酸化水素（H_2O_2）を分解するので，生残が脅かされるほど有意な量の過酸化水素は蓄積されない。パーオキシダーゼは有機化合物の酸化を触媒する酵素で，菌体内で発生した過酸化水素はパーオキシダーゼにより有機物と反応し，還元されて水になる。

前述したように，酸素から生成された活性酸素はSODおよびカタラーゼないしパーオキシダーゼなどにより代謝され，無毒化される。酸素にさらされても耐えることのできる微生物は常にSODを含んでいるが，カタラーゼは必ずしも含まれているとは限らない。しかし，偏性嫌気性菌はSODとカタラーゼの双方を欠いている。

［参考文献］

- R.Y.スタニエほか著：微生物学 入門編（高橋甫訳），培風館（1994）
- 須山三千三，鴻巣章二編：水産食品学，恒星社厚生閣（1989）
- 藤井建夫，塩見一雄：新・食品衛生学 第三版，恒星社厚生閣（2022）
- 清水潮：食品微生物の科学（第3版），幸書房（2012）
- 藤井建夫編：食品の腐敗と微生物，幸書房（2012）
- 乳酸菌研究談話会編：乳酸菌の科学と技術，学会出版センター（1996）
- P. Gerhardt：*Methods for General and Molecular Bacteriology, American Society for Microbiology* (1994)

［図版出典］

図5.5 澤辺智雄（北海道大学）

図5.6 R.Y.スタニエほか著：微生物学 入門編（高橋甫訳），p.101，図5.6，培風館（1994）

Chapter 6

微生物の遺伝

生物はそれぞれ特有の形質をもち，遺伝情報として子孫に伝達する。遺伝情報はA，T，G，Cというデオキシリボヌクレオチドが鎖状に並んだ非常に長いDNAが担う。遺伝情報の総体をゲノムと呼ぶ。DNAは2本のヌクレオチド鎖からなり，AとT，GとCが特異的に水素結合して相補的な螺旋構造を形成する。ゲノムDNAが正確に複製されることにより，遺伝情報は子孫へ伝達される。DNA複製は，元の2本のDNA鎖をそれぞれ鋳型にして，新しい二対の二本鎖DNAが合成されることである。DNAポリメラーゼがこの合成を担う。DNAの複製起点で二本鎖がほどかれ，複製フォークが形成され，両方向に向かってDNAが合成される。DNAは，複製フォークのリーディング鎖と呼ばれる鎖では連続的に，相補的なラギング鎖では不連続に合成される。

遺伝子は，DNA→RNA→タンパク質というセントラルドグマに従って発現する。遺伝子は，DNAを鋳型としてメッセンジャーRNA（mRNA）に転写される。mRNAは，リボソームに運ばれ，1つのアミノ酸に対応する3個の塩基配列（コドン）ごとに読みとられる。リボソームは，トランスファーRNA（tRNA）によって運搬されてくるアミノ酸をペプチド結合により連結し，タンパク質を合成する。

6.1　ゲノムDNAの構造

第3章と第4章でみたように，地球上には形や代謝などの違いにより，さまざまな形質をもった微生物が存在している。生物は各々の形質を決める遺伝情報を子孫へと継続して伝えていく。20世紀半ば，肺炎双球菌および大腸菌とファージT4感染系という微生物を実験材料として，この遺伝情報を担う物質が4種類のデオキシリボヌクレオチドから構成されるDNAであることが明らかとなった。そのすぐ後には，DNAが2本の鎖状につながったポリヌクレオチドからなり，塩基ペアに従い互いに相補的な螺旋構造をとることが示された。これ以降，分子生物学が急速に発展し，遺伝情報の複製と遺伝子からタンパク質への翻訳のしくみが明らかにされた。

DNAは，五炭糖のデオキシリボースと塩基およびリン酸からなるデオキシリボヌクレオチド（図6.1）を1つの単位とする2本のポリヌクレオチド鎖である。塩基にはアデニン（A），チミン（T），グアニン（G），シトシン（C）のいずれかが使用される（図6.2）。AとGはプリンであり，TとCはピリミジンである。ポリヌクレオチドは，1つのヌクレオチドのデオキシリボース5′位ヒドロキシ基と次のヌクレオチドのデオキシリボース3′位ヒドロキシ基との間のホスホジエステル結合でつながれて合成される（図6.3）。DNA鎖における塩基の並びが遺伝

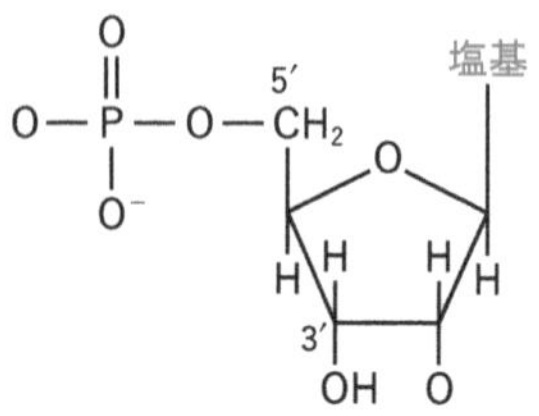

図6.1　ヌクレオチドの基本構造

プリン塩基

ピリミジン塩基

アデニン(A) グアニン(G)

シトシン(C) チミン(T) ウラシル(U)

図6.2 塩基の構造

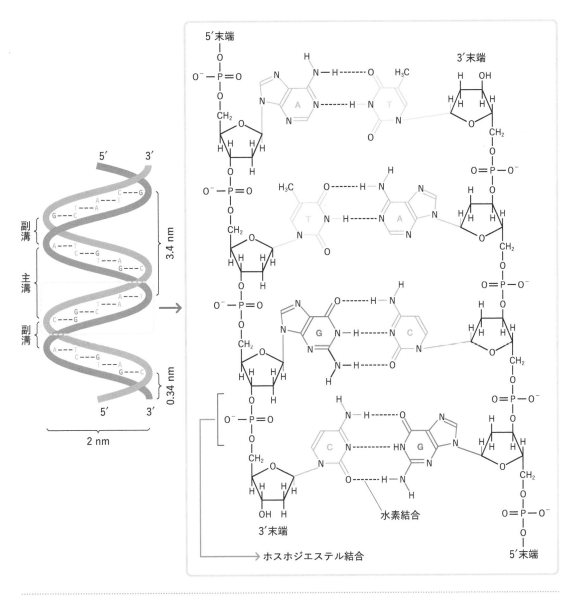

図6.3 DNAの螺旋構造と二本鎖DNAの構造模式図

情報となる。1本のDNA鎖の両端の一方は5′-リン酸基となり，他方は3′-ヒドロキシ基となる。このようなDNA鎖の極性をそれぞれ5′末端と3′末端と呼ぶ。2本のポリヌクレオチド鎖はAとT，GとCの間の非常に特異的な水素結合により，5′→3′の向きの鎖と3′→5′の向きの鎖が互いに逆向きに平行に並ぶ（図6.3）。このように相補的塩基対を形成することで，二本鎖DNAは安定な右巻き螺旋構造を形成する（図6.3）。塩基対を形成する水素結合は弱く，二本鎖DNAを高い温度やアルカリ条件に置くと二本鎖は解離し一本鎖となる。これを常温や中性に戻すと相補性により再び相補的な二本鎖を形成する。このDNAのハイブリッド形成能を利用し，PCR法による遺伝子増幅やハイブリダイゼーション法による相同遺伝子検出などが行われる。

　二本鎖DNAの直径は2 nmであり，隣り合う塩基対間の距離は塩基の種類によらず0.34 nmと一定である（図6.3）。螺旋は10個の塩基対（10 bp）により1回転することから，そのピッチは3.4 nmである。螺旋の中心に沿って2種類の溝が形成され，大きい溝を主溝，小さい溝を副溝と呼ぶ（図6.3）。原核生物のゲノムは環状構造をとる。例えば大腸菌ゲノムは，全長約$4.6×10^6$ bp（4.6 Mbp）の環状DNAであり，約4,000の遺伝子がコードされている。

　原核生物ではゲノムは細胞質に存在する。塩基対間の距離が0.34 nmであることから，大腸菌のゲノムを1か所で切断すると1.6 mmほどになる。大腸菌の大きさは，長さと直径とも μm オーダーの円筒状で，ゲノム長より非常に小さい。長いDNA断片を細胞に詰め込むためDNAはさらにねじれ，スーパーコイルを形成している。

　一方，真核生物の出芽酵母 *Saccharomyces cerevisiae* では，ゲノムは16本の線状二本鎖DNAに分かれて存在し，全長約12.1 Mbpで，およそ5,000個の遺伝子がコードされている。真核生物ではDNAはタンパク質によって折りたたまれ，染色体として核に存在する。このタンパク質は，4種類のヒストンと呼ばれる塩基性のタンパク質の八量体で，DNAと複合体を形成してヌクレオソームを形成する（図6.4）。さらに，ヌクレオソーム6つで一回転する螺旋構造をとり，直径30 nmクロマチン線維を形成している。このようにDNAは染色体に密に詰め込まれている。

　3つのドメインに含まれる真核生物，真正細菌および古細菌は，いずれも二本鎖DNAをゲノムとして有する。しかしながら，ウイルスには二本鎖DNAだけではなく一本鎖DNA，一本鎖RNAや二本鎖RNAをゲノムとするものがいる。RNAは，五炭糖がデオキシリボースではなくリボースである。また，塩基にはDNAと同じくA，G，Cが使われるが，RNAではTではなくウラシル（U）が使われる（図6.2）。

6.2　DNAの複製

　微生物は，細胞分裂の際に遺伝情報であるゲノムDNAを正確に複製して娘細胞へ伝達する。この正確性は，二重螺旋構造をとる2本のDNA鎖を構成する塩基の並びが互いに逆向きに相補的であることによる。DNA複製は，それぞれのDNA鎖を鋳型として使い，5′→3′鎖に相補的な新たな鎖，5′→3′鎖に相補的な新たな鎖をそれぞれコピーして2組の二本鎖DNAを合成することである（図6.5）。この

11 nm

ヌクレオソーム線維

30 nm

クロマチン線維

図6.4　真核生物における染色体DNAの基本構造

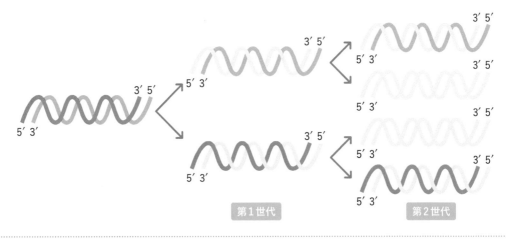

第1世代　第2世代

図6.5　**DNAの半保存的複製**

ように，DNA複製では娘細胞は親の二本鎖DNAの一方を常に引き継ぐことから，この様式を半保存的複製と呼ぶ。

　鋳型DNAに依存したDNA複製反応は，DNAポリメラーゼが担う。この酵素は鋳型DNAに対して相補的なデオキシリボヌクレオシド三リン酸（5位に3つのリン酸基を有する）をとり込んで鎖を伸長させる。細菌では，DNAポリメラーゼⅢがDNA複製を担う。ポリメラーゼは，鎖の3′末端のヒドロキシ基にデオキシリボヌクレオシド三リン酸をホスホジエステル結合させ，ピロリン酸を遊離する。そのためDNA複製に際して，DNA鎖は常に5′→3′の方向に伸長される（図6.6）。またその複製の開始には鋳型DNAに加えて，3′末端にヒドロキシ基をもつ鋳型DNAに相補的な短い断片（プライマー）を要する（図6.6）。DNAポリメラーゼⅢは校正機能（3′→5′エキソヌクレアーゼ活性）をもち，間違ったヌクレオチドがとり込まれると，これを除去して正しいヌクレオチドをとり込む。これを含む複数の機能により，DNAの複製は非常に正確に行われ，とり込みの誤り頻度は塩基対あたり10^{-8}回以下である。

　まず，細菌の複製の過程から解説する。細菌ゲノムには*oriC*と呼ばれる複製起点が存在する（図6.7）。大腸菌では1か所である。この領域に特異的なタンパク質が結合し，二重螺旋を開くことにより複製が開始される。複製起点は"目"様の構造となり，次

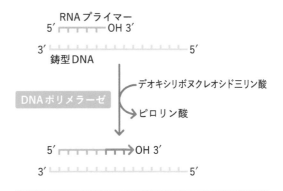

RNAプライマー
5′ ┌────OH 3′
3′ └────────────── 5′
鋳型DNA

デオキシリボヌクレオシド三リン酸

DNAポリメラーゼ

ピロリン酸

5′ ┌───────OH 3′
3′ └────────────── 5′

図6.6　**DNAポリメラーゼの反応**

いでヘリカーゼと呼ばれるタンパク質により，目の両端に向かって螺旋が開かれる。目の両端はY字型を呈し，二本鎖と2本の一本鎖DNAの境界である。この領域は複製フォークと呼ばれ，DNAポリメラーゼをはじめとする複製に関与するタンパク質が結合する。細菌のゲノムDNAは閉じた環状の螺旋構造であるため，複製フォークで螺旋が開かれると，複製フォークより前方では，螺旋の巻き数が過剰となりよじれが蓄積する。これを正の超螺旋という。トポイソメラーゼは，複製フォークの二本鎖DNAの一方を切断して再び連結することで超螺旋をほどく。複製フォークから時計方向に向かってDNAが複製されると3′→5′鎖を鋳型とする場合は5′→3′方向に，5′→3′鎖を鋳型とする場合は3′→5′方向にDNAが合成されることになる（図6.8）。半時計方

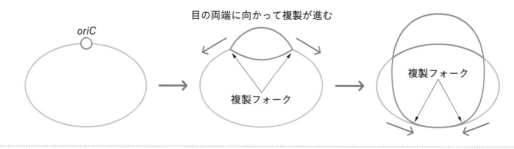

目の両端に向かって複製が進む

oriC

複製フォーク

複製フォーク

図6.7 細菌ゲノムの複製様式

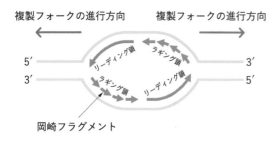

複製フォークの進行方向　複製フォークの進行方向

5′　　　　　　　　　　　　　3′
3′　　　　　　　　　　　　　5′

リーディング鎖　ラギング鎖
ラギング鎖　リーディング鎖

岡崎フラグメント

図6.8 複製フォークにおける DNA の複製様式

向の向きでは，この逆となる。複製フォークの進行方向に向かって，5′→3′方向に合成されるDNA鎖をリーディング鎖，3′→5′方向に合成されるDNA鎖をラギング鎖と呼ぶ。

　複製開始点では，プライマーゼにより一本鎖DNAに相補的な10 bpほどの短いRNA鎖が合成される。DNAポリメラーゼとは異なり，プライマーゼはRNA鎖合成の開始に3′末端のヒドロキシ基を必要としない。リーディング鎖では，このRNAをプライマーとして，5′→3′に連続的にDNAが合成される。一方，ラギング鎖では，複製フォークの進行に逆行して，短いDNA断片が不連続にくり返して合成される。このDNA断片を岡崎フラグメントと呼ぶ。合成されたDNA断片が複製フォークに合成された新たなRNAプライマーに届くと，DNAポリメラーゼⅢが遊離し，DNAポリメラーゼⅠが結合する。DNAポリメラーゼⅠは5′→3′エキソヌクレアーゼ活性をもち，プライマーのリボヌクレオチドをひとつずつ除去して，デオキシリボヌクレオチドを付加し，最終的にDNAリガーゼがDNA断片どうしを連結して1本のDNA鎖を複製する。大腸菌のDNAポ

リメラーゼは1秒あたり1,000 bpのDNAを合成するので，全ゲノムを複製するのに約40分かかる。しかしながら増殖に最適な条件では，大腸菌は約20分で倍加する。このとき，複製の途中に新生されたDNAに新たな複製開始点が生成される，マルチフォーク複製が行われる（図6.9）。これにより，分裂によって形成される娘細胞は，すでに複製が進行しているDNAを受け継ぐこととなり，大腸菌は複製に要する時間より短い期間に急速に倍加することが可能である。

　真核生物における染色体DNAは環状ではなく，線状二本鎖DNAである。プライマーの位置からリーディング鎖が合成されるので（図6.8），線状ゲノムでは，プライマーの位置から鋳型5′末端に相補的な領域がDNA複製のたびごとに短くなるという問題が生じる。これを解決するために真核生物は染色体の末端に短い反復配列であるテロメアをもつ。テロメラーゼは，テロメアに相補的な配列をもつRNAとタンパク質からなる酵素である（図6.10）。テロメラーゼは自身のRNAを鋳型として，DNA複製により突出したテロメアの3′末端に反復配列を付加する。これにより，複製によって失われる線状DNAの末端配列を補う。また真核生物では，複製起点が多数存在し，リーディング鎖とラギング鎖で用いられるDNAポリメラーゼが異なる。

　一本鎖DNA，線状二本鎖DNAゲノムや一本鎖RNAゲノムをもつウイルスやファージには多様な複製様式が存在する。ここでは，ファージやプラスミドの一部にみられる，ローリングサークル型複製機構を挙げておく（図6.11）。例えばφX174ファ

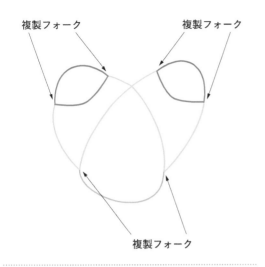

図6.9　細菌ゲノムにおけるマルチフォーク複製

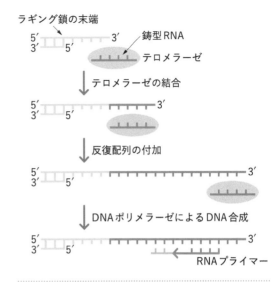

図6.10　真核生物におけるゲノム末端の複製

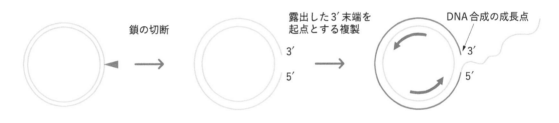

図6.11　ローリングサークル型複製の様式

ージは，一本鎖の線状DNAゲノムを有する。宿主大腸菌に侵入すると両端のくり返し配列により連結して環状となり，宿主の複製装置を利用して環状二本鎖DNAが合成される。つづいて，二本鎖のうち一方のDNAが切断されることにより3′-ヒドロキシ基が生成される。これを複製起点として，もう一方のDNAを鋳型にDNAが合成される。最後に反復配列で一本鎖DNAが切断され，1つのφX174ファージゲノムが生成される。

6.3　遺伝子発現

　DNAに塩基配列として書き込まれた**遺伝情報**は，タンパク質として発現されるのではなく，まずRNAに書き換えられる。この過程を転写という。この過程はDNAを鋳型として相補的なRNAを合成するDNA依存RNAポリメラーゼが担う。DNAから転写されたRNAをメッセンジャーRNA（mRNA）という。1つのmRNAは1つの遺伝子の配列をコードしている。原核生物では，複数の遺伝子がゲノム上に近接して並び，オペロンを構成している。この場合，オペロン上の遺伝子すべてが1つのmRNAとして転写される。

　mRNAに書き換えられた遺伝情報は細胞質に存在し，リボソームRNA（rRNA）とタンパク質の複合体からなるリボソームにおいては1つのアミノ酸に対応する3個の塩基配列（コドン）ごとに読みとられる。3つの塩基配列は64通りとなり，20種の異なるアミノ酸に対応させている。これを遺伝暗号という。トランスファーRNA（tRNA）はコドンと相補的なアンチコドンをもち，暗号に対応したアミノ

図6.12　遺伝子の基本構造

酸を結合している。リボソーム上においてmRNAの遺伝子配列は遺伝暗号に基づきtRNAを介してアミノ酸配列へと置き換えられ，タンパク質が合成される。この過程を翻訳と呼ぶ。

　このように，遺伝情報は原則的にDNA→RNA→タンパク質という流れをたどる。この原則はセントラルドグマと呼ばれる。レトロウイルスのように，RNAゲノムから逆転写酵素によりDNAを合成するなどいくつか例外も存在するが，生物における基本的な遺伝情報の流れである。

1 遺伝子の転写

　遺伝子はタンパク質やポリペプチドあるいはrRNAやtRNAといった翻訳されない安定なRNAをコードしているゲノムの中の塩基配列である（図6.12）。遺伝子をコードする領域の二本鎖DNAのうち3′→5′方向の鎖を鋳型として，DNA依存RNAポリメラーゼにより転写される。一方の相補鎖の配列を5′→3′方向に読むとmRNAの配列と同一であり，センス鎖と呼ぶ。ただし，mRNAではTではなくUがヌクレオチドとして使われる。また，鋳型DNA鎖はアンチセンス鎖と呼ばれる。遺伝子は，上流にRNAポリメラーゼが認識するプロモーター領域と下流に転写を終結させるターミネーター領域を有する（図6.12）。原核生物では1つのプロモーターの下流に複数の遺伝子が並んでオペロンを形成しており，1本のmRNAとして転写される。

　まず原核生物の転写の様式を説明する（図6.13）。大腸菌は1種類のRNAポリメラーゼをもち，コア酵素は3つのポリペプチド鎖から構成されている。

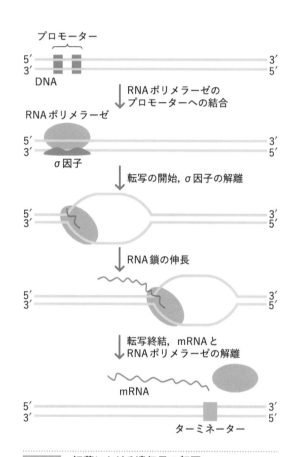

図6.13　細菌における遺伝子の転写

さらに，σ因子と呼ばれるDNA結合タンパク質が結合してホロ酵素となり，プロモーター領域に結合する。ホロ酵素は螺旋をほどき，2個の相補的なリボヌクレオチドをホスホジエステル結合によって連結して転写が開始される。次にσ因子が解離し，コア酵素となったRNAポリメラーゼが，5′→3′方向に螺旋を徐々にほどきながらアンチセンス鎖に相補的なリボヌクレオチドをとり込み進んでいく。ターミ

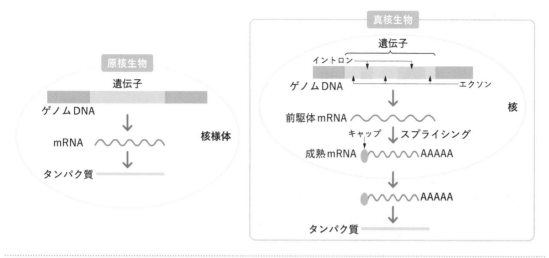

図6.14 細菌と真核生物における転写の違い

ネーターに届くと転写は止まり，mRNAとRNAポリメラーゼがDNAから離れて転写が終了する。

　プロモーターは，転写が開始される塩基（+1と表記され，通常はAあるいはGのプリンである）からおよそ10 bpと35 bp上流の2か所の領域からなり，−10配列と−35配列と呼ばれる。−10配列は遺伝子間で保存されるが，−35配列は必ずしも保存的ではない。ターミネーターは，遺伝子によってρ因子と呼ばれる別のタンパク因子を必要とするものとそうではないもの（ρ非依存）がある。ρ非依存遺伝子のターミネーター領域には逆位反復配列が存在する。この領域が転写されると塩基対を形成してヘアピン構造をとるため，RNAポリメラーゼの進行が妨げられる。さらにヘアピン構造の下流にいくつかのUが続く。UとDNAのAの間の水素結合は弱いため，この領域からmRNAとポリメラーゼが解離しやすく，終結シグナルとして機能すると考えられている。

　真核生物には，RNAポリメラーゼ I，RNAポリメラーゼ II およびRNAポリメラーゼ III の3種類が存在する。RNAポリメラーゼ I と III は，tRNAやrRNA遺伝子の転写を担い，RNAポリメラーゼ II がポリペプチド鎖をコードする遺伝子を転写する。細菌のRNAポリメラーゼと異なり，RNAポリメラーゼ II は転写開始のために多くの転写因子を必要とす

る。細菌では，タンパク質をコードするmRNAは，そのまま翻訳される（図6.14）。しかしながら，真核生物は遺伝子にペプチドをコードするエクソンに加えて，イントロンと呼ばれる翻訳されない介在配列を含んでいる。そのため真核生物では，転写後の前駆体mRNAからイントロンが除去され，エクソンどうしが連結され，成熟mRNAとなることが必要である。この過程をスプライシングと呼ぶ。また，スプライシングに先立ち，前駆体mRNAは5′末端へのメチル化グアニンキャップの付加と，3′末端への数百残基に及ぶアデニル酸の付加（ポリAテール）を受ける。このような一連のプロセシングを受け，成熟mRNAが合成される。

2 遺伝子の翻訳

　翻訳において，mRNA上の遺伝情報が3つの塩基配列をコドンという1つの単位ごとに順番に読みとられる。塩基はA，U，GおよびCの4種類であるので，3つの塩基配列の組み合わせは64通りとなる。この組み合わせとタンパク質を合成する20種類のアミノ酸の対応を遺伝暗号と呼ぶ（表6.1）。遺伝暗号はオルガネラでみられる一部例外を除き，ほとんどの生物に共通している。どのアミノ酸にも対応しないコドン（UAA，UAG，UGA）は，翻訳を終結させるシグナルとなる終止コドンである。メチオ

表6.1　**遺伝暗号表（コドン表）**

		2番目の塩基				
		U	C	A	G	
1番目の塩基	U	UUU UUC } フェニルアラニン (Phe) UUA UUG } ロイシン (Leu)	UCU UCC UCA UCG } セリン (Ser)	UAU UAC } チロシン (Tyr) UAA UAG } 終止コドン	UGU UGC } システイン (Cys) UGA 終止コドン UGG トリプトファン (Trp)	U C A G	3番目の塩基
	C	CUU CUC CUA CUG } ロイシン (Leu)	CCU CCC CCA CCG } プロリン (Pro)	CAU CAC } ヒスチジン (His) CAA CAG } グルタミン (Gln)	CGU CGC CGA CGG } アルギニン (Arg)	U C A G	
	A	AUU AUC AUA } イソロイシン (Ile) AUG メチオニン (Met) 開始コドン	ACU ACC ACA ACG } トレオニン (Thr)	AAU AAC } アスパラギン (Asn) AAA AAG } リシン (Lys)	AGU AGC } セリン (Ser) AGA AGG } アルギニン (Arg)	U C A G	
	G	GUU GUC GUA GUG } バリン (Val)	GCU GCC GCA GCG } アラニン (Ala)	GAU GAC } アスパラギン酸 (Asp) GAA GAG } グルタミン酸 (Glu)	GGU GGC GGA GGG } グリシン (Gly)	U C A G	

※ アミノ酸を指定しないコドンは，翻訳の終止を意味する（終止コドン）。
　AUGは翻訳の開始，およびメチオニンを指定する。

ニンとトリプトファンに対応するコドンは1つしかないが，その他のアミノ酸は複数のコドンが対応している。これを縮重と呼ぶ。ただし，1つのアミノ酸に対して使われるコドンの種類（コドン頻度）は，生物ごとに偏りがある。また，メチオニンのコドン（AUG）は，多くの遺伝子において翻訳開始コドンとなる。mRNAのコドンとアミノ酸を対応させるアダプター分子がトランスファー RNA（tRNA）である。tRNAは，コドンに相補的なアンチコドンとアミノ酸結合部位をもつ80塩基前後の小さな分子である。それぞれのアミノ酸に対し特異的なアミノアシルtRNA合成酵素が，それぞれのtRNAに正しいアミノ酸を結合させる。

　翻訳はリボソームで行われる。細菌のリボソームは，50を超えるタンパク質と3種類のrRNAからなる巨大な複合体で，大サブユニットと小サブユニットからなる（図6.15）。小サブユニットはmRNAとアミノアシルtRNAを結合する。大サブユニット

は，ペプチジルトランスフェラーゼ活性により，隣り合うアミノ酸の間にペプチド結合を形成する。リボソーム複合体には2つのtRNA結合部位が隣接して存在し，それぞれアミノアシルtRNA部位（A部位）とペプチジル部位（P部位）と呼ばれる。真核生物においても，リボソームはその構成と機能が似た2つの大小サブユニットからなる。

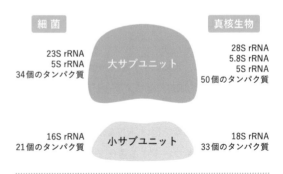

細菌		真核生物

23S rRNA
5S rRNA
34個のタンパク質

大サブユニット

28S rRNA
5.8S rRNA
5S rRNA
50個のタンパク質

16S rRNA
21個のタンパク質

小サブユニット

18S rRNA
33個のタンパク質

図6.15　**細菌と真核生物におけるリボソームの構成要素の違い**

翻訳は開始，伸長，終結の3つの過程からなる。細菌における翻訳開始は，小サブユニットにmRNAが結合することからはじまる（図6.16）。mRNAの翻訳開始コドンの8〜13塩基上流にシャイン-ダルガルノ配列（SD配列）と呼ばれる16S rRNAの3′末端と相補的な短い塩基配列が存在する。この相補性によりP部位に開始コドンが配置される。次いで開始コドンに特異的なN-ホルミルメチオニンを結合したアミノアシルtRNAが挿入されると，大サブユニットが結合し，リボソーム-mRNA複合体が形成される。真核生物では，mRNAの最上流のAUGが開始コドンとなる。N-ホルミルメチオニンではなく，メチオニンを結合したtRNAが小サブユニットと結合する。この複合体が成熟mRNAの5′-メチルキャップに結合し，開始コドンがP部位まで移動する。

つづく伸長過程では，リボソーム-mRNA複合体のA部位にmRNAの2番目のコドンと，これに対応するアミノアシルtRNAが入る。こうして2つの部位に入ったホルミルメチオニンと2番目のアミノ酸をペプチド結合でつなぎ，mRNAは3′側に1コドン分ずれる（図6.16）。これをトランスロケーション（転移）といい，ジペプチドがP部位に3番目のコドンとそれに対応するアミノアシルtRNAがA部位に配置される。このようにコドン-アンチコドンの認識，ペプチド結合の生成，トランスロケーションをくり返してリボソームはmRNAの5′→3′方向に移動しながらポリペプチド鎖を伸長する。

翻訳はリボソームのA部位が終止コドンに到達すると終結する。終止コドンに対応するtRNAがないためA部位に解離因子が入り，完成したポリペプチド鎖をリボソームから解離する。最後に大小サブユニットが解離して新たな翻訳を行う。

3 遺伝子の転写調節

細胞内ですべての遺伝子が常に発現されているわけではなく，周囲の環境に応じて，また細胞の生育状況に応じて発現は調節されている。遺伝子発現は，転写，翻訳といった遺伝情報の流れの中や，タンパ

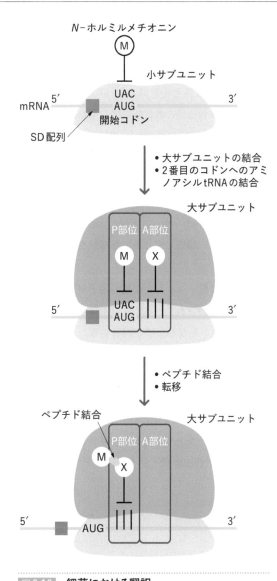

図6.16　**細菌における翻訳**

ク質への修飾や酵素活性の調節といったさまざまなレベルで調節されている。とりわけ多くの遺伝子が転写レベルでの発現調節が行われている。前述したとおり，遺伝子のプロモーター領域にσ因子を介してRNAポリメラーゼが結合し，転写が行われる（図6.13）。大腸菌にはプロモーターの認識配列や結合の強さが互いに異なる7つのσ因子が存在する。RNAポリメラーゼは，これらのσ因子との組み合わせにより，プロモーター配列の異なる遺伝子を転写する。これらのσ因子うち，σ70因子は，対数増殖期には菌体内に一定量存在し，大腸菌のゲノム

上の遺伝子には，σ70因子が認識できる−35配列と−10配列をもつ遺伝子が多い。これはσ70因子が多数の遺伝子の構成的（恒常的ともいう）な転写に関与していることを意味し，σ70因子は主要σ因子とも呼ばれる。これに対して，増殖定常期に達した大腸菌の細胞内には，*rpoS*遺伝子にコードされるσ38因子が増加する。これによりσ70因子による多くの遺伝子の転写が抑えられ，定常期で生存するために必要な遺伝子の転写が誘導される。このようにRNAポリメラーゼは，複数のσ因子との組み合わせを通じて，環境に応じた転写様態を大きく変化させている。

また，プロモーター付近に別の因子が作用することで転写は調節されている。ここでは大腸菌における*lac*オペロンをとり上げて説明する。

*lac*オペロンには，*lacZ*，*lacY*および*lacA*があり，それぞれβ-ガラクトシダーゼ，β-ガラクトシドパーミアーゼとβ-ガラクトシドトランスアセチラーゼをコードしている（図6.17）。β-ガラクトシダーゼは，ラクトースをグルコースとガラクトースに加水分解する酵素，β-ガラクトシドパーミア

ーゼはラクトースの輸送にかかわるタンパク質で，β-ガラクトシドトランスアセチラーゼの機能はいまだ不明である。

これらのタンパク質は，培地中にグルコースがあると発現されておらず（カタボライト抑制），培地中にグルコースがなく，ラクトースが存在するときに発現される。*lac*オペロンの転写は2つのタンパク質により調節されている。ひとつは*lac*オペロンのすぐ上流の*lacI*にコードされるリプレッサーである。もうひとつはCAPタンパク質（catabolite gene activator proteinまたはcyclic AMP（cAMP）receptor protein（CRP）ということもある）である。*LacI*リプレッサーは常に発現されており，*lac*オペロンのプロモーター領域に結合して転写を抑制している（図6.17）。しかしながらラクトースが培地中に存在すると，わずかに転写されているβ-ガラクトシドパーミアーゼにより細胞内にラクトースがとり込まれ，β-ガラクトシダーゼによりアロラクトースへと変換される。アロラクトースは*LacI*リプレッサーに高い親和性で結合する。すると*LacI*リプレッサーはプロモーターから解離し，転写の抑制が解

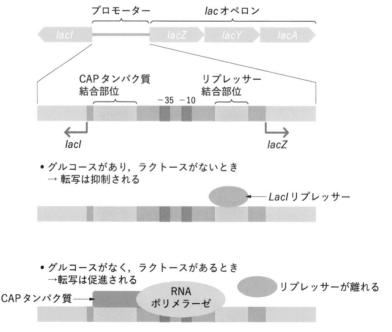

図6.17　大腸菌における*lac*オペロンの遺伝子発現調節

除される。一方，グルコース存在下ではcAMPの合成は抑えられているが，細胞内のグルコースレベルが下がるとcAMP濃度が上昇する。CAPタンパク質は細胞内のcAMPと結合すると，プロモーターの上流に結合できるようになり転写を促進する（図6.17）。

*lac*オペロンの転写制御のしくみは，カタボライト抑制という大腸菌の形質の変化に基づき，その変化を生み出すタンパク質とそれをコードする遺伝子を特定していくことによって解明されてきた。形質や形質の変化をもたらす変異株からその遺伝子を特定する研究戦略を順遺伝学的戦略という。近年，遺伝子解読技術が急速に進展し，多くの微生物のゲノム塩基配列が解読され，特定の条件下で転写されるmRNAを網羅的に解析できるようになった。これをトランスクリプトーム解析という。これにより，ある環境で発現が変化する遺伝子が同定され，この遺伝子を破壊して観察される表現型の変化から遺伝子機能が推定することが可能となる。このような逆遺伝子的戦略によっても転写制御系の解明が進みつつある。

微生物は，その多くは単細胞性である。多細胞生物とは異なり，膜を介して微生物そのものが外界環境と直接接している。しかも環境は，栄養物質の付加や，その枯渇，自らの代謝産物によるpHの変化や水分の減少あるいは紫外線の照射量の変化など，常に変化している。微生物はその変化に素早く応答して，他者との競合しながら適応してきた。このような環境の変化に対し，σ因子によって大きく細胞内の転写様態を変化させたり，リプレッサーよる遺伝子の転写抑制を解除して代謝系を活性化させたりすることにより迅速に対応している。このしくみを応用して，遺伝子組換えによって新たに人為的に導入した遺伝子を必要なときにだけ発現させ，タンパク質の機能を調べる基礎研究や有用酵素を大量につくり出すことが可能となった。これについては第12章で述べる。

［参考文献］

- A. Bruce *et al.*：Essential 細胞生物学 原書第5版（中村桂子，松原謙一監訳），南江堂（2021）

- （公財）発酵研究所監修：IFO微生物学概論，培風館（2010）

- J. Nicklin *et al.*：微生物学キーノート（高木正道，杉山純多，小野寺節訳），丸善出版（2012）

- 仁木宏典，守家成紀，平賀壮太：蛋核酵，**50**，153（2000）

Chapter 7 | 食品の腐敗

　食品が微生物の作用により劣化を起こし，食用に耐えない状態になることを腐敗あるいは変敗という。食品が腐敗・変敗しているかどうかは外観やにおい，触感による官能的な観察によるが，多くの食品で微生物数が10^7〜10^8/gに達すると腐敗とみなされている。主な腐敗現象として，細菌類がタンパク質を代謝し，腐敗臭が生成されることが挙げられるが，微生物による脂質や炭水化物の代謝産物が酸敗臭やアルコール臭に関与し，食用不可となることもある。食品にもともと存在している，あるいは付着した微生物のうち，その食品を劣化させる能力のあるものはすべて腐敗・変敗原因微生物としてとり扱われる。通常，1種類の食材でも多種類の微生物が同時に存在し，腐敗が進行することが多い。畜肉，魚肉，野菜類の冷蔵中にはさまざまなグラム陰性の低温菌が腐敗にかかわる。畜肉の熟成中では，乳酸菌も腐敗原因菌となる。穀類や種実類，また果実類の貯蔵ではカビ類が主な劣化要因となる。腐敗防止のためには食中毒防止と同様に「つけない，増やさない（増殖抑制），やっつける（殺菌）」が必須で，微生物の増殖を制御することが消費期限，賞味期限，シェルフライフの延長につながる。

7.1　食品の腐敗と変敗

　食品の品質劣化を表す言葉である「腐敗」と「変敗」は，どちらも食品の成分が変質し，本来の性質を失って，食用に耐えない状態になることをいう。一般的には，腐敗は微生物による食品の劣化を表し，変敗には微生物による劣化以外に，油脂の酸化や非酵素的褐変反応などの化学的な劣化，乾燥や吸湿による物理的な劣化も含まれる。

　もともと食材に存在する，あるいは付着した微生物のうち，その食品を劣化させる能力のあるものはすべて腐敗・変敗原因微生物としてとり扱われる。通常，1種類の食材でも多種類の微生物が同時に存在し（図7.1），腐敗あるいは変敗を起こすことが多い。また，複数の食材を加工・調理する現場では食材どうしの相互汚染を考慮しなければならない。微生物側からみれば，細胞のまわりの食品成分をエネルギー獲得のために代謝するということでは，腐敗といわゆる発酵は同じ現象であるが，一般的には人間にとって有益なものであれば発酵と呼び，有害，不利益なものであれば腐敗と呼んで区別している。

　酸素の供給が不十分な状態で，微生物による代謝が発酵的（嫌気的）な型式によって進行した場合，種々の不完全分解物が生成する。特にタンパク質からは各種のアミン，低級脂肪酸，メルカプタン，硫化水素，インドール，スカトール，アンモニアなど，悪臭の原因となる多くの物質が生成するので，一般的に腐敗の主要基質とみなされる。しかしながら，炭水化物からも微生物の代謝により酪酸，プロピオン酸，アセトイン，ジアセチル，アルコール類などが，また脂質からは各種の低級脂肪酸やカルボニル化合物が生成して悪臭の原因となる。異臭以外に，着色，ネト（粘質物）の発生，軟化，カビによる外観の劣化なども微生物の作用によるものである。

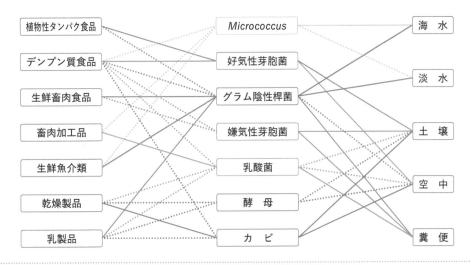

図7.1　食品と環境中の腐敗・変敗にかかわる微生物
実線は関係が深いもの。

人口の世界的な増加と食料不足は，人類が直面している最重要課題のひとつで，持続可能な開発目標（SDGs）の2番目の目標は「飢餓をゼロにする」ことである。しかし，国際連合食糧農業機関（FAO）の報告では，生産された食品の1/3が廃棄されており，過剰生産と不均等な配分だけではなく，腐敗・変敗もその大きな原因となる。生産者と消費者の損失，食糧問題，環境への負荷につながる食品廃棄の低減には，腐敗・変敗の原因とメカニズムを理解する必要がある。

7.2　動物性食品の腐敗と菌叢

1 食肉の汚染源

食肉は栄養豊富で水分活性が高いため，微生物の繁殖に適している。食肉および肉製品の賞味期限は，存在する微生物の種類と数に依存する。家畜の皮膚，糞便，内臓には*Salmonella*，糞便性大腸菌群，腸球菌*Enterococcus*，*Pseudomonas*などが多く，食肉処理場で衛生的なとり扱いが不十分な場合，設備を介して枝肉を汚染（交差汚染）する可能性がある。屠殺処理直後の食肉は，皮膚，糞便，腸内容物，水，作業員，設備環境由来の微生物で$10^2 \sim 10^4$

cfu/cm^{2}程度汚染される。新鮮な食肉（精肉）からは一般的に*Acinetobacter*，*Pseudomonas*，*Brochothrix*，*Flavobacterium*，*Psychrobacter*，*Moraxella*，*Staphylococcus*，*Micrococcus*，*Carnobacterium*や*Lactobacillus*類（2020年に25属に再分類された），*Lactococcus*などの乳酸菌，腸内細菌科菌群などが検出される。これらのうち，低温で増殖可能な菌が腐敗を引き起こす。また，処理された枝肉に，空気，水，食肉処理場の壁や床からの真菌類で汚染される可能性がある。狩猟で得られた野生動物（ジビエ）の場合，それぞれ処理や保存法で汚染のリスクが異なるが，鹿肉の場合，*Clostridium*を含む糞便および土壌由来微生物の汚染が報告されている。

2 生鮮食肉の低温貯蔵中の細菌類

食肉の腐敗を引き起こす細菌類は，その環境や処理法により異なる（表7.1）。5℃で好気的保存で7日後に腐敗した牛肉で，優勢菌として*Brochothrix*，*Pseudomonas*，*Enterobacteriaceae*，乳酸菌が検出される。牛肉の真空包装6℃，14日間貯蔵の場合，*Leuconostoc*，*Lactobacillus*類，*Lactococcus*，*Carnobacterium*などの乳酸菌が優勢で*Brochothrix*も検出される。牛肉を高酸素

表7.1　低温貯蔵した食肉の腐敗細菌

	雰囲気ガス	温度, 期間	腐敗細菌
牛肉	好気	5℃, 7日	*Brochothrix*, *Pseudomonas*, *Enterobacteriaceae*, 乳酸菌
		4℃, 7日	*Brochothrix*, *Pseudomonas*
	真空包装	6℃, 14日	*Leuconostoc*, *Lactobacillus**, *Lactococcus*, *Carnobacterium*, *Brochothrix*
		4℃, 35日	*Streptococcus*, *Carnobacterium*, *Lactobacillus**, *Pseudomonas*
	真空包装, 膨張変敗		*Clostridium estertheticum*, *Clostridium gasigenes*
	高酸素MAP >70% O_2 + >20% CO_2	4℃, 14日	*Carnobacterium*, *Leuconostoc*, *Lactococcus*
	60% O_2 + 40% CO_2	4℃, 14日	*Brochothrix*, *Pseudomonas*
豚肉	好気	4℃, 6日	*Pseudomonas*, *Photobacterium*, *Brochothrix*, *Lactococcus*
		−2℃, 28日	*Pseudomonas*, *Brochothrix*
	高酸素MAP 70% O_2 + 30% CO_2	2℃, 8℃, 6日	*Photobacterium*, *Brochothrix*, *Leuconostoc*, *Lactobacillus**
鶏肉	好気	4℃, 7日	*Brochothrix*, *Carnobacterium*, *Photobacterium*, *Pseudomonas*, *Acinetobacter*, *Serratia*, *Kurthia*, *Shewanella*
	低酸素MAP 65% N_2 + 35% CO_2	4℃, 8日	*Carnobacterium*
		10℃, 6日	*Hafnia*, *Serratia*
	高酸素MAP 80% O_2 + 20% CO_2	4℃, 10日	*Brochothrix*, *Carnobacterium*
		10℃, 6日	*Brochothrix*, *Pseudomonas*, *Serratia*

＊2020年度に25属に分類されている。

（60% O_2 + 40% CO_2）でガス置換包装（MAP）し，4℃で貯蔵すると，*Brochothrix* と *Pseudomonas* が腐敗の優勢菌として検出される。同様の >70% O_2 + >20% CO_2 MAP，4℃保存で，*Carnobacterium*, *Leuconostoc*, *Lactococcus* などの乳酸菌も腐敗菌となることもあるが，その優勢菌はロット間でも大きく異なる。

豚肉を好気的に4℃, 6日貯蔵した場合，優勢菌として *Pseudomonas*, *Photobacterium*，次いで *Brochothrix*, *Lactococcus* が検出されている。−2℃のスーパーチルド貯蔵でも28日後には7 log cfu/gとなり，優勢菌として *Pseudomonas* と *Brochothrix* が検出される。70% O_2 + 30% CO_2 MAPし，2℃および8℃で6日間貯蔵した場合，*Photobacterium*, *Brochothri* が優勢であったが，加工業者やバッチによっては，*Leuconostoc* や *Lactobacillus* 類などの乳酸菌も優勢となる。

真空包装した牛肉，ラム肉，豚肉などで散発的に容器の膨張（blown packaging）をともなう腐敗が起こる。原因菌として *Clostridium estertheticum*, *C. gasigenes* が報告されているが，ボツリヌス菌が存在する可能性も危惧される。

鶏肉（ブロイラー）を好気的に4℃貯蔵した場合，*Brochothrix*, *Carnobacterium*, *Photobacterium*, *Pseudomonas*, *Acinetobacter*, *Serratia*, *Kurthia*, *Shewanella*, が優勢菌として検出される。低酸素（65% N_2 + 35% CO_2）MAPした場合，4℃で *Carnobacterium* が，10℃では *Hafnia* と *Serratia* が腐敗の優勢菌として検出される。一方，高酸素（80% O_2 + 20% CO_2）MAPし，4℃で貯蔵した場合は *Brochothrix* と *Carnobacterium* が，10℃で貯蔵した場合は *Brochothrix* *Pseudomonas*, *Serratia* が腐敗菌として働く。

表7.2　食肉加工製品中の腐敗真菌類

製　品	糸状（カビ）類	酵母類
干し豚肉	*Eurotium* spp.,　*Penicillium nordicum*	
スモークハム	*Aspergillus versicolor*, *Eurotium* spp., *Penicillium nordicum*	
サラミ	*Penicillium nalgiovense*, *Penicillium nordicum*	
発酵ソーセージ（牛肉）	*Alternaria alternata*	*Debaryomyces hansenii*
四川ベーコン	*Aspergillus*,　*Penicillium*	*Candida*,　*Debaryomyces*,　*Malassezia*
四川ベーコン：包装なし，室温	*Aspergillus*	*Debaryomyces hansenii*

❸ 加工食肉製品の真菌類

　処理された屠体は，食肉処理場や加工場の壁や床の表面，また，空気中に存在するカビ類で汚染され，しばしば加工製品の腐敗の原因となる。精肉からは *Aspergillus flavus*，*A. niger* などが優勢菌として分離される。カビ類の中にはマイコトキシンを産生するものもあり，安全性を脅かす可能性がある。好乾性の *Aspergillus* や *Eurotium*，*Penicillium* は低pH，高塩濃度にも耐えるため，塩漬け製品などの加工品の表面でも増殖可能である（表7.2）。一部のカビは肉製品の表面に黒，白，または青緑色の斑点を形成する。

　酵母は，糖分や有機酸の含有量が高い食品（水分活性が低くpHが低い食品）で増殖できる。精肉からは *Candida*，*Rhodotorula*，*Debaryomyces*，*Trichosporon* が優勢菌として検出・分離され，真空包装された牛肉からは *Candida zeylanoides*，*Kazachstania psychrophila*，*Candida sake* が分離されている。塩漬けおよび燻製肉製品からは，*Debaryomyces hansenii*，*Yarrowia lipolytica*，*Candida zeylanoides*，*Trichosporon ovoides*，*Trichosporon beigelii*，*Cryptococcus albidus*，*Rhodotorula mucilaginosa* が優勢菌として検出・分離される。一部の酵母は容器の膨張，粘稠物質の形成，変色，異臭による品質劣化を引き起こす。

❹ 生鮮魚介類

　腐敗により，収穫後の魚介類の少なくとも30%が廃棄されていると推察される。魚介類は水分含有量とpHが高く，魚肉の低温における酵素活性も高い（自己消化がはやい）ため，畜肉と比較して非常に腐りやすい（足がはやい）。ほとんどの魚介類の腐敗は，収穫後（死後）すぐにはじまる。腸管および鰓の生菌数は高く，加工処理時の筋肉部や環境への汚染も注意する必要がある。また，輸送と保管の環境からも汚染する可能性がある。特に魚介類の腐敗にかかわる微生物（specific spoilage organisms: SSO）として *Shewanella*（*S. putrefaciens*, *S. baltica*, *S. proteamaculans*），*Pseudomonas*（*P. fragi*, *P. putida*, *P. fluorescens*），*Photobacterium*（*P. phosphoreum*, *P. ilio piscarium*, *P. kishitanii*），*Psychrobacter*，*Brochothrix*，*Pseudoalteromonas*，および *Carnobacterium* などが挙げられ（表7.3），異種間の相互作用や，同菌種間の相互作用（quorum sensing）も腐敗の進行にかかわると考えられている。生鮮魚の菌数は 10^6 cfu/g未満で，通常 10^7 から腐敗がはじまるが，清潔な水や電解水使用による洗浄，鰓・内臓の除去により菌数を減らし，低温貯蔵することによりシェルフライフを延ばせる可能性がある。

表7.3　低温貯蔵した魚介類の腐敗細菌

	雰囲気ガス	温度, 期間	腐敗細菌
ヨーロッパツノガレイ	好気	氷冷, 10日	*Photobacterium, Shewanella, Psychrobacter*
	真空包装	4℃, 10日	*Photobacterium, Vibrio*
	70% CO$_2$ + 20% N$_2$ + 10% O$_2$	4℃, 11日	*Photobacterium, Vibrio*
タイセイヨウダラ	好気	1℃, 11日	*Photobacterium, Psychrobacter, Shewanella, Flavobacterium, Acinetobacter*
	55% CO$_2$ + 40% N$_2$ + 5% O$_2$	1℃, 11日	*Photobacterium*
タイセイヨウサケ	真空包装	3℃, 6日	*Photobacterium*
キハダ	真空包装	3℃, 6日	*Pseudomonas*
バナメイエビ	好気	0℃, 5日	*Pseudomonas, Psychrobacter, Shewanella, Psychromonas*
ツノナガサケエビ	好気	氷冷, 初期腐敗	*Psychrobacter, Carnobacterium, Pseudomonas, Stenotrophomonas*
		4℃, 初期腐敗	*Psychrobacter, Carnobacterium, Vagococcus*
アオガニ	好気	4℃, 10日	*Mycobacterium, Psychrobacter, Vibrio*
	好気	4℃, 6日	*Pseudoalteromonas, Psychrobacter, Photobacterium, Pseudahrensia*
ケンサキイカ, （リングイカ）	真空（スキン）包装	4℃, 12日	*Pseudomonas, Shewanella,*
ムラサキイガイ		4℃, 15日	*Shewanella*

5 魚介類の加工品

　かまぼこ，ちくわなどの魚肉練り製品は製造工程に加熱工程があるが，その加熱条件は，無包装・簡易包装かまぼこでは75℃，数分，特殊包装かまぼこや魚肉ハム・ソーセージで80℃，20～40分程度であり，胞子形成菌や耐熱性の強い菌種の一部が生残する。練り製品中の生残菌は加熱温度が70℃以下では主に球菌と細菌胞子が生残し，75～85℃では胞子のみが生残するので，保存性のうえからは加熱温度が75℃以上かどうかが重要な分かれ目になる。

　各種魚介類加工品の主な腐敗・変敗菌をまとめたものを表7.4に示す。簡易包装製品では，表面が細菌やカビにより二次汚染されるので，表面から先に変敗が起こるのが普通である。包装かまぼこでは変敗菌は加熱後に生残する胞子形成細菌による場合が多く，斑点や気泡，軟化，膨張などの変敗を生じる。ただし，これらの原因菌は中温菌が多いので，10℃以下で流通，保存すればシェルフライフの延長が可能である。

　缶詰は食品を容器に詰め，脱気後密封し加熱殺菌したもので，保存性のきわめて高い食品である。通常の水産缶詰の殺菌条件はボツリヌス菌の殺滅を目的として120℃，4分と同等以上とすることが決められており，一般に108～116℃で60～120分程度の加熱が行われている。缶詰の製造工程において缶の巻締めや殺菌工程に不具合があった場合には製品が腐敗・変敗することがある（表7.5）。

6 牛乳および乳製品

　生乳は，栄養素が豊富に含まれ，pHが中性に近いため，多くの微生物の増殖に適した材料である。牛乳は牧場の敷地，飼料，床敷，乳房，搾乳設備からの微生物で汚染されている可能性があり，搾乳回数が増加するにつれて，乳中に細菌が存在するようになる。乳頭皮膚の細菌叢は農場の環境に依存し，

表7.4　魚介類加工品の腐敗微生物

製 品	細菌類	真菌類	腐敗・変敗現象
簡易包装かまぼこ	*Pseudomonas fluorescens* *Pseudomonas* sp. *Leuconostoc mesenteroides*, *Serratia*		青変，蛍光，軟化， 褐変 粘稠物質（ネト）
包装後殺菌かまぼこ	*Bacillus* sp.		ガス酸性，軟化，変色
ちくわ		*Debariomyces hansenii*	石油臭
干物		*Aspergillus*，*Penicillium*， *Cladosporium*，*Eurotium*， *Penicillium*，*Walemia*	
サケ燻製，8℃	*Shewanella putrefaciens*, *Aeromonas*，*Brochothrix*		異臭
なまず燻製		*Aspergillus*，*Penicillium*，*Mucor*	
加熱調理， 殻むきエビ	*Brochothrix*，*Serratia*, *Carnobacterium*，*Vagococcus*		異臭，酸敗臭

表7.5　缶詰の主な腐敗微生物

種 名	果実・ 果汁	野菜	魚介	塩漬肉	調理食	菓子	低酸性 飲料
Bacillus subtilis，*B. licheniformis*		◎	○	◎	◎	◎	
Niallia circulans[*]					○		
Heyndrickxia coagulans		○	○	○	◎		
Geobacillus stearothermophilus					△		△
Sporolactobacillus inulinus	◎						
Clostridium sporogenes		○	◎	◎			
C. pasteurianum，*C. butyricum*	◎					○	
Thermoanaerobacterium thermosaccharolyticum		◎			○		
Moorella thermoacetica							△

◎：特に重要，○：次に重要，△：加温販売される場合に重要

＊旧 *Bacillus circulans*

また，乳頭は床によって汚染される可能性がある。飼料も牧草地によって異なる細菌，酵母，カビが存在する。

　Pseudomonas および *Bacillus* は冷却された生乳で最優勢となることが多く，加熱殺菌処理の前は *Pseudomonas* が，低温殺菌後は生残した芽胞形成菌が乳製品の腐敗原因となりうる。例えば，生チーズの青（蛍光）変色の原因菌として *Pseudomonas fluorescens* が分離されているが，プロセス

チーズの腐敗菌として *Bacillus* spp.，*Geobacillus* spp. が分離されている。また，真空包装チーズで膨張を伴う変敗の原因微生物として *Clostridium* 属（*C. tyrobutyricum*，*C. sporogenes*，*C. beijerinckii*，*C. butyricum*）が報告されている。カビ類（*Penicillium*，*Mucor*，*Cladosporium*）および酵母類（*Candida*，*Galactomyces*，*Yarrowia*）はさまざまな乳製品を腐敗・変敗させ，乳製品廃棄物の大きな原因となっている。

7　鶏卵

　産卵直後の卵の内部は無菌に近いが，総排泄口から産卵されるため，洗浄前の卵殻の表面には1個あたり10^6〜10^7程度の細菌が付着しており，洗浄卵でも10^4〜10^5程度存在する。産卵鶏の腸内（盲腸）では*Bacteroides*, *Clostridium*, *Bifidobacterium*, *Faecalibacterium*, *Desulfovibrio*などの偏性嫌気性菌が優勢であるが，乳酸桿菌や腸内細菌科細菌が存在する。

　これらの細菌の一部は卵内に侵入することがあるが，卵は生物としての防御機構が保持されている。すなわち，卵殻の表面にはムチン層があり，内側にも皮膜があるので，付着細菌の進入はまずここで阻止される。しかし，殻の表面が湿っていたり，ムチン薄皮が破損されると，殻に付着していた細菌が気孔から侵入し，殻内部の皮膜に達して増え，さらに卵白に達する。卵白はpHが高く（約9.0〜9.6）しかもリゾチームやアビジン，コンアルブミンなどの抗菌物質を含むため，ここでも増殖が抑えられる。一部の菌が卵黄に達した場合，ここで急速に増殖して腐敗を起こす。一方，液卵製品は洗浄不足の殻，加工環境から微生物が混入する可能性がある。低温殺菌液卵最終製品から*Pseudomonas*, *Carnobacterium*, *Clostridium*が優勢菌として検出されており，これらが腐敗（異臭，変色，膨張）を引き起こす可能性がある。

7.3　植物性食品の腐敗と微生物フローラ

1　野菜の腐敗・変敗

　野菜の多くはpHがあまり低くないため，細菌の侵入と増殖が進みやすく生鮮品でもその菌数は高い（10^5〜10^7 cfu/g）。野菜の腐敗で最も頻繁にみられる現象はペクチン分解菌による軟化である。通常，グラム陰性でペクチン分解性の*Erwinia*, *Pseudomonas*, *Xanthomonas*が検出される（表7.6）。植物の微生物による腐敗は物理的な損傷を受けた部位からの侵入によって起こることが多い。収穫から少し遅れて微生物の増殖がはじまるが，これは野菜の生理作用の変化と関連している。収穫はそれ自体が生理的ストレスであり，次に水分が消失し，萎れていく。この際，表面に生じる亀裂，切断部から微生物への栄養が供給されるとともに，組織内部への微生物の侵入を許し，腐敗を引き起こす。

　野菜の水分蒸発による萎れを抑制するためには，湿度90〜95%に保つのが望ましいが，この際，表面に自由水が凝結しないように温度を制御することが重要である。表面に水分層ができると，*Erwinia*や*Pseudomonas*などの運動性をもつ細菌が野菜表面の亀裂や傷口あるいは気孔まで容易に到達できる。生鮮キャベツが，低温および湿度コントロールに加え，CA貯蔵（controlled atmosphere storage）により，雰囲気ガスの酸素分圧を低く（2〜3%），CO_2分圧を高く（2〜5%）制御された場合，数か月間もコールスロー用として使用可能である。

　一般的にカット野菜は丸野菜よりも腐敗が早い。植物は収穫後も生理作用を有しており，カットされるということは多くの傷口を与えるということであり，呼吸蒸発速度が高まる。さらに，酸素に接触する面積が増えることで酸化も促進される。これを抑制するため脱気包装を行うと，嫌気代謝が起こり，アルコール臭を発する。このような生理活性の亢進には生体エネルギーが消費され，また本来備わっている生体防御機構も弱まってくる。さらに前述のように，切断面は細胞内容物を漏出させて微生物に栄養分を与える結果となり，野菜内部への微生物の侵入も容易になる。

　このような原料由来の微生物は製造工程において，器具や機械，原料成分とともに接触し，その表面や溝において微生物が生残あるいは増殖することがある。例えば，キャベツやレタス，タマネギの加工例ではシュレッダーとスライサーを用いた切断工程で一般生菌数が10〜100倍に増加する。カット野菜における微生物増殖の制御には，次亜塩素酸ナトリウム処理のほか，CA貯蔵，MAPなど呼吸量や酸化による野菜の劣化防止にも有効な方法が利用される。

2 果物の腐敗・変敗

果物の多くは水分活性が高いもののpHが低いため，カビが優勢となり腐敗・変敗を引き起こすことが多い。これらのカビ類の多くは収穫前に付着し（表7.6），その一部は植物本体の病原菌となっている。柑橘類貯蔵中によくみられるのは*Penicillium*属の青カビ，緑カビ類で，リンゴを軟化させる青カビの*P. expansum*はマイコトキシンの一種，パツリンの生産能がある。果物や野菜類の多くで生じる灰色カビの*Botrytis*は，貴腐ワイン用のブドウでは必要であるが，イチゴなどでは腐敗の原因となる。

低温でCO_2濃度を高めたCA貯蔵を行うと，カビによる腐敗は抑制される。しかし，果物にはバナナ，アボカド，パイナップル，グレープフルーツのように低温障害を起こすものもあり，最も効果のあるCO_2濃度もそれぞれ異なるので，果物の種類によって，貯蔵温度，CO_2濃度の設定が必要である。

酸度の高い（低pH）果物の缶詰は通常，加熱による変色を防ぐため，肉類の缶詰とは異なり100℃未満の温度で殺菌される。この条件でほとんどのカビの栄養細胞は死滅するが，*Eurotiales*の子嚢胞子は生残可能である。このうち*Paecilomyces*，*Neosartorya*，*Talaromyces*などがさまざまな果物缶詰の腐敗部から分離されている。また，好酸性胞子形成細菌*Alicyclobacillus*も低温殺菌，低pH食品でも増殖可能であり，問題となっている。

3 穀類，種実類

米，小麦などの穀物の多くは，成長，収穫，貯蔵過程において主にカビに汚染される。穀物を汚染しているカビは乾燥に対する耐性から大きく2つに分けられる。そのひとつは*Fusarium*や*Alternaria*などの圃場カビで，水分活性が0.85未満では増殖しない。もう一方は*Penicillium*や*Aspergillus*などの貯蔵カビで，水分活性0.80以下でも増殖可能である。

表7.6 **野菜・果物の代表的な腐敗・変敗の原因微生物**

微生物	腐敗・変敗現象	野菜	果物
Erwinia carotova	軟腐	多くの葉野菜，根菜類	多くの果物
Xanthomonas campestris	黒色軟腐	キャベツ，カリフラワー，その他のアブラナ科	
Pseudomonas fluorescens	軟腐	セロリ，トマト	
Leuconostoc mesenteroides	望まれない発酵（異味・異臭）	多くの野菜	多くの果物
*Bacillus*属	腐敗	トマト，ジャガイモ，ピーマン	
Alicyclobacillus spp.	腐敗		桃，マンゴー，オレンジ，梨，リンゴ
Botrytis allii	灰色かび病	ニンジン，レタス，アスパラガス，カボチャ，アブラナ科の葉野菜	イチゴ，ブドウ，キイウイ，桃，ラズベリー，その他ペクチンの多い果物
Aspergillus niger	黒かび	タマネギ	ブドウ，柑橘類，アプリコット，梨，イチゴ
Aspergillus expansum	青かび		リンゴ，梨，その他ペクチンの多い果物
Rhizopus stolonifer	軟腐	ジャガイモ，キャベツ	ラズベリー
Mucor piriformis	軟腐	トマト	イチゴ，リンゴ，梨
Fusarium	腐敗，褐変	ジャガイモ	柑橘類，パイナップル

穀物や豆，種実類は収穫の際の損傷を最小限に抑え，適正な水分で極端な温度変化がないかぎり，長期保存が可能である。しかし，温度変化が考慮されていない貯蔵庫では水分の移動（微小部での結露）が起こり，カビ胞子の発芽がはじまり，その吸水力によって，さらに水分の高い部分が生じ，品質劣化が起こる可能性がある。そのため，一般的な貯蔵では貯蔵カビが劣化因子であるが，十分な乾燥が保てない場合には，*Fusarium* によるカビ毒（フザリウムトキシン）が蓄積されることもある。

4 穀類，種実類の加工品

焼成後のパンに増殖し，外観とにおいを劣化させる主な微生物は *Penicillium expansum*, *Aspergillus niger*, *Rhizopus nigricans*, *Mucor* など数種のカビ類である。細菌類ではロープ菌（*Bacillus subtilis*, *B. mesentericus*, *B. panis* など）によるロープと呼ばれる粘質物の生成，*Serratia* による赤変が知られている。

生麺の場合，塩水を加えて混練する過程でグラム陰性菌が増殖すると，変色，腐敗臭が生じる。これらの増殖を抑えるために水分活性の調整や，エタノール，その他の添加物が使用された場合，それらの耐性菌が増殖し，酵母によるシンナー臭（酢酸エチルなどによる）の発生，乳酸菌による粘質物の生成などが問題となる。鹹水（かんすい）を用いる中華麺では，アルカリ耐性の *Bacillus* が腐敗原因菌となる。これらの腐敗菌のうち *Bacillus* 以外はゆで工程で殺滅されるものの，冷却・包装後の腐敗品からは，二次汚染によるグラム陰性菌，乳酸菌，酵母が検出される。

米飯では真菌類の二次汚染がない環境でも，貯蔵時間とともに褐変や異臭が発生することがある。腐敗原因菌として耐熱性胞子をもつ *Bacillus*，特に *B. subtilis*, *B. megaterium*, *B. cereus sensu stricto* などが分離されている。

清酒の醸造において，火落ち菌が生残した場合には腐造と呼ばれる混濁や不快臭を引き起こし，商業的に多大な損失を与える。代表的な火落ち菌として乳酸桿菌の *Fructilactobacillus fructivorans*,

Lentilactobacillus hilgardii がよく知られている。食酢の伝統的な醸造においては醸造酒に酢酸菌（*Acetobacter pasteurianus*, *A. aceti* など）を接種して発酵が開始されるが，*Komagataeibacter xylinus* など，一部の酢酸菌はセルロース産生能をもち，これが混入すると不要な膜が生成されるため，こんにゃく菌とも呼ばれる。

豆腐中の細菌が $10^5 \sim 10^6$ cfu/g に達すると pH は 5.5 以下に低下し，官能的にも酸敗して食用不可となる。この酸敗は充填豆腐以外では室温で数時間から 10 時間以内に起こる。容器に充填密封後に 90℃，40 分以上の加熱を行った場合でも，25℃保存では 1 日以内で酸敗を起こす。充填豆腐では耐熱性胞子をもつ *Bacillus* の残存菌が腐敗を引き起こす。充填豆腐以外では *Bacillus* 属以外の一般細菌にも汚染されるが，腐敗豆腐では *B. cereus* が優勢菌となることが多い。また，豆腐の粘質変敗部からは *Acinetobacter* が分離されている。醤油や味噌では塩分濃度が高く，普通の細菌類の増殖は起こらないが，塩分耐性の強い産膜酵母やカビが表面に発生し，品質に影響を及ぼすことがある。なお，コーヒ缶詰やしるこ缶詰などでは *Geobacillus stearothermophilus*（$D_{120℃} = 4 \sim 5$ 分）や *Moorella thermoacetica*（$D_{120℃} = 5 \sim 46$ 分）などによる変敗が知られている（D 値については第 9 章（p.121）参照）。これらの原因菌は好熱菌できわめて耐熱性が強いため缶詰中に生残するが，40℃以下では増殖しないので普通問題となることは少ない。しかしホットベンダーで加温されると増殖し変敗を起こすことになる。

7.4　加工包装食品の乳酸菌および酵母による腐敗・変敗

1 乳酸菌による腐敗・変敗

近年の低 pH や真空（低酸素）包装，日持ち向上剤，保存料などで貯蔵期間をある程度（3〜4 週間）

表7.7 乳酸菌による腐敗・変敗例

食品	現象	乳酸菌
生麺（生うどん，生そば，生中華麺）	膨張，エタノール臭	*Fructilactobacillus fructivorans*
ゆで麺	膨張	*Lactiplantibacillus plantarum*
ゆで麺	異臭，酸敗	*Enterococcus faecalis*
ゆで麺	エタノール臭，酸敗，酸敗臭	*Leuconostoc mesenteroides*
加工味，嘗味味噌，めんつゆ，たれ	膨張，エタノール臭	*Fructilactobacillus fructivorans*
加工味噌	酸敗，エタノール臭	*Lactiplantibacillus plantarum*
充填豆腐（トレー包装）	黄色斑点	*Leuconostoc mesenteroides*
しば漬，たくあん漬，福神漬	膨張，エタノール臭	*Fructilactobacillus fructivorans*
たくあん	異臭	*Lactiplantibacillus plantarum*
蒸菓子	膨張，エタノール臭	*Lactiplantibacillus plantarum*
生あん	意味，異臭	*Enterococcus faecalis*
糖蜜	粘質化	*Leuconostoc mesenteroides*
カステラ	異臭	*Enterococcus faecalis*
ポテトサラダ，ミックスピザ	酸敗	*Enterococcus faecium*
牛肉（真空包装）	酸敗	*Latilactobacillus curvatus*
牛肉（真空包装）	酸敗	*Latilactobacillus sakei*
食肉	粘質化	*Leuconostoc mesenteroides*
鶏肉（密着包装）	酸敗	*Enterococcus faecium*
ハム（真空包装）	異臭，酸敗	*Enterococcus faecalis*
ハム（真空包装）	黄変，酸臭，酸敗	*Leuconostoc mesenteroides*
ハム，ソーセージ（密着包装）	緑変	*Weissella viridescens*
クックドハム（密着包装）	軟化	*Enterococcus faecalis*
ソーセージ	緑変	*Fructilactobacillus fructivorans*
ベーコン	ネト，酸敗	*Leuconostoc mesenteroides*
加工乳	変色	*Leuconostoc mesenteroides*
チーズ（密着包装）	酸敗	*Enterococcus faecium*
チーズ（密着包装）	膨張，ガス，亀裂	*Leuconostoc citrovorum*
生クリーム	意味，異臭	*Enterococcus faecalis*
生クリーム	異臭，粘質化	*Leuconostoc mesenteroides*
イカ燻製，タコ燻製	膨張，エタノール臭	*Fructilactobacillus fructivorans*
はんぺん，つみれ	酸敗	*Enterococcus faecalis*
かまぼこ	酸敗，酸臭，ネト	*Leuconostoc mesenteroides*

延長させる工夫が施された加工食品では乳酸菌や酵母が増殖し，さまざまな包装食品の異臭，酸敗臭，膨張，ネト（粘質物質）などの原因となる事例が多い（表7.6，表7.7）。

乳酸桿菌の *F. fructivorans* は清酒醸造の腐造菌であるが，加工食品包装後の腐敗・変敗菌としての報告も多い。特に包装生めんなど，デンプン性の食品中でヘテロ発酵を起こし，膨張とエタノール臭の原因となる。漬物など酸度の高い環境からよく分離される *Lactiplantibacillus plantarum* も条件つきヘテロ発酵を行い，各種食品で膨張とエタノール臭の原因となっている。そのほか，低温増殖性の高い乳酸桿菌類は畜肉貯蔵中の臭い，色調を変敗させることは古くから報告されてきたが，水産加工品でも低温性乳酸菌が腐敗菌として報告されている。特に *Carnobacterium* 属は低温に強い乳酸菌として知られており，畜肉熟成中の腐敗菌としてよく知られているが，魚肉をMAP処理後冷蔵した場合の腐敗菌としても報告されている。かまぼこ製品のネトの原因菌として *Leuconostoc mesenteroides* が古くから知られており，ショ糖から生成される多糖類フラクタンなどが粘質をもつ。腸球菌の *Enterococcus faecalis* はヒト腸内の常在菌であり，環境ストレスにも比較的強いため，衛生指標菌として提唱されたこともあり，従業員の手指から汚染される可能性が高い。本菌は生クリームや生あんなど糖度の高い食品の腐敗・変敗原因菌として分離されているが，はんぺん，生わかめ，ウニ，イクラなどの腐敗・変敗菌としての報告もある。

② 酵母による腐敗・変敗

バリヤー性包材を使用した食品で，脱酸素剤で好気性菌を抑えて，さらにアルコール製剤で乳酸菌を含む細菌類全般の増殖が制御された製品では，酵母の繁殖による変敗が散発的に起こっている。また，酵母類は有機酸を利用するものが多く，pH調整に用いられている酢酸，乳酸，クエン酸などの有機酸が減少し，細菌の増殖を促す場合もある。さらに，酵母は保存料に対しても抵抗力のあるものが多く，

Rhodotorula 属の数種は安息香酸を炭素源としてpH4.5でも増殖可能である。*Saccharomyces rosei* は0.25%プロピオン酸でも，*Brettanomyces intermedius* は0.1%のソルビン酸存在下でも増殖可能である。前述の味噌や醤油，佃煮のように塩分，糖分が高く，水分活性が低い食品でも酵母を原因とする変敗事例が多い。めん類の場合，水分含量の高いゆでめんでは *Pseudomonas* などの細菌による劣化が多いが，水分含量の低い（<40%）生めんでは *Saccharomyces cerevisiae* による腐敗・変敗事例が多く報告されている（表7.8）。さらに水分含量の低い食品では *Zygosaccharomyces* や *Saccharomycopsis* などの耐浸透圧性（好塩性）酵母による変敗事例がある。

7.5　食品の腐敗の防止

① 食中毒予防三原則と殺菌

食品の腐敗は微生物によるものであり，腐敗防止のためには微生物の増殖を制御することが必須である。そのためにさまざまな殺菌，静菌，除菌，および遮断の技術が開発されている。調理・加工現場では，いわゆる食中毒予防三原則「つけない，増やさない，やっつける」や，WHOが提唱している食品をより安全にするための5つの鍵「清潔に保つ，生の食品と加熱調理済み食品とを分ける，完全に加熱する，安全な温度に保つ，安全な水と安全な原材料を使用する」という考えは食品腐敗の防止にも有効である。

殺菌方法として加熱殺菌と冷殺菌がある。加熱殺菌には100℃未満で行う低温殺菌と，100℃以上の高温・高圧殺菌がある。食品衛生法では食肉製品について，中心温度63℃，30分あるいは80℃，20分間の加熱が規定されている。牛乳の場合，低温殺菌のものも販売されているが，現在，低温流通されている製品の多くはUHT殺菌（120～130℃，1～3秒）されており，常温流通させるロングライフミルク（LL牛乳）ではさらに高温での殺菌（140～

表7.8 デンプン系食品の工場内微生物による変敗例

食品	水分（%）	現象	微生物
ゆで麺	68〜74	黄色，緑色，紫色，青色の斑点	*Pseudomonas aeruginosa*
ゆで麺	71	赤変	*Serratia mercescens*
ゆで麺	70	紫色斑点	*Janthinobacterium lividum*
ゆで麺	70	淡赤色斑点	*Rhodotolula glutinis*
生麺	38〜40	膨張，エタノール臭，ガス孔	*Saccharomyces cerevisiae*
糖蜜，糖蜜シロップ	30〜34	異臭，ガス，粘着性	*Zygosaccharomyces* sp.
小麦粉，米粉，餅粉，パン粉	11〜14	黒色斑点	*Saccharomycopsis capularia*
クッキー，コーンフレーク	3〜7	黒色斑点	*Saccharomycopsis capularia*

150℃，1〜3秒）が施されている。長期常温保管される缶詰を含むレトルトパウチ食品は，121℃，3分あるいは120℃，4分と同等以上の殺菌値（$F_0 \geqq 3$）で殺菌（レトルト処理）される。

熱を加えない殺菌法として，化学薬剤（次亜塩素酸，界面活性剤，アルコールなど），紫外線，放射線（γ線など）などがあるが，直接食品に適用することは少ない。しかし，これらの技術で調理・加工の現場の殺菌を行い，汚染を防ぐことは非常に重要である。

微生物の増殖を抑制する静菌の技術として，低温保管・流通，水分の除去（水分活性の降下），保存料および日持向上剤の使用などが挙げられる。現在では，いくつかの物理的（低温，高温，圧力など），化学的（pH，薬剤，ガス置換など）静菌技術を組み合わせ，マイルドでソフトな食感やフレーバーを残しながら保存性を増す，ハードル技術が導入されている。殺菌，保存については第9章に詳述されているので参照されたい。

2 腐敗の指標

食品が腐敗して食用不可となっているかどうかは外観やにおい，また触感による官能的な観察などによるが，多くの食品で微生物数が $10^7 \sim 10^8$ cfu/g に達すると腐敗とみなされる。

動物性食品の場合，いくつかの成分が腐敗の指標として用いられている。例えば，タンパク質の代謝産物であるアンモニア，アミンなどの揮発性塩基窒素（VBN：volatile basic nitrogen）は実際の腐敗臭成分を含んでおり，腐敗の指標として用いられる。一般的な魚肉の場合，VBNが30〜40 mg/100 gで初期腐敗とされる。ただし，サメ類では尿素含量が高く，速やかに大量のアンモニアが生成されるので用いられない。前述した魚肉の腐敗とともに増加するTMAはVBNの一成分であり，腐敗の指標として用いられている。

これらとは別に主に魚の鮮度指標としてK値が用いられている。死後，筋肉中のエネルギー物質であるアデノシン三リン酸（ATP）はアデノシン二リン酸（ADP），アデノシン一リン酸（AMP），5'-イノシン酸（IMP，肉や鰹節の旨味成分），イノシン（HxR），ヒポキサンチン（Hx）へと代謝される。K値は死後時間が経つに従い増加するHxRとHxの蓄積量のATP＋ADP＋AMP＋IMP＋HxR＋Hxに対する割合（モル%）で表す。この値は死後の貯蔵時間とよく相関しており，生鮮度指標（刺身などの活きのよさの目安）として有用であるが，これらのATP関連化合物の代謝は微生物の有無にかかわらず進行するため，腐敗の指標としては使用できない。

近年では分析技術と情報処理技術の発展により，食品中に存在する腐敗関連細菌の遺伝子を，次世代

シーケンサーを用いて網羅的に解析するメタゲノミクス，代謝産物をLC-MS, GC-MSなどを用いて網羅的に解析するメタボロミクスを用いた研究が進んでいる。さらに，AI技術を用いた微生物間の相互作用を含めた腐敗現象のメカニズムの解明が，腐敗進行の予測と保存技術の効率化につながるものと期待される。

［参考文献］

- 食品微生物腐敗変敗防止研究会：食品変敗防止ハンドブック，サイエンスフォーラム（2006）
- 内藤茂三：食品変敗の科学，幸書房（2020）
- O. A. Odeyemi *et al.*: *Comprehensive Reviews in Food Science and Food Safety*, **19**, 311-331（2020）
- O. Alegbeleye *et al.*: *Applied Food Research*, **2**, 100122（2022）

［表出典］

表7.4　横関源延：食品微生物学（相磯和嘉監修），p.261-262，表v.15および表v.16，医歯薬出版（1976）

表7.5　松田典彦：缶詰時報，**69**, p.205，表2（1990）

Chapter 8

微生物性食中毒

食品衛生法の食中毒事件票「病因物質の種別」の27のうち1〜18が微生物性食中毒である。微生物性食中毒にはサルモネラ，ブドウ球菌，ボツリヌス菌，腸炎ビブリオ菌，ウエルシュ菌，セレウス菌，エルシニア・エンテロコリチカ，カンピロバクター・ジェジュニ／コリ，ナグビブリオなどの従来からの食中毒，腸管出血性大腸菌，コレラ菌，赤痢菌，チフス菌，パラチフスA菌，ボツリヌス菌などの感染症法に該当する食中毒，そしてノロウイルスなどのウイルス性食中毒が含まれる。多くの微生物は感染型であるが，食品内毒素型（ブドウ球菌，ボツリヌス菌，セレウス菌）が存在している。微生物性食中毒は今日発生する食中毒の発生件数の約5割，発生患者数でも約9割であり，最も頻繁に発生している食中毒である。また，食中毒事件票「病因物質の種別」の化学物質として分類されるアレルギー様食中毒もヒスタミンの生成に微生物が関与している。よって，病原微生物や健康危害物質（ヒスタミン）を産生する微生物の特徴やこれらの微生物によって引き起こされる病状を理解すること，さらに予防策を把握することは食品衛生上，きわめて重要である。

8.1　食中毒とは

食中毒とは，有害生物・微生物や有毒物質の含まれた飲食物を摂取することによって起こる健康障害の総称である。よって，ウイルス，細菌などの微生物や微生物の産生する毒素などのほかに，原虫（クリプトスポリジウム，ジアルジアなど），寄生虫（アニサキス，トリヒナ，回虫など），化学物質（有機水銀，カドミウムなど），植物性自然毒，動物性自然毒といったさまざまなものが原因となる。

食中毒菌は細菌そのもの，または細菌が産生する毒素が病原性を示す。感染型のうち，経口摂取され体内で産生した毒素で食中毒を起こす食中毒菌は生体内毒素型と呼ばれる。生体内毒素型は腸管出血性大腸菌，コレラ菌，乳児ボツリヌス症のボツリヌス菌，ウエルシュ菌，下痢型のセレウス菌である。食品内毒素型はブドウ球菌，食餌性ボツリヌス症のボツリヌス菌，嘔吐型のセレウス菌である。食中毒菌

は食品中で増殖しても異臭を発しないことが多いので，その食品を食べてしまう。また，腸管出血性大腸菌やカンピロバクターなどは食品中で増殖しなくても，食品に付着した数十〜数百個の少量の菌量を摂取しても発症することがある。一方，腐敗微生物は環境や動物の腸管に存在する非病原性の細菌，真菌，酵母などである。食品の腐敗は腐敗微生物の増殖によって食品中のタンパク質が腐敗アミン，アルコール，脂肪酸などのさまざまな腐敗生成物へと変化し，食べられなくなることであり，一般的に食品1 gあたりの生菌数が$10^7〜10^8$ cfuになれば初期腐敗となる。

従来，食中毒（food poisoning）は汚染された食品を摂取することで発生する個人の健康障害を意味するもの，感染症（infectious diseases）は食品の摂取に限らず，空気感染，飛沫感染，接触感染，経皮感染など，さまざまな経路でヒトからヒトへと伝播する感染症を意味するものであった。腸管出血性

表8.1　食品衛生法の食中毒事件票による「病因物質の種別」

1	サルモネラ属菌	8	セレウス菌	15	パラチフスA菌**	22	その他の寄生虫
2	ブドウ球菌	9	エルシニア・エンテロコリチカ	16	その他の細菌	23	化学物質
3	ボツリヌス菌*	10	カンピロバクター・ジェジュニ／コリ	17	ノロウイルス	24	植物性自然毒
4	腸炎ビブリオ	11	ナグビブリオ	18	その他のウイルス	25	動物性自然毒
5	腸管出血性大腸菌**	12	コレラ菌**	19	クドア	26	その他
6	その他の病原大腸菌	13	赤痢菌**	20	サルコシスティス	27	不明
7	ウエルシュ菌	14	チフス菌**	21	アニサキス		

＊　「感染症の予防及び感染症の患者に対する医療に関する法律」の四類感染症の病原体に該当
＊＊「感染症の予防及び感染症の患者に対する医療に関する法律」の三類感染症の病原体に該当

大腸菌やノロウイルスなどの感染力の強い病原体の出現で，食品を介した個人の発症だけではなく，食品を介さなくてもヒトからヒトへと容易に経口感染する事例が多くなってきている。今日，食中毒は食品由来感染症や食品媒介感染症（foodborne disease）と呼ばれるようになっている。

8.2　食中毒原因物質の種別

　食品衛生法の食中毒事件票の病因物質の種別を表8.1に示す。食中毒発生時の厚生労働省への報告や食中毒統計はこの原因物質の種別で行われている。食中毒の原因物質は不明を含め27あり，そのうち1～18が微生物性である。23の化学物質として分類されるアレルギー様食中毒もヒスタミンの生成に微生物が関与している。

　食中毒病因物質の中には，「感染症の予防及び感染症の患者に対する医療に関する法律」（以下，感染症法）の三類感染症や四類感染症に該当する病原体も存在するため，これらの感染症による食中毒が発生した場合は，食品衛生法および感染症法の両法律の下に流行の防止や原因究明および再発防止対策が行われる。

8.3　主な細菌性食中毒 （表8.2）

1 カンピロバクター

　カンピロバクター（*Campylobacter jejuni/coli*）はグラム陰性，微好気性（酸素濃度5～15％で増殖），S字状に湾曲した螺旋菌で，30～46℃（増殖至適温度42～43℃）で増殖する感染型食中毒菌である。微好気性なので大気中（大気酸素濃度は約21％）では増殖しない。食中毒発生件数では例年上位であり，食品衛生上，重要な細菌である。日本では鶏の糞便・胆汁，牛の糞便・胆汁から*C. jejuni*が，豚の糞便から*C. coli*が高率に分離される。また，本菌は牛レバーの約1割，鶏胆汁の約2割，市販鶏肉や鶏レバーの約2割から分離されるため，牛レバーや鶏肉の生食によって食中毒になることが多い。数百個の少量の経口摂取で発症する。なお，平成24年（2012年）から牛レバーを生食用として販売・提供することは禁止されている。

　潜伏期間は2～5日で比較的長く，主な症状は下痢（水様便から血便までさまざま），腹痛，発熱，悪心，嘔吐などである。カンピロバクターによる食中毒が治癒した数週間後，ギランバレー症候群という自己免疫性末梢神経疾患（手指や四肢のしびれ，震えなど）を発症することがある。検査診断は糞便からのカンピロバクターの分離・同定が基本であるが，本菌は42℃，48時間，微好気培養が必要で，菌の分離に長時間を要するので，糞便から直接，カ

表8.2 主な細菌性食中毒の特徴

病原体・学名・型など	病原体の特徴	主な原因食品など	潜伏期間・症状など	治療法
カンピロバクター *Campylobacter jejuni/coli* 感染型	グラム陰性，微好気性螺旋菌，増殖至適温度は42～43°C	生鶏肉，牛鶏レバーなど	潜伏期間は2～5日，下痢（水様便から血便までさまざま），腹痛，発熱，悪心，嘔吐 ギランバレー症候群を発症することがある	対症療法と抗菌剤（マクロライド系）が有効
サルモネラ属菌 *Salmonella* 感染型	グラム陰性，通性嫌気性桿菌，増殖至適温度は35～43°C	卵，卵製品，鶏肉，豚肉など	潜伏期間は8～48時間，発熱（38°C以上），下痢（水様便から血便までさまざま），腹痛，悪心，嘔吐	対症療法と抗菌剤（ニューキノロン系・第三世代セフェム系）が有効
腸炎ビブリオ *Vibrio parahaemolyticus* 感染型	グラム陰性，通性嫌気性桿菌，増殖至適温度は35～37°C，好塩性	夏季の海産魚介類	潜伏期間は約12時間，激しい上腹部痛と水様便，発熱，悪心，嘔吐	対症療法と抗菌剤（ニューキノロン系・ホスホマイシン）が有効
黄色ブドウ球菌 *Staphylococcus aureus* 食品内毒素型	グラム陽性，通性嫌気性ブドウ状球菌，増殖至適温度は35～37°C，耐塩性，食品内エンテロトキシン産生	塩おにぎり，手づくり団子・饅頭，未殺菌牛乳	潜伏期間は約3時間，嘔吐，下痢，腹痛	対症療法実施，抗菌剤は通常は使用せず
ウエルシュ菌 *Clostridium perfringens* 感染型の生体内毒素型	グラム陽性，偏性嫌気性桿菌，胞子形成，増殖至適温度は43～46°C，生体内エンテロトキシン産生	室温放置したカレー・シチュー・肉じゃがなどの鍋物を喫食前に再加熱しなかった場合	潜伏期間は8～12時間，下痢と下腹部痛で比較的軽症	対症療法実施，抗菌剤は通常は使用せず
ボツリヌス菌* *Clostridium botulinum* 食品内毒素型と感染型の生体内毒素型	グラム陽性，偏性嫌気性大桿菌，胞子形成，増殖至適温度は30～42°C	真空パックまたは脱酸素剤封入された食品，いずしなどの魚類発酵食品	食品内毒素型（食餌性ボツリヌス症）：潜伏期間は12～36時間，嘔吐，嘔気，腹痛，下痢，瞼の下垂，複視，麻痺	ボツリヌス抗毒素血清投与，人工呼吸器の装着，胃洗浄・浣腸，抗菌剤（ペニシリン系）投与
		蜂蜜，コーンシロップなど	感染型の生体内毒素型（乳児ボツリヌス症：1歳未満の乳児で発生）：潜伏期間は3～30日間，消化器症状に続き，全身脱力，泣き声が弱い，首の据わりが悪い	
セレウス菌 *Bacillus cereus sensu stricto* 食品内毒素型と感染型の生体内毒素型	グラム陽性，通性嫌気性大桿菌，胞子形成，増殖至適温度は28～35°C	炊飯器に長期保存された米飯などの米飯類	食品内毒素型（嘔吐型）：潜伏期間は1～6時間，嘔吐	対症療法実施，抗菌剤は通常は使用せず
		スープ類など多種の食品	感染型の生体内毒素型（下痢型）：潜伏期間は8～16時間，下痢	
リステリア *Listeria monocytogenes* 感染型	グラム陽性，通性嫌気性桿菌，0～45°Cで増殖，増殖至適温度は30～37°C，耐塩性	乳製品，食肉加工品，調理済みで低温保存する食品，非加熱調理済食品，野菜，果物など	潜伏期間は1日～数週間，倦怠感，発熱を伴うインフルエンザ様症状，髄膜炎・敗血症となる場合がある。妊婦・乳幼児・高齢者は感染しやすい	重症では抗菌剤（ペニシリン系とアミノグリコシド系）投与
エルシニア *Yersinia enterocolitica* 感染型	グラム陰性，通性嫌気性桿菌，1～44°Cで増殖，増殖至適温度は25～30°C	食肉，食肉加工品など	潜伏期間は2～5日，下痢，腹痛（虫垂炎症状），発熱	軽症では対症療法実施，重症では抗菌剤（ニューキノロン系）投与
エロモナス *Aeromonas hydrophila, A. sobria* 感染型	グラム陰性，通性嫌気性桿菌，増殖至適温度は30～35°C	水，河川や湖沼の魚介類など	潜伏期間は平均12時間，多くは軽症の水様性下痢や腹痛，1～3日で回復。ときに潰瘍性大腸炎類似症状や激しいコレラ様の水様性下痢を起こすことがある	軽症では対症療法実施，赤痢様あるいはコレラ様の症状では抗菌剤（ニューキノロン系）投与
ナグビブリオ Nonagglutinable Vibrios 感染型	グラム陰性，通性嫌気性桿菌，10～43°Cで増殖，増殖至適温度は37°C，血清群O1とO139を除く *Vibrio cholerae* の総称	水，汽水域・河川・湖沼の魚介類など	潜伏期間は数時間～72時間，腹部不快感ではじまり，腹痛，悪心，嘔吐，下痢（コレラ類似の水様性から軟便程度），血便や発熱（38°C台）もあるときがある	軽症では対症療法実施，重症では抗菌剤（ニューキノロン系）投与

* 「感染症の予防及び感染症の患者に対する医療に関する法律」の四類感染症の病原体に該当

ンピロバクター遺伝子や菌体抗原を検出する方法が開発・使用されている。治療は主に対症療法と抗菌剤（マクロライド系）の投与が行われることが多い。

2 サルモネラ属菌

　サルモネラ属菌（*Salmonella*）はグラム陰性，通性嫌気性の桿菌で，5〜46℃（増殖至適温度35〜43℃）で増殖する腸内細菌科に属する感染型食中毒菌である。サルモネラは3菌種6亜種が存在するが，ヒトや家畜の病原体として主に問題となるのは*S. enterica* subsp. *enterica*である。サルモネラは60種類以上の菌体表面抗原（O抗原）と80種類にも及ぶ鞭毛抗原（H抗原）の組み合わせによって2,500種類以上の血清型に分けられる。サルモネラ食中毒の原因食品は，卵や食肉，特に鶏肉やウナギなどである。患者便から*S*. Enteritidisが分離された場合は卵を原因食品として疑う。*S*. Enteritidisを保菌している採卵鶏が産んだ0.023%（2.3個/1万個）の卵の中（in egg）に20cfu未満の菌量を保有している卵が存在することが原因である。それ以外の血清型（*S*. Infantisや*S*. Typhimuriumなど）が分離された場合は食肉などを原因食品として疑う。日本の市販鶏肉の3割はサルモネラに汚染されている。生きたウナギなどの淡水魚介類からも高率にサルモネラが分離される。サルモネラはバイオフィルム産生能の違いのある株が存在し，バイオフィルム産生能が高い株は栄養豊富な液体（液卵や肉汁）中で増殖後，ステンレスのネジや板に付着した場合，乾燥状態でも長期間生存する。よって，食品製造所で分解できる製造設備は分解して各々のパーツを洗浄・消毒することが必要である。

　潜伏期間は平均8〜48時間であるが，感染性の強い*S*. Enteritidisを少量摂取した場合は3〜4日と長くなることがある。主な症状は発熱（38℃以上），下痢（水様便から血便までさまざま），腹痛，悪心，嘔吐である。高齢者や小児では重症化して意識障害，敗血症，脱水症状を起こし，死亡することもある。検査診断は糞便からのサルモネラの分離・同定が基本である。なお，日本は分離の際，主に硫化水素産

生能を指標としているが，欧米ではリシン脱炭酸酵素産生を指標としていることが多い。硫化水素非産生株も日本で散見されているので，分離に際しては注意が必要である。治療は対症療法と抗菌剤の投与が主体であるが，抗菌剤では一般的にニューキノロン系抗生物質を使用する場合が多い。近年，ニューキノロン系抗生物質に耐性をもつサルモネラが報告されつつあるので，第三世代セフェム系抗生物質も使われることがある。

3 腸炎ビブリオ

　腸炎ビブリオ（*Vibrio parahaemolyticus*）はグラム陰性，通性嫌気性の桿菌で，10〜42℃（増殖至適温度35〜37℃）で増殖するビブリオ科に属する感染型食中毒菌である。腸炎ビブリオは菌体表面抗原（O抗原）と莢膜抗原（K抗原）によって血清型に分けられる。1996年以降O3：K6のクローン株による食中毒が全世界的に流行し，今なお O3：K6 の派生型が全世界の患者から分離される。患者から分離される腸炎ビブリオは耐熱性溶血毒（TDH；thermostable direct hemolysin）や耐熱性溶血毒類似毒素（TRH；TDH-related hemolysin）を産生する。本菌は海水に生育しているため1〜8%の食塩下で増殖可能な好塩性細菌である。夏季の海水や魚介類から分離される腸炎ビブリオの約0.1%がTDH産生菌である。増殖至適条件下では増殖速度はきわめて速く，約10分間で1回分裂する。水温の低い冬季は海沿岸部の底泥中で越冬する。海水温が15℃以上になると海水中に出現し，貝，イカ，タコ，アジなどに付着する。夏季に多い食中毒で，本菌が付着した刺身・すしなどを高温の部屋に長時間保持した後に，その食品を喫食することで発症する。感染には1万〜100万cfuの菌の摂取が必要とされる。本菌は真水で洗う，冷蔵保存する，加熱する，酸性に弱いため酢を用いた調理をする，アルコール消毒などで容易に死滅する。2001年，生食用鮮魚介類などの腸炎ビブリオの規格基準が設けられたことにより本食中毒は激減し，2020年は1件，2019年，2021年，2022年は0件である。

潜伏期間は平均12時間前後であるが，多量の菌を摂取した場合，潜伏期間は短縮し，症状も重篤になる。主な症状は激しい腹痛，特に上腹部の腹痛と水様性下痢，発熱，悪心，嘔吐である。診断方法は糞便からの腸炎ビブリオの分離で，分離菌はTDH産生菌である。本食中毒は下痢により脱水症状を呈することが多いので輸液を行う。治療としては対症療法が優先されるが，特に抗菌薬治療を行わなくても数日で治癒する。強力な止瀉薬は菌の体外排除を遅らせるので使用しない。抗菌薬を使用する場合はニューキノロン系抗生物質あるいはホスホマイシンを投与する。

4 黄色ブドウ球菌

黄色ブドウ球菌（*Staphylococcus aureus*）はグラム陽性，通性嫌気性のブドウ状球菌で，7～46℃（増殖至適温度35～37℃）で増殖する食品内毒素型食中毒菌である。食中毒は，食品内で本菌が増殖して毒素（エンテロトキシン）を産生し，食品とともにエンテロトキシンを摂取することで発症する。エンテロトキシンは耐熱性（100℃，30分以上加熱しても失活しない）であることから，加熱調理によって本菌は死滅してもエンテロトキシンがあれば，この食品を食べると発症してしまう。本菌はヒト・動物の皮膚・鼻・喉（のど）に生息しており，特に皮膚のやけどや化膿部位から高率に分離される。また，本菌は耐塩性であり，10％の塩分中でも増殖することができるため，日本では"塩おにぎり"で発症することもある。また，手作業が多い食品（団子（だんご），饅頭（まんじゅう）など）も原因食品となることが多い。なお，調理従事者がマスクをするのは，鼻や喉に分布する黄色ブドウ球菌が咳やくしゃみによって食品を汚染しないためでもある。コールドチェーンが整っていない国では，牛乳を原因食品とする食中毒が頻発している。

潜伏時間は短く，喫食後3時間前後で発症する。主な症状は嘔吐で，下痢・腹痛もある。発熱は少ない。嘔吐症状の持続は数時間で治まることが多い。検査診断法は原因食品中のエンテロトキシンや本菌の分離が主となる。原因はエンテロトキシンの摂取によって発症するので抗菌剤の投与は不要である。対症療法としては，特に嘔吐，下痢により体内の水分が消失するので輸液により水分・糖・電解質を補充することが主に行われる。

5 ウエルシュ菌

ウエルシュ菌（*Clostridium perfringens*）はグラム陽性，偏性嫌気性の桿菌で，15～50℃（増殖至適温度43～46℃）で増殖する胞子を形成する感染型の生体内毒素型食中毒菌である。ウエルシュ菌胞子は土壌などの環境や動物の糞便中に存在している。ウエルシュ菌が増殖し多量に混入した食品（ウエルシュ菌量10万cfu/g以上）を喫食すると，多量の生菌が腸内に到達する。ヒトの体温は本菌の発育至適温度よりも低いので胞子を形成する。胞子形成時にエンテロトキシンを産生し，そのエンテロトキシンによって下痢症状を発症する。よって，本菌は感染型の生体内毒素型に分類される。夜，大鍋で加熱調理し（この加熱工程で多くの栄養型細菌は死滅しウエルシュ菌胞子のみ生存，しかも食品は嫌気性になっている），そのまま大鍋を室温で放置すると，緩やかに食品温度が低下し，本菌の増殖至適温度となる。増殖至適温度になると食品中の胞子は栄養型になって増殖を開始し，翌朝には多量のウエルシュ菌が繁殖した食品となる。ここで再加熱すれば栄養型の菌は死滅するが，再加熱しないで喫食した場合に発症する。大鍋で調理した食品を多くの人が喫食するので，1件あたりの平均患者数は多い。

潜伏期間は8～12時間で，主な症状は下痢と下腹部の腹痛（まれ）である。嘔吐や発熱は稀で，比較的軽症で，経過も早く，ほぼ1日で回復する。診断方法は糞便や吐物のウエルシュ菌エンテロトキシンの検出やウエルシュ菌の分離が主となる。本食中毒は症状が軽いので対症療法により治療が行われる。

6 ボツリヌス菌（図8.1）

ボツリヌス菌（*Clostridium botulinum*）はグラム陽性，偏性嫌気性の大桿菌で，4～48℃（増殖至適温度30～42℃）で増殖する胞子を形成する毒素型

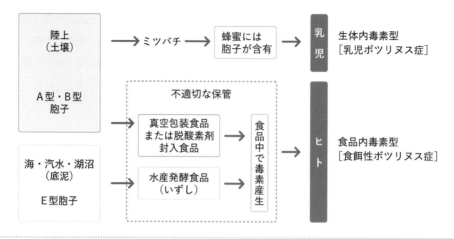

図8.1 **ボツリヌス菌食中毒の感染様式**

食中毒菌である。増殖するときに猛毒のボツリヌス毒素（毒素の抗原性の違いによりA～G型に分類）を産生する。毒素は神経筋接合部等でアセチルコリンの放出を妨げ，筋弛緩・鎮痛作用などを引き起こす神経毒である。胞子は土壌（主にA，B型），湖沼，汽水域や海の底泥（主にE型）など，環境の広範囲に分布している。

食品内毒素型は食餌性ボツリヌス症であり，本菌が増殖し，ボツリヌス毒素が産生された食品を喫食することで発生する。日本では，いずし，馴れずしなど，魚を塩と米飯で発酵させた保存食品の喫食で発生することがある。この場合，魚は主にE型毒素産生菌に汚染されている。昭和59年（1984年），真空パックおよび脱酸素剤封入で販売された辛子蓮根で11人が死亡した。これは，レンコンに付着したA型毒素産生菌が真空パック内で増殖し，それを喫食することが原因であった。平成24年（2012年）にはビニール包装の"あずきばっとう"による食中毒が発生した。食餌性ボツリヌス症の場合は，原因食品を摂取後，12～36時間（長期としては8日間）の潜伏期間の後に，嘔吐，嘔気，腹痛，下痢などの胃腸症状とともに，意識はしっかりしたまま瞼が下垂し，物が二重に見えたり（複視），言葉がうまく言えなくなり，次いで両側性の四肢の麻痺が起こる。重篤になると呼吸筋が麻痺して窒息死する。

感染型の生体内毒素型は1歳未満の乳児で発生する乳児ボツリヌス症である。乳児の腸内細菌叢は成人と異なり，摂取された胞子は乳児の腸内で発芽して栄養型細菌となり，増殖をはじめる。増殖過程でボツリヌス毒素が産生されるため発症する。原因食品は多種報告されているが，"蜂蜜"は本症との疫学的関係が明確となっているので，1歳未満の乳児には蜂蜜を与えてはならない（昭和62年：1987年厚生省通知）。平成29年（2017年），はちみつの摂取が原因と推定される乳児ボツリヌス症による死亡事例が発生した。なお，乳児以外では胞子を摂取することがあっても，そのまま消化管内を通過するため問題にはならない。乳児ボツリヌス症の場合，潜伏期間は3～30日で，3日間以上の便秘などの消化器症状に続き，全身脱力となり，瞼が下がり，口は唾液であふれ，泣き声が弱く，元気消失となり首の据わりが悪くなる。

胞子は耐熱性であるが，毒素は100℃，1～2分間の加熱で失活するので，食べる前に食品を加熱すれば防止効果がある。検査診断は食餌性ボツリヌス症の場合は食品中の本菌または毒素の検査，乳児ボツリヌス症の場合は浣腸試料中の本菌または毒素の検査を実施する。治療は，発症後24時間以内のボツリヌス抗毒素血清の投与が有効である。対症療法としては人工呼吸器の装着など，呼吸を確保すること

が最優先で，次いで，消化管内容物の除去（胃洗浄，浣腸など），本菌の増殖を抑えるためペニシリン系抗生物質の投与を行う。

7 セレウス菌

　セレウス菌（*Bacillus cereus sensu stricto*）はグラム陽性，通性嫌気性の大桿菌で，4〜50℃（増殖至適温度28〜35℃）で増殖する胞子を形成する食中毒菌である。本菌は土壌や環境水など自然界に多く存在する。食品内毒素型は嘔吐，感染型の生体内毒素型は下痢症状を示す。

　食品内毒素型である嘔吐型は本菌が食品内で増殖してセレウリドと呼ばれる嘔吐毒を産生する。ヒトは食品とともにセレウリドを摂取することで発症する。セレウリドは耐熱性（120℃，15分間加熱しても失活しない）で酸・アルカリでも安定している。症状は嘔吐で，潜伏時間は1〜6時間，症状は約10時間続く。炊飯器に長期保存した米飯で発症することが多くみられる。炊飯温度であっても本菌の胞子は死滅することがなく生存し，さらに通常の炊飯器の保温温度約70℃では増殖できないが，炊飯器の蓋の頻繁な開放や電源を抜いて温度が低下した場合に本菌が増殖してセレウリドが米飯内に産生され，それを喫食することで発症する。

　感染型の生体内毒素型である下痢型は本菌が小腸に達すると，小腸内でエンテロトキシン（下痢毒）を産生し下痢症状が起こる。潜伏時間は8〜16時間で約24時間続く。このエンテロトキシンは加熱（60℃以上）や胃酸で不活化される。

　下痢型・嘔吐型ともに対症療法で，下痢・嘔吐によって体内の水分が消失するため，輸液により水分・糖・電解質を補充することが主に行われる。

8 リステリア

　リステリア（*Listeria monocytogenes*）はグラム陽性，通性嫌気性の桿菌で，0〜45℃（増殖至適温度30〜37℃）で増殖するヒトと動物にも感染が認められる人獣共通感染症起因菌である。本菌は耐塩性であり，自然界に広く分布している。また，冷蔵庫内の食品中でも増殖する。ヒトでは髄膜炎が最も多く，次いで敗血症，胎児敗血症性肉芽腫症，髄膜脳炎，動物では脳炎のほか，敗血症，流産などがある。欧米諸国では乳製品，食肉加工品，調理済みで低温保存した食品，非加熱調理済食品（ready-to-eat食品），野菜，果物などの食品が感染源となり食品衛生学的に問題となっている。

　潜伏期間は1日〜数週間で，倦怠感，発熱を伴うインフルエンザ様症状，髄膜炎，敗血症となることがある。胎児敗血症では，妊婦から子宮内の胎児に垂直感染が起こり，流産や早産の原因となる。妊婦，乳幼児，高齢者は感染しやすい。健康な成人は一般に発症しない。治療には抗菌剤（ペニシリン系とアミノグリコシド系）を投与する。

9 エルシニア

　エルシニア（*Yersinia enterocolitica*）はグラム陰性，通性嫌気性の桿菌で，1〜44℃（増殖至適温度25〜30℃）で増殖する腸内細菌科に属する感染型食中毒菌である。冷蔵庫内の食品中でも増殖する。本菌は健康な豚の腸管内容から高率に，犬や猫の糞便から稀に検出される。食肉処理工程や食肉販売店で本菌が食肉に汚染したり，汚染食品を冷蔵庫で長期保存，汚染した冷蔵庫で保管した食品を喫食するなど，何らかの原因で本菌を経口摂取することで発生する。ペットからの糞口感染や殺菌をしていない環境水を飲むことも原因となる。

　潜伏期間は2〜5日で比較的長期である。主な症状は下痢，腹痛，発熱で，腹痛が激しい場合は虫垂炎症状を呈する。感染初期や軽症の場合は，対症療法としては，整腸剤の投与や，輸液により水分・糖・電解質を補充することが主に行われる。重症になった場合はニューキノロン系抗生物質の投与を実施する。

10 エロモナス

　エロモナス（*Aeromonas hydrophila*, *A. sobria*）はグラム陰性の通性嫌気性の桿菌で，4〜42℃（増殖至適温度30〜35℃）で増殖する感染型食中毒菌である。本菌は淡水域の常在菌で，河川，湖沼，そ

の周辺の土壌および魚介類などに広く分布している。熱帯および亜熱帯地域の開発途上国への渡航者下痢症から本菌が分離される。不衛生な水や魚介類の生食によって発症する。

　潜伏期間は平均12時間，多くは軽症の水様性下痢や腹痛で，1〜3日で回復する。ときに潰瘍性大腸炎類似症状や激しいコレラ様の水様性下痢を起こすことがある。軽症では対症療法のみで治癒する。赤痢様あるいはコレラ様の症状ではニューキノロン系抗菌剤が投与されることが多い。

11 ナグビブリオ

　ナグビブリオ（Nonagglutinable Vibrios）はグラム陰性，通性嫌気性の桿菌で，10〜43℃（増殖至適温度37℃）で増殖するやや湾曲した中等大桿菌の感染型食中毒菌である。血清群O1およびO139を除く*Vibrio cholerae*の総称で，ナグビブリオが産生する毒素にはコレラ毒素，耐熱性エンテロトキシン，腸炎ビブリオの耐熱性溶血毒様毒素，赤痢菌の志賀様毒素などがある。ナグビブリオは食塩がない条件下でも増殖可能であり，海水だけではなく日常生活排水が流入する下水や河川水，汚泥からも検出され，ナグビブリオに汚染された水や食物を摂取して発生する。

　潜伏期間は数時間〜72時間で，腹部不快感ではじまり，次いで腹痛，悪心，嘔吐，下痢などの症状が現れる。下痢はコレラ類似の水様性から軟便程度までさまざまで，血便や38℃台の発熱がある。軽症では対症療法を実施し，重症ではニューキノロン系抗菌剤を投与する。

8.4　感染症法，三類感染症に該当する食中毒菌（表8.3）

1 腸管出血性大腸菌（図8.2）

　腸管出血性大腸菌（Enterohemorrhagic *Escherichia coli*；EHEC, Shiga toxin producing *E. coli*；

表8.3　感染症法*，三類感染症に該当する細菌性食中毒の特徴

病原体・学名・型など	病原体の特徴	主な原因食品	潜伏期間・症状など	治療法など
腸管出血性大腸菌 Enterohemorrhagic *Escherichia coli* 感染型	グラム陰性，通性嫌気性桿菌，増殖至適温度35〜40℃，赤痢毒素（志賀毒素＝ベロ毒素）を産生	牛の糞便に汚染された肉，飲用水，食品などを喫食 EHEC患者の糞便に汚染された環境からの経口摂取	潜伏期間は3〜5日，下痢（水様性から血便），腹痛，発熱 患者の数%が溶血性尿毒症症候群（HUS）や脳症となる	水分の補給，HUSを常に考慮に入れる。止痢剤は使用しない。抗菌剤の使用は主治医が判断（小児：ホスホマイシン，ノルフロキサシン，カナマイシン，成人：ホスホマイシンやニューキノロン系抗菌剤の投与を推奨）
コレラ菌 *Vibrio cholerae* O1, O139 感染型	グラム陰性，空豆状，通性嫌気性桿菌，増殖至適温度30〜35℃，コレラ毒素を産生する血清群O1またはO139	患者，保菌者の下痢便などで汚染された水や食品	潜伏期間は1日以内，下痢を主症状とする 腹部の不快感と不安感の後，突然の下痢（米のとぎ汁様）と嘔吐，下痢便の量は1日10〜数十lで脱水状態となる	水分と電解質の補給，抗菌剤（ニューキノロン系，テトラサイクリンやドキシサイクリン）の投与
赤痢菌 *Shigella dysenteriae*, *S. flexneri*, *S. boydii*, *S. sonnei* 感染型	グラム陰性，通性嫌気性桿菌，増殖至適温度32〜37℃，大腸粘膜への侵入と増殖による激しい大腸炎ならびに赤痢毒素による細胞障害		潜伏期間は2〜3日，腹痛，下痢（粘血便），発熱 日本の発生事例の多くは輸入事例だが，国内事例（多くは*S. sonnei*）も散見	抗菌剤（成人：ニューキノロン系，小児：ホスホマイシン）投与
チフス菌，パラチフスA菌 *Salmonella* Typhi, *S.* Paratyphi A 感染型	グラム陰性，通性嫌気性桿菌，増殖至適温度35〜43℃，約100cfuの菌の摂取で発症		潜伏期間は1〜3週間，最初は高熱を発し，特徴的な除脈，バラ疹，脾腫となる（敗血症）。次いで下痢または便秘となり高熱が継続し，意識障害や心不全となる	抗菌剤（キノロン系またはニューキノロン系）の投与 耐性菌の出現が問題

*「感染症の予防及び感染症の患者に対する医療に関する法律」

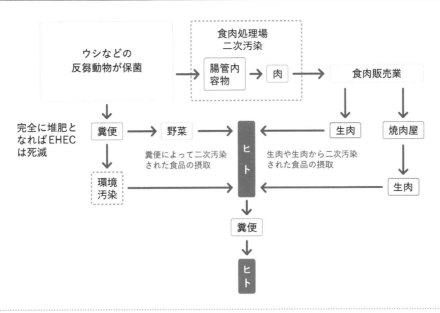

図8.2 腸管出血性大腸菌感染症の感染様式

STEC, Vero toxin producing *E. coli*；VTEC) は
グラム陰性，通性嫌気性の桿菌で，8〜45℃（増殖
至適温度35〜40℃）で増殖する腸内細菌科に属す
る感染型食中毒菌である。EHECは赤痢毒素または
類似の毒素（志賀毒素やベロ毒素ともいう）を産生
する大腸菌で，赤痢毒素にはI型とII型がある。一
般的にII型のほうが重篤となる。EHECは主に小児
や高齢者の大腸粘膜上皮細胞に付着し，赤痢毒素を
産生する。赤痢毒素が産生されると腸粘膜下組織や
毛細血管の破壊が起こるため，出血性大腸炎を引き
起こす。さまざまな血清型の大腸菌が赤痢毒素を産
生するが，高率に分離される血清型はO157，O26，
O111である。EHECは反芻動物の消化管内に生息
している。日本の肉用牛の約2割がEHECを保菌
している。EHEC，特にO157は酸性に耐性である。
日本の肉用牛は，濃厚飼料（生草，サイレージ，乾
草，わら類などではなく，穀類・油かす類・糖類な
ど，繊維が少なく可消化栄養分の多い飼料）を多給
するため，第一胃内が酸性に傾く傾向があるので，
EHECが選択的に生存する。ヒトの感染はEHEC
が付着した食品を喫食することで起こり，十分に加
熱しないで喫食したり，牛肉の生食または調理施設
や器具を介して二次汚染した食品を食べることで発

症する。また，少量の菌数で発症（2 cfuの摂取で
発症例あり）するため，お風呂や未消毒プールの使
用，手指を介してのヒトからヒトへの感染も容易に
発生する。

　潜伏期間は3〜5日で比較的長く，主な症状はさ
まざまで，軽症では水様便，重症では血便となる。
症状を示さない保菌状態の人もいる。下痢とともに
腹痛，発熱が現れる。15〜64歳の患者の約1％，0〜
9歳の患者の約7％は発症してから数日〜2週間程度
で溶血性尿毒症症候群（hemolytic uremic syn-
drome；HUS）や脳症となり重症化する。HUS患者
の1〜5％が死亡する。検査診断には，糞便からの
EHECの分離・同定が基本であるが，患者血清中の
O157の菌体抗体（LPS抗体）診断キットも市販され
ている。下痢症状を呈している場合は安静，水分の
補給，消化しやすい食事の摂取を，激しい腹痛，血
便が認められ経口摂取ができない場合は輸液を行う
が，尿量などに注意し，腎機能障害，特にHUSを
常に考慮に入れて行わなければならない。腸管運動
抑制性の止痢剤は腸管内容物の停滞を招き，毒素が
吸収されやすくなる可能性があるので使用しない。
抗菌剤の使用は主治医が判断して決めることである
が，小児ではホスホマイシン，ノルフロキサシン，

カナマイシン，成人ではホスホマイシンやニューキノロン系の抗菌剤の投与が推奨されている。

② コレラ菌

コレラ菌（*Vibrio cholerae* O1, O139）はグラム陰性，空豆状，通性嫌気性の桿菌で，15～42℃（増殖至適温度30～35℃）で増殖する。コレラ毒素を産生する血清群O1またはO139をコレラ菌という。感染型の生体内毒素型食中毒菌である。O1は生物学的に古典型（アジア型）とエルトール型という2つの生物型（biovar）に，また，小川型，稲葉型，彦島型という血清型に分類される。血清群O139はベンガル型という。海水温が17℃以上になると海底の泥の中に生息しているコレラ菌が海水中からも分離できるようになる。コレラ菌は食塩がなくても生存・増殖するので，流行地域では飲料水が発生源となる場合がある。患者・保菌者の下痢便などで汚染された水や食品の喫食で流行する。

潜伏期間は1日以内で下痢を主症状とする。腹部の不快感と不安感の後，突然の下痢（米のとぎ汁様）と嘔吐となり，下痢便の量は1日10～数十*l*で脱水症状となる。治療は水分と電解質の補給を行い，ニューキノロン系薬剤，テトラサイクリンやドキシサイクリンなどの抗菌剤を投与する。

③ 赤痢菌

赤痢菌（*Shigella dysenteriae*, *S. flexneri*, *S. boydii*, *S. sonnei*）はグラム陰性，通性嫌気性の桿菌，腸内細菌科に属する赤痢菌属の細菌で，ヒトとサルのみに感染する。*S. dysenteriae*, *S. flexneri*, *S. boydii*, *S. sonnei*の4菌種が病原体である。7～45℃（増殖至適温度32～37℃）で増殖する。本菌は大腸粘膜への侵入・増殖による粘膜細胞の壊死，潰瘍形成による激しい大腸炎ならびに赤痢毒素による細胞の障害を起こす。病変は大腸および直腸に限定される。

潜伏期間は2～3日で，主な症状は腹痛，下痢（粘血便），発熱である。日本の発生事例の多くは輸入事例であるが，国内事例も散見され，その病原体の多くは*S. sonnei*である。治療には抗菌剤（成人にはニューキノロン系，小児にはホスホマイシン）の投与が行われる。

④ チフス菌，パラチフスA菌

チフス菌，パラチフスA菌（*Salmonella enterica* subsp *enterica*血清型Typhi，*S.*血清型Paratyphi A）はグラム陰性，通性嫌気性の桿菌で，5～46℃（増殖至適温度35～43℃）で増殖する。ヒトは約100 cfuの摂取で発症する。

潜伏期間は1～3週間で，最初は高熱を発し，特徴的な除脈，バラ疹，脾腫となる（敗血症）。次いで下痢または便秘となって高熱が継続し，意識障害や心不全などとなり，腸出血や腸穿孔となる場合もある。治療にはキノロン系またはニューキノロン系の抗菌剤の投与が推奨されているが，近年，これらの薬剤に対する耐性菌が出現しているので，感受性試験を実施後，効果のある抗菌剤を投与する。

8.5　その他の大腸菌による細菌性食中毒（表8.4）

前述した腸管出血性大腸菌（EHEC）と次に記述する腸管毒素原性大腸菌（Enterotoxigenic *E. coli*；ETEC），腸管侵入性大腸菌（Enteroinvasive *E. coli*；EIEC），腸管病原性大腸菌（Enteropathogenic *E. coli*；EPEC），腸管凝集付着性大腸菌（Enteroaggregative *E. coli*；EAggEC）は下痢原性大腸菌といわれる。近年，今までの下痢原性大腸菌の定義にあてはまらない「その他の下痢原性大腸菌」による食中毒が発生している。

① 腸管毒素原性大腸菌

腸管毒素原性大腸菌（ETEC）は易熱性エンテロトキシン（LT：60℃，10分間の加熱で失活）または耐熱性エンテロトキシン（ST：100℃，30分間の加熱でも失活しない）のいずれか，または両方の毒素を産生する大腸菌である。LT産生は*elt*遺伝子，

表8.4　その他の大腸菌による細菌性食中毒の特徴

大腸菌の名称など	病原体の特徴など	主な原因食品	潜伏期間・症状	症療法など
腸管毒素原性大腸菌 Enterotoxigenic *Escherichia coli* （ETEC）	易熱性毒素（LT），耐熱性毒素（ST）の片方または両方を産生 LT産生は*elt*遺伝子，ST産生は*estA1*，*estA2*遺伝子を保有	各々の病原体で汚染された飲用水や食品を喫食	潜伏期間は12〜72時間，激しい水様性下痢，腹痛は比較的軽く，発熱も稀 旅行者下痢症の原因菌 開発途上国の乳幼児下痢症の主な原因菌	対症療法 抗菌剤の投与 耐性菌の出現が問題
腸管侵入性大腸菌 Enteroinvasive *Escherichia coli* （EIEC）	赤痢菌と同様に大腸の上皮細胞の中に侵入，増殖しながら周囲の細胞にも広がり，大腸や直腸に潰瘍性の炎症を発生 *invE*遺伝子を保有		潜伏期間は12〜48時間，水様性下痢，患者の一部は血便，発熱，腹痛 旅行者下痢症の原因菌	
腸管病原性大腸菌 Enteropathogenic *Escherichia coli* （EPEC）	小腸粘膜に密着し，粘膜上皮細胞の微絨毛が破壊される特徴的な病変（A/E障害）をつくる インチミン（*eae*）遺伝子，*bfpA*遺伝子を保有		潜伏期間は12〜24時間，下痢，腹痛，嘔吐，軽度の発熱 熱帯・亜熱帯における乳幼児下痢症の主要原因菌	
腸管凝集付着性大腸菌 Enteroaggregative *Escherichia coli* （EAggEC）	小腸や大腸の粘膜に付着し，粘液の分泌を促して腸の表面に粘液を含むバイオフィルムを形成 培養細胞への凝集付着性またはそれに関連する遺伝子（*aggR*），*astA*遺伝子，CVD432遺伝子を保有		潜伏期間は7〜48時間，粘液を多く含む水様性下痢と腹痛が2週間以上継続 開発途上国の乳幼児下痢症患者から高率に分離	
その他の下痢原性大腸菌	EHECおよび上述の4つの下痢原性大腸菌に該当しないが食中毒の原因菌として報告 *astA*遺伝子，*afaD*遺伝子，*cdt*遺伝子，*cnf*遺伝子などを保有		潜伏期間は不明，大規模食中毒の病因物質の検索で発見。埼玉県八潮市（2021年）の事例では*astA*遺伝子保有O7：H4株であり，潜伏期間は2〜11.5時間（平均値29.2時間），兵庫県姫路市（2016年）の事例では*astA*遺伝子保有O166：H15株であり，潜伏期間は5.5〜79.5時間（平均31.3時間）	

ST産生は*estA1*，*estA2*遺伝子が関連する。「旅行者下痢症」の代表的な菌である。また，開発途上国では乳幼児下痢症の主な原因菌である。国内でも集団食中毒を起こすことがある。

　潜伏期間は12〜72時間で，激しい水様性下痢を主な症状とし，腹痛は比較的軽く，発熱も稀である。

2 腸管侵入性大腸菌

　腸管侵入性大腸菌（EIEC）は赤痢菌に類似した細胞侵入性を保有し，大腸の上皮細胞の中に侵入し，増殖しながら周囲の細胞にも広がり，大腸や直腸に潰瘍性の炎症を起こす大腸菌である。*invE*遺伝子を保有する。EIEC感染症は一般に開発途上国や東欧諸国に多く，先進国では比較的稀である。その媒介体は食品または水であるが，ときにはヒトからヒトへの感染もある。現在，日本におけるEIECの分離の多くは海外渡航者の旅行者下痢からである。

潜伏期間は12〜48時間で，主な症状は水様性下痢，患者の一部は血便，発熱，腹痛症状である。本菌も「旅行者下痢症」の原因菌である。

3 腸管病原性大腸菌

　腸管病原性大腸菌（EPEC）は小腸粘膜に密着し，粘膜上皮細胞の微絨毛が破壊される特徴的な病変（A/E障害：attaching and effacing）をつくる大腸菌である。インチミン（*eae*）遺伝子，*bfpA*遺伝子を保有する。潜伏期間は12〜24時間で，主な症状は下痢，腹痛，嘔吐，軽度の発熱である。熱帯・亜熱帯における乳幼児下痢症の主要原因菌で，成人には急性胃腸炎を，乳幼児には下痢症を起こす。ブラジル，メキシコなどの中南米を中心とした地域の乳幼児胃腸炎の患者からEPECの検出が多い。EPEC感染症は成人においても発生する。

4　腸管凝集付着性大腸菌

腸管凝集付着性大腸菌（EAggEC）は小腸や大腸の粘膜に付着し，粘液の分泌を促して腸の表面に粘液を含むバイオフィルムを形成する大腸菌である。培養細胞への凝集付着性またはそれに関連する遺伝子（*aggR*），*astA*遺伝子，CVD432遺伝子を保有。潜伏期間は7～48時間で粘液を多く含む水様性下痢と腹痛が2週間以上継続する。開発途上国の乳幼児下痢症患者から高率に分離される。

なお，平成23年（2011年）5～7月，ドイツを中心として約4,000人が感染し，900人以上がHUSになり，54人が死亡した食中毒事件は腸管凝集性大腸菌と腸管出血性大腸菌の両要素を兼ね備えた，新しく出現した病原体（新興感染症起因菌）で，"腸管凝集性志賀毒素産生性大腸菌（EAggEC STEC）O104：H4"であった。この事例の原因食品はSprouts（発芽した豆類）であり，潜伏期間は7～12日（平均9日）と長く，腹痛，出血性下痢，発熱および嘔吐を伴う症状であった。

5　その他の下痢原性大腸菌

EHECおよび前述の4つの大腸菌に該当しない大腸菌による食中毒が近年発生している。*astA*遺伝子，*afaD*遺伝子などを保有する大腸菌である。令和3年（2021年），埼玉県八潮市の事例では*astA*遺伝子保有大腸菌O7：H4株であり3,453人が発症している。潜伏期間は2～11.5時間（平均29.2時間）であった。平成28年（2016年），兵庫県姫路市の事例では*astA*遺伝子保有大腸菌O166：H15株であり，28人が発症している。潜伏期間は5.5～79.5時間（平均31.3時間）であった。

8.6　ウイルス性食中毒 (表8.5)

1　ノロウイルス，サポウイルス (図8.3)

ノロウイルス（*Norovirus*）は，カリシウイルス科（*Caliciviridae*），ノロウイルス属（*Norovirus*）で，主に冬に流行するが，一年中発生している食中毒および感染症の病因物質で，感染性胃腸炎の主要なウイルスである。1968年，アメリカ・オハイオ州ノーウォーク市で分離されたためノロウイルスと命名された。ノロウイルスは遺伝子群Ⅰ（GI）とⅡ（GII）に分類され，GI・GIIにはさらに多数の遺伝子型が存在している。ノロウイルスは感染力が強く，数十個程度の経口摂取で感染が成立する。感染源は感染

表8.5　**主なウイルス性食中毒の特徴**

病原体	学名・病原体の特徴など	潜伏期間・症状	特徴	ワクチンの有無など
ノロウイルス *Norovirus*	*Caliciviridae Norovirus* RNAウイルス（約7,500塩基） 遺伝子群ⅠとⅡに分類	潜伏期間は24～48時間 主な症状は嘔吐・下痢で，発熱，倦怠感，頭痛もみられることがある	冬に多発 主な症状が軽快後も患者から1週間～1か月ほどウイルスが排泄	ワクチン無
サポウイルス *Sapovirus*	*Caliciviridae Sapovirus* RNAウイルス（約7,500塩基）	重症化することはないが，吐物を気管に詰まらせることによる死亡例がある	感染力がきわめて強い 消毒用アルコールは無効	
A型肝炎ウイルス* **Hepatitis A virus**	*Picornaviridae Hepatovirus* RNAウイルス（約7,500塩基） 界面活性剤，エーテル，pH3程度の酸，温度，乾燥，消毒用アルコールに対して抵抗性が強い	潜伏期間は2～6週間 主な症状は黄疸，灰白色便，発熱，下痢，腹痛，吐き気・嘔吐，全身倦怠感	春～初夏に多発 開発途上国からの帰国，汚染輸入食材の喫食で発症 消毒用アルコールは無効	ワクチン有 血中IgM-HAV抗体検査 迅速診断キット有
E型肝炎ウイルス* **Hepatitis E virus**	*Hepeviridae Hepevirus* RNAウイルス（約7,000～7,300塩基） 遺伝子型Ⅰ～Ⅳに型別 日本は遺伝子型Ⅲ型とⅣ型が分布	潜伏期間は15～50日 主な症状はA型肝炎に類似 妊婦が罹患すると劇症肝炎など重症化する	開発途上国からの帰国，汚染輸入食材の喫食で発症 日本では生シカ肉，生イノシシ肉，豚生レバーの喫食で発症 消毒用アルコールは無効	ワクチン無 血中IgM-HEV抗体検査

＊「感染症の予防及び感染症の患者に対する医療に関する法律」

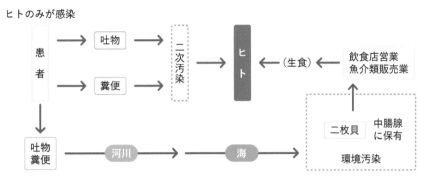

図8.3　ノロウイルス感染症の感染様式

者の吐物や糞便であり，それらの中には多量のウイルス（吐物：数千万個/g，下痢便：数十億個/g）が存在する。症状が軽快しても1週間から1か月間ほどノロウイルスは糞便中に排泄されつづけている。食中毒の原因は，二次汚染された食品の摂取や汚染環境で養殖された二枚貝の生食である。

　ノロウイルスは進化速度が非常に早いため多数の抗原型が存在する。ノロウイルスはヒトのみ感染し，動物実験や細胞を用いた培養ができないため，ワクチン製造や予防法開発の妨げとなっている。

　サポウイルス（*Sapovirus*）は，ノロウイルスと同様に，カリシウイルス科に属するウイルスで，形態も非常によく類似しているが，ウイルス学的にはサポウイルス属（*Sapovirus*）である。1977年，札幌で幼児に集団発生した胃腸炎から分離されたためサポウイルスと命名された。サポウイルスはノロウイルスより検出機会は少ないが，病原性や流行はノロウイルスと類似している。

　両ウイルスともに潜伏期間は24〜48時間で，主な症状は嘔吐・水様性下痢で，発熱，倦怠感，頭痛などが認められることもある。症状は一過性で発症後1〜3日で軽快する。高齢者福祉施設や病院などでは流行しやすく，高齢者が吐物を気管に詰まらせることによる窒息死や脱水症状で死亡することもある。抗ウイルス薬はなく，対症療法が実施される。ノロウイルスやサポウイルス感染症の予防には流水による手洗い，食品の加熱（85〜90℃，90秒間以上）

が推奨されている。高濃度塩素（200 ppm以上）は有効であるが，消毒用アルコールはほとんど効果がない。近年，ノロウイルスに効果があるアルコール製剤が市販されているが，ノロウイルスを減少させるもので，殺滅するものではない。

2　A型肝炎ウイルス（図8.4）

　A型肝炎ウイルス（Hepatitis A virus；HAV）は，ピコルナウイルス科（*Picornaviridae*），ヘパトウイルス属（*Hepatovirus*）のウイルスで，肝炎を発症する。HAVは界面活性剤，エーテル，pH3程度の酸，熱（60℃，1時間），乾燥，消毒用アルコールに対して強い抵抗性をもつ。

　潜伏期間は2〜6週間で，主な症状は黄疸で，灰白色便，発熱，下痢，腹痛，吐き気，嘔吐，全身の倦怠感がある。黄疸症状となっているときは患者の便から多くのHAVが排出されている。日本では春から初夏にかけて多発する傾向がある。開発途上国においてHAVに汚染された飲料水や食品を喫食して帰国後発症する場合や，HAVに汚染された輸入食材を喫食することで発症する場合がある。検査診断には血中のIgM-HAV抗体検査や迅速診断キットが市販されている。治療法は対症療法が主体となる。60歳以上の日本人は90％以上がHAV抗体陽性であるが，50歳以下は90％以上が抗体陰性である。効果的なワクチンが開発されているので，開発途上国に長期滞在する人は接種したほうがよい。

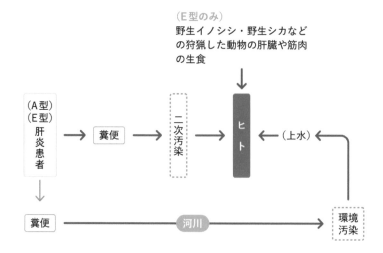

（E型のみ）
野生イノシシ・野生シカなど
の狩猟した動物の肝臓や筋肉
の生食

図8.4　**A型・E型肝炎ウイルス感染症の感染様式**

3 E型肝炎ウイルス（図8.4）

　E型肝炎ウイルス（Hepatitis E virus；HEV）は，ヘペウイルス科（*Hepeviridae*），ヘペウイルス属（*Hepevirus*）のウイルスで肝炎を発症する。4つの遺伝子型（I〜IV）が存在し，日本の動物にはⅢ型とⅣ型が分布している。消毒用アルコール抵抗性である。

　潜伏期間はHAV感染症より若干長く15〜50日で，主な症状はHAV感染症とほぼ同様であるが，特徴として妊婦がHEVに感染すると劇症肝炎などを引き起こし重症化する。妊婦の重症化のメカニズムは不明である。黄疸症状となっているときは患者の便から多くのHEVが排出されている。日本では，生シカ肉や生イノシシ肉，豚生レバーの生食で発症した事例がある。また，HAV感染症と同様に開発途上国においてHEVに汚染された飲料水や食品を喫食して帰国後発症する場合や，HAVに汚染された輸入食材を喫食することで発症する場合がある。検査診断は血中のIgM-HEV抗体検査である。治療法は対症療法が主体となる。効果的なワクチンは開発されていない。

8.7　微生物が関与する化学性食中毒

1 アレルギー様食中毒

　ヒスタミンを高濃度に保有した魚を喫食することでアレルギー様食中毒は発生する。本食中毒は食中毒事件票の病因物質の種別（表8.1）では化学物質として分類されるが，ヒスタミンの生成には微生物が関与している。昭和27年（1952年），サンマのみりん干しによる集団食中毒が発生し，その原因究明でサンマなどのヒスチジン含有量の多い赤身の魚や，その加工品がモルガン菌（*Morganella morganii*）などに汚染されてヒスチジンからヒスタミンが生成されたことが判明した（図8.5）。

　ヒスタミン食中毒は高濃度のヒスタミンを含む食品（おおむね100 mg/100 g以上）を摂取すると1時間以内に口のまわりや耳たぶが紅潮し，頭痛，蕁麻疹，発熱などの症状が現れる。通常，12時間以内に症状は治まり，重症化することはない。抗ヒスタミン剤の投与によって症状は急速に回復する。

　近年，比較的安価なカジキマグロなどの赤身の冷凍魚を材料とした学校給食で多発している。同じヒスタミン量の魚を食べても子どもは体重あたりのヒスタミン摂取量が多くなることが，子どもが発症しやすい原因となっている。ヒスチジンからヒスタミ

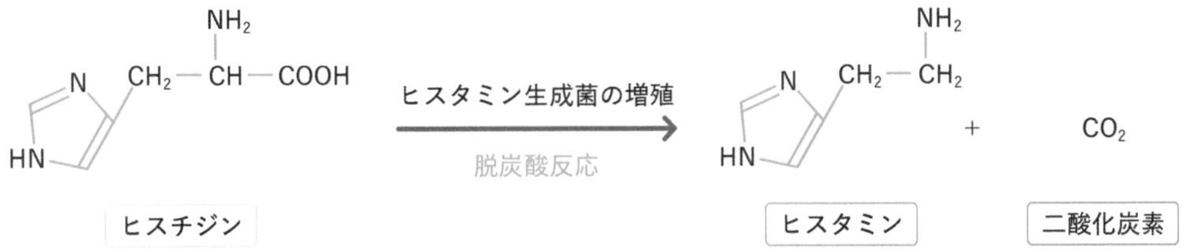

図8.5 ヒスチジンからヒスタミンへの生成機序

ンを生成する菌は腸内細菌の*Morganella morganii*, *Citrobacter freundii*, *Enterobacter aerogenes*, *E. cloacae*, *Raoultella planticola*のほかに，海洋に生育している好塩性ヒスタミン生成菌の*Photobacterium phosphoreum*, *P. damselae*などが知られている。漁獲後，船上，市場，加工場，調理場での解凍過程など加熱調理前にこれらのヒスタミン生成菌が増殖してしまったことに起因する。特に好塩性ヒスタミン生成菌は食品中で増殖しても食品の腐敗臭を感じることは少ない。一度，生成されたヒスタミンは通常の調理温度では分解されることはない。

8.8 細菌性食中毒の防止

1 家庭における衛生管理

　細菌性食中毒予防の三原則は，食中毒菌を「つけない，増やさない，やっつける（加熱する）」である。この三原則を確実に行うことができれば，細菌性食中毒を起こすことはない。まず，食中毒菌が食品につかないように肉や野菜をとり扱った調理器具や手指からの二次汚染をなくすことである。次いで，肉や魚などは購入後，速やかに冷蔵庫に入れること，また調理済み食品も速やかに喫食するか，喫食するまで冷蔵温度で保持するなど，細菌が増殖する温度条件で長時間保持しないことである。そして最後に，食品を完全に加熱することである。ノロウイルスなら85〜90℃，90秒間以上，腸管出血性大腸菌O157なら75℃，1分間以上を保持すれば，該当病因物質は死滅する。

　毎年，食中毒病因物質の上位となるノロウイルスは食品中で増殖しない。よって，これらの食中毒防止には「つけない」と「やっつける（加熱する）」が重要である。ノロウイルス食中毒の原因の多くは調理従事者による食品へのノロウイルス汚染である。調理従事者やその家族がノロウイルスに感染している場合が多く，吐物や糞便を介して調理従事者の手指には大量のノロウイルスが付着している。調理前に本人や家族の健康点検を行い，本人や家族に嘔吐・下痢症状があった場合は調理工程に配置しないことが最も有効な食中毒防止方法である。ノロウイルスは高濃度塩素（200 ppm以上）や高温（85〜90℃，90秒間以上）ではないと死滅しない。消毒用エタノールはほとんど効果がない。手指にノロウイルスが付着した場合，完全に殺滅することはできない。流水で洗い流し，ウイルス量を少なくした後，使い捨て手袋を適切に用いることが唯一の二次汚染危害軽減措置である。

　世界保健機関（WHO）では食中毒予防のための5つの鍵として，「Keep clean：清潔に保つ」「Separate raw and cooked：生の食品と加熱調理済み食品を分ける」「Cook throughly：完全に加熱する」「Keep food at safe temperatures：安全な温度に保つ」「Use safe water and raw materials：安全な水と安全な原材料を使用する」の項目を挙げている。

2 食品製造施設の高度衛生管理

　世界保健機関（WHO）と国連食糧農業機関（FAO）の合同機関であるCodex委員会は食品の衛生管理としてHACCP（Hazard Analysis and Critical

Control Point：危害要因分析重要管理点）を導入することを推奨している。Codex委員会が2020年に改訂した「食品衛生の一般原則」には，第1章は適正衛生規範（GHP：Good Hygiene Practice），第2章はHACCP」が記載されている。GHPは食品の製造や取扱工程において，製造環境や従業員から製造食品への汚染を可能な限り少なくすることであり，HACCPの基礎となる行動である。HACCPは製造食品ごとに食品の原料の受け入れから製造・出荷までのすべての工程において，生物学的危害・化学的危害・物理学的危害の発生を防止するための重要ポイントを継続的に監視・記録する衛生管理手法である。食品の国際間取引において食品製造施設へのGHPおよびHACCP導入は必須となっている。

日本では2018年（平成30年）に食品衛生法の一部改正が実施され，2021年（令和3年）からすべての食品等事業者は「HACCPに基づく衛生管理（大規模営業者，と畜場，食鳥処理場）」または「HACCPの考え方を取り入れた衛生管理（小規模営業者）」を実施している。

［参考文献］

• 藤井建夫，塩見一雄：新・食品衛生学 第三版，恒星社厚生閣（2022）

• 森田幸雄ほか，食肉の衛生管理，（公社）日本食品衛生協会（2023）

• 仲西寿男，丸山務監修：食品由来感染症と食品微生物，中央法規出版（2009）

• 厚生労働省監修：食品衛生検査指針 微生物編，（公社）日本食品衛生協会（2018）

Chapter 9

食品の保蔵

食品の主な保蔵方法には殺菌法と静菌法とがある。それらの方法の特性を活かして微生物抑制効果を確保するとともに，食品の品質に与えるマイナスの影響をできるだけ少なくする必要がある。殺菌法としての加熱処理は広く利用され，液体，固体，粉体など食品の特性に適した種々の方法や装置が開発されている。高圧は静水圧の利用による殺菌法である。電磁波放射線である赤外線やマイクロ波は熱作用による殺菌効果を示し，紫外線は表面殺菌効果をもつ。電離作用をもつγ線と電子線は有効性が高いが，日本では食品殺菌への適用は認められていない。化学薬剤である殺菌剤の食品への直接的利用は種類と適用条件が限定され，多くは製造環境の衛生化や容器殺菌に利用される。静菌法としての低温処理には冷蔵と冷凍がある。乾燥・濃縮・溶質添加による水分活性低下による方法は，微生物が利用できる食品中の自由水の量を低下させることによる。酸性化はpHの低下に基づく物理化学的な作用，日持向上剤などの添加物は化学的作用によって微生物の増殖を抑制する。包装と雰囲気調節は食品を外界から遮断して微生物の侵入を防ぎ，内部に存在する微生物もガスの組成調節によって制御する方法である。実用においては，これらの保蔵方法を合理的に組み合わせて用いられる。

9.1　食品保蔵と微生物

1 微生物学的視点からの食品保蔵の意義

微生物学的な視点からみた食品の保蔵の目的は，我々人間が食する材料や製品を汚染して腐敗を起こしたり，食中毒を引き起こす可能性のある微生物を物理的，化学的あるいは生物学的手段によって制御し，食品をそれらによる危害や悪影響から未然に防ぐことである。食品はヒトが生きていくために欠かせないものであるが，それは微生物にとっても同様で，食品をめぐるヒトと微生物との関係は，生物界における広い意味での栄養的拮抗といえる。微生物が食中毒の原因となる場合，この闘いはもっと厳しいものになる。

ヒトに比べて微生物は格段に小さい個体であるが増殖は速く，一般に食品においてはその集団的挙動が問題となる。微生物には多くの属・種があり，いろいろな過酷な環境に適応したものもいる。人類はそれらの能力に対抗して食材や食品を適切に保蔵するには，温度やpHなどの環境条件を巧みに操作してそのせめぎ合いに打ち勝たなければならない。

有害微生物に対する食品の保蔵対策では3つの基本要素が重要である。1つは主役の食品の性状であり，次に問題となる微生物の種類，最後に保蔵方法とその適用条件である。これらの要素の特性を把握し，それらの相互の関係性を考慮する必要がある（図9.1）。つまり，どの食品ではどのような微生物が問題となり，どの保蔵法をどのように適用すればよいかである。たとえば酸性食品（pH4.6以下）では，一般に細菌よりも酵母やカビが問題になり，保蔵法にはソルビン酸や有機酸の添加が有効である。実用においては，これらの基本要素に加えて経済性，操作性，安全性，環境適合性などの要素も加味される。

連続殺菌法や無菌包装などの技術開発，HACCP
（危害分析重要管理点）システムの導入は食品の微
生物学的な衛生管理に大きな寄与をもたらした。近
年は消費者の嗜好が多様化し，また厳しくなってい
るため，よりおいしいもの，より生に近いものが要
望される傾向にある。それだけに，食生活における
健康上の安全と栄養や品質など食品価値との両面に
おいて保蔵の果たす役割はきわめて大きい。その安
全性を法的・行政的に，また食品業界として保証す
るため，国内における食品衛生法をはじめとする
種々の法律，規制や基準のほか，食品の原材料や製
品の輸出入に関係してISO（国際標準化機構）や
FAO（国連食糧農業機関），WHO（世界保健機構）
などが定める国際的なとり決めも重要な役割を果た
している。

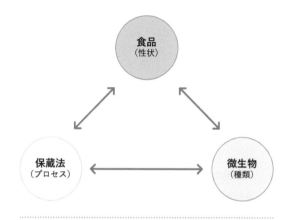

図9.1   食品保蔵における三大基本要素

2 食品保蔵における 微生物学的用語とその概念

　食品保蔵において微生物を制御する目的は，それ
らの増殖や代謝活動を抑制したり，それらから生存
能力を奪うことである。増殖を抑制することを静菌
といい，特に食品の腐敗を防止する処理は防腐と呼
ばれる。一方，生存性を失わせることを殺菌という。
特に食中毒菌など病原体の感染性を失わせることを
目的とする場合は消毒という。殺菌・洗浄を含む製
造環境の除染や清浄化を図る操作は衛生化やサニテ
ーションと呼ばれる。また，洗浄のほか，濾過や遠
心分離などによって混入微生物を除去する操作を除
菌という。滅菌は殺菌によって究極的に無菌の状態
にする無菌化操作で，無菌状態は濾過によっても達
成できることから濾過滅菌という語も用いられる。
食品製造では，一般に食品中に存在するすべての微
生物を殺滅することは品質維持の点から困難である
ため，商業的滅菌（または商業的無菌化）の概念が
適用される。これは病原菌など有害微生物を完全に
殺すが，処理後，適切な保存方法をとることが可能
な場合は，無害な微生物は生残していても無菌状態
とみなす考え方である。殺菌や除菌では，その後の
保存流通において二次汚染の可能性があり，これを

図9.2   食品保蔵における微生物の抵抗性に 影響する要因

防止するため包装などの遮断処理や低温や防腐剤な
どの静菌による保蔵処理の併用が必須である。
　微生物の増殖や生残は食品の組成や温度・pHなど，
さまざまな環境因子によって影響を受ける。保蔵処
理中であっても，その不都合な環境に適応する微生
物が増殖したり，抵抗性のある微生物が生残する可
能性がある。たとえば，殺菌処理の場合，死滅に至
らず損傷状態にある微生物が残存し，その後の保蔵
中に損傷部位を修復して生存性を回復する可能性が
あり，これに対応できる保蔵対策をとる（図9.2）。

9.2 加熱

1 加熱殺菌と微生物の耐熱性

　食品の加熱処理は，ブランチングと呼ばれるゆでる操作や調理などの加工にも適用されるが，保蔵の場合の主な目的は殺菌である。特性の点から食品の保蔵において問題となる微生物は，好熱性，中温性，低温性のものである。胞子形成細菌においては，栄養細胞の状態に比べて胞子になるとかなり耐熱性が高くなり，これが高温滅菌の標的となる。好熱性菌の胞子は最も耐熱性が高い。

　加熱による微生物の死滅は一次反応に従うことが多く，加熱時間とともに生残菌数が対数的に低下する。この関係を示す生存曲線（図9.3A）の傾きから，生存数が90%低下するのに要する加熱時間としてD値（単位は分）が求められる。D値は加熱温度によって変化するので，さまざまな条件で微生物の耐熱性を比較する場合は一定の基準温度でのD値を用いるのが都合がよい。細菌胞子の場合は基準温度を121℃とし，この温度でのD値である$D_{121℃}$が用いられる。

　さらに，D値の対数と加熱温度との間にも直線的な相関関係があり，耐熱性曲線あるいは熱破壊曲線と呼ばれる（図9.3B）。この直線の傾きからz値が求められる。z値は，D値を1/10に低下させるのに要する温度の差分値で，D値が加熱温度の変化に応じてどれくらい変化するか，その程度を表す指標である。

　さまざまな食品や緩衝液中での湿熱殺菌による微生物の死滅のD値とz値の例を表9.1に示す。これらの耐熱性指標値は，次項で述べる加熱殺菌プロセスの条件設定や微生物の熱死滅挙動の予測にも利用される（11.5節（p.152）参照）。また，これらの値は，加熱処理時の温度はもちろん，食品の種類やpH，水分含量などによって変動するほか，微生物の増殖条件や加熱処理後の保存条件によっても影響を受けて変化する。

2 加熱処理の方法と条件

　加熱殺菌には水分の存否によって湿熱殺菌と乾熱殺菌とがあるが，食品の多くは水分含量が高いのでほとんどは湿熱による。湿熱殺菌法には低温殺菌と高温滅菌とがある。低温殺菌はパスツリゼーションと呼ばれ，一般に100℃以下の温度を適用する。この場合は栄養細胞が殺滅標的で，果汁や果実製品などの酸性食品，炭酸飲料や発酵食品などが対象である。高温滅菌では加圧下，100℃以上の温度で処理

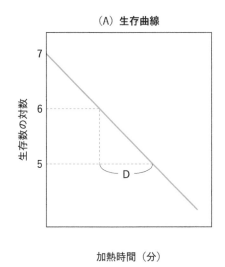

（A）生存曲線

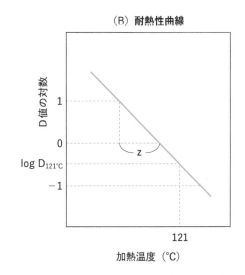

（B）耐熱性曲線

図9.3 微生物の熱死滅における生存曲線（A）と耐熱性曲線（B）

表9.1 食品における微生物の耐熱性指標値としてのD値とz値の例*

微生物	食品	pH	加熱温度（℃）	D値（分）	z値（℃）
細菌（胞子）					
Alicyclobacillus acidoterrestris	オレンジジュース	3.2	90	10	11.3
Bacillus cereus sensu stricto	スキムミルク	6.4	100	1	8.1
*Heyndrickxia coagulans***	トマトエキス	4	102	1.4	12.5
Bacillus subtilis	アスパラガス	4	102	1.6	10.7
Clostridium sporogenes	マッシュルームエキス	6.7	110	8.5	10.1
Geobacillus stearothermophilus	豆ピューレ	6.8	121	10.9	14.2
細菌（栄養細胞）					
Escherichia coli O157：H7	牛挽肉	5.5	60	3.3	5.3
Listeria monocytogenes	牛挽肉	6.6	60	4.7	8.0
Salmonella Enteritidis	全卵	7.4	58	1.5	4.0
Staphylococcus aureus	牛乳	6.6	65	0.5	7.2
カビ・酵母					
Pichia membranifaciens	アップルジュース	2.6	46	29	5.4
Saccharomyces cerevisiae	アップルジュース	3.6	60	6.1	3.8
Neosartorya fischeri	桃ピューレ	3.3	85	15.1	6.5
Talaromyces flavus	桃ピューレ	3.3	79	3.5	6.4

*　トリビオックス　ラボラトリーズ：サーモキル・データベース R8110（2013）から検索・抜粋

*＊旧 *Bacillus circulans*

される。細菌胞子を標的とし，各種缶詰食品やレトルトパウチ食品などが主な対象食品である。高温滅菌では，細菌胞子の中でも特にヒトに対して致死作用の強い神経毒を生産する *Clostridium botulinum* の胞子が重要視され，容器包装詰加圧加熱殺菌食品では120℃，4分か，これと同等以上の加熱処理が必要である。この細菌（Ⅰ型のもの）はpH4.6以下，水分活性0.94以下では増殖できないので，この条件に該当する食品は基本的に低温殺菌処理でよいことになる。牛乳の場合は，低温長時間殺菌法（62〜65℃，30分），高温短時間殺菌法（75〜85℃，15〜20秒），超高温瞬間殺菌法（120〜135℃，2〜3秒），超高温瞬間滅菌法（135〜150℃，2〜4秒）がある。日本では超高温瞬間殺菌法が主流であるが，一部には低温殺菌牛乳や超高温瞬間滅菌によるロングライフミルク（LL牛乳）も市販されている。

食品には液体，固体およびそれらの中間的な流動体，また固体の中でも粉体があり，さらにそれらが混合された食品も多い。これらの食品の加熱では，その物性に適した熱源や熱媒体が用いられ，対流，伝導，輻射によって食品が加熱される。食品の加熱処理では，殺菌が行われる一方で食品の品質が低下するため，これをできるだけ抑える必要がある。食品に熱が伝わる加熱過程や冷却の過程では温度が時間とともに変化するが，必要最小限の滅菌時間を計算によって求めることができる。これには，加熱と冷却を含めた殺菌処理において，各温度での殺菌加熱量を基準温度（高温滅菌では121℃）でのそれに換算し，処理過程全体の殺菌加熱量をF値として，この値によって加熱処理の殺菌能力を表す。F値は次式で表すように処理工程で変動する加熱温度とz値の関数であるが，z値を一定値の10℃としたと

きのF値をF_oと呼ぶ。

$$F = \int 10^{\frac{T-121}{z}} dt$$

ここで，Tは工程温度（℃），tは時間（分）である。

加熱殺菌装置には，湿熱利用のものでは，熱水や加圧水蒸気を用いるレトルト装置のほか，マイクロ波や赤外線を発生させて加熱するものもある。乾熱によるものでは乾熱殺菌装置が利用される。さらに乾熱に近いが湿熱との中間的位置にあるといえる過熱水蒸気を用いる装置もあり，粉体食品の殺菌に利用される。近年は，無菌包装や無菌缶詰の製造技術が開発され，従来の食品を容器に封入してから殺菌する方法に加えて，それぞれを別々に殺菌し，無菌条件下で連続的に充填，包装後，密閉する方式が普及している。

9.3 高圧

食品の保蔵で利用される圧力は静水圧である。静水圧は常圧以上の比較的低い圧力で微生物の増殖を抑制するが，より高圧では殺滅作用をもつ。圧力の単位にはパスカル（Pa）が用いられ，100 MPaはほぼ1,000気圧に相当する。細菌の栄養細胞や酵母は圧力が100 MPa近くになると増殖が停止し，それを超えると死滅しはじめる。細菌胞子は静水圧にかなり抵抗性で，500 MPaでもあまり死滅しないが，加熱など他の有効な処理と併用すれば死滅させることができる。また，適当な条件では100 MPa付近の圧力でも発芽して栄養細胞に変化し，死滅する。食塩の存在は殺滅に対して保護作用を示し，高濃度ほど顕著である。

実際の殺菌方法としては，対象となる食品をプラスチックの容器に入れ，脱気後装置の高圧容器内に置き，ピストンあるいはポンプで加圧する。加圧水相内の圧力はあらゆる方向に等しく働くので，均一な処理が可能である。また，水素結合など非共有結合を切断するが，共有結合には影響しないため，高品質の製品を生産できる。これらの特性から，果実，

果汁など酸性食品の殺菌に適しており，それらの主な汚染菌であるカビ・酵母が殺滅される一方で，イチゴジャムのアントシアニンの赤い色素や揮発性のフレーバーが保持される。

9.4 電磁波放射線

電磁波放射線は，エネルギー，周波数，波長の違いによっていくつかの種類がある（図9.4）。なかでもγ線とX線，電子線は，高エネルギーで周波数が低くて波長が短い。これらは分子を励起，イオン化させる作用をもつので電離放射線と呼ばれる。電離放射線の殺菌作用には，微生物細胞のDNAを切断する直接作用と水分子を分解して生成した水酸化ラジカルがDNAに作用を及ぼす間接作用がある。酸素の存在は間接作用による殺菌効果を高める。

電離放射線の強さは吸収線量によって示され，グレイ（Gy）の単位が用いられる。1 Gyは，物質1 kg中に1 Jのエネルギーが吸収されたときの線量を表す。細菌の栄養細胞やカビ・酵母は1～10 kGyで殺滅させることができるが，細菌胞子に対しては10～数十kGyの線量が必要である。

食品に適用できる電離放射線は，γ線では10 MeV以下，X線では5 MeV以下のもので，この値以下のエネルギーであれば照射食品に放射能は残存しない。γ線は透過力が大きい。殺菌を目的とした食品への電離放射線照射は日本では認められていないが，諸外国では一部の食品や飼料への適用が許可されており，特に汚染菌の多い香辛料や生薬などで有用性が高い。

電子線は人工的に電子を加速して発生させる放射線で，γ線より透過力は小さい。ソフトエレクトロンとも呼ばれるエネルギーの低い電子線は食品容器などの表面に存在する微生物の殺滅が可能である。

紫外線（UV）も放射線の一種で，電離放射線より波長が長く，透過力は小さい。波長によってUVA（315～400 nm），UVB（280～315 nm），UVC（100～280 nm）の3種に分類され，殺菌に用いられるのはUVCである。紫外線はこれを吸収するDNA

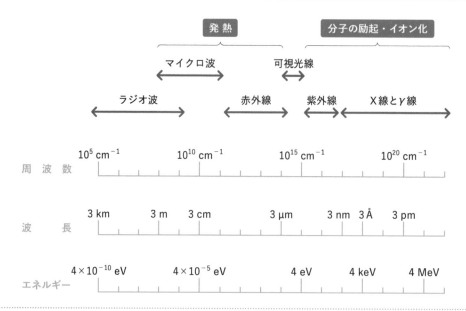

図9.4　電磁波放射線の種類

の構成成分であるチミンやシトシンのピリミジン塩基を攻撃してそれらの二量体を生成させ，殺菌効果をもたらすと考えられる。紫外線の殺菌効果は単位面積あたりの照射線量と照射時間の積で表し，単位はmW·s/cm^{2}あるいはJ·s/cm^{2}が用いられる。細菌の栄養細胞や酵母は3～20 μW·s/cm^{2}程度の照射で3桁程度死滅させることができ，より耐性の細菌胞子では25～35 μW·s/cm^2，カビ胞子はさらに耐性で25～260 μW·s/cm^{2}の照射が必要である。食品表面のほか，製造のための環境の空気や用水の殺菌に用いられる。

マイクロ波や赤外線も殺菌作用をもつが，これらの実質的な効果は熱によるものである。マイクロ波は電場内に置かれた水など誘電体の分子が電場に配向しようとして振動・回転し，その摩擦によって発熱する。赤外線はそれを吸収した物質の分子運動が活発になり輻射熱を生じる。

9.5　殺菌剤

食品衛生法で認められている食品に適用可能な殺菌剤は殺菌料と呼ばれ，過酸化水素，次亜塩素酸ナトリウム，次亜塩素酸カルシウムとその水酸化カルシウム結合塩を主成分とした高度サラシ粉，酸性電解水，過酢酸があり，いずれも食品への用途が限定されている。食品製造環境や器具・装置などの微生物の制御にはさらに多くの殺菌・消毒剤が用いられる。

過酸化水素は，食品にはカズノコの漂白に用いられる程度でほとんど利用されていない。多くは包装材表面の殺菌・消毒に汎用され，残留させないように処理後は熱風などによって揮散させる必要がある。有機系の過酸化物である過酢酸も飲料容器のPET（ポリエチレンテレフタレート）ボトルの殺菌などに利用され，殺菌力は過酸化水素よりも強い。過酢酸の市販製剤には過酢酸のほか過酸化水素と酢酸が含まれ，刺激臭がある。

次亜塩素酸ナトリウムはハロゲン系殺菌剤の代表的な化合物で，市販品は弱アルカリであるが，その作用力はpHに依存する。低pHでは殺菌力の強い次亜塩素酸（HOCl）の割合が多く，アルカリ側ではそれが解離して抗菌性の低いOCl$^-$イオンが多くなり作用は低下する。抗菌性は有効塩素量で比較し，これは塩素化合物をヨウ化カリウムと反応させて生

表9.2 食品製造で用いられる主な殺菌剤の種類と特性

殺菌剤	特性	細菌胞子殺滅作用*	用途例
過酸化物系			
過酸化水素**	漂白作用もある	○	殺菌料，包装材殺菌
過酢酸**	刺激臭あり	○	殺菌料，包装材
オゾン	液体とガスがある	○	器具・容器殺菌
ハロゲン系			
次亜塩素酸ナトリウム**	酸性側で効力大，塩素臭	○	殺菌料，器具・容器殺菌
酸性電解水**	強酸性・微酸性，塩素臭低い	○	殺菌料，器具・容器殺菌（残存不可）
アルコール系			
エタノール	揮発性，70%で強力	×	表面殺菌・洗浄など
界面活性剤系			
臭化セチルトリメチルアンモニウム	陽イオン性	×	器具・装置・容器洗浄
アルキルジアミノエチルグリシン	両イオン性	×	器具・装置・容器洗浄

* ○：あり，×：なし
** 食品衛生法において殺菌料として食品への添加が認可されているもの

じるヨウ素と当量の塩素量をいう。一般細菌には有効塩素量として20 ppm以下の濃度が有効であるが，細菌胞子には数十ppmの濃度が必要である。食塩水の電気分解によって生成する酸性電解水には，pHが2.7以下の殺菌力の強い強酸性電解水と中性より少し低い程度の弱酸性電解水があり，その作用の本体も次亜塩素酸である。後者については微酸性次亜塩素酸水（pH5.0～6.5，有効塩素量10～30 ppm）の名称で殺菌料として食品への利用が認められている。

そのほかの主な殺菌剤として，エタノールは食品製造環境や器具などの殺菌消毒剤として汎用されるが，食品の表面殺菌にも利用される。エタノールの殺菌作用は70%の濃度で最大で，一定量の水分の存在がタンパク質・酵素の変性効果を高めるためとみられる。しかし，抵抗性の高い細菌胞子には無効である。界面活性剤の中では，陽イオン性や両性のものに殺菌力があるが，多くは細菌胞子には無効である。オゾンはその強い酸化力によって殺菌作用を示し，液相のオゾン水と気相のオゾンガスの両方で利用できる。食品の加工製造では殺菌だけではなく脱臭や脱色，漂白などにも利用される。

食品およびその製造環境に利用される殺菌剤とその殺菌力について表9.2にまとめた。これらの殺菌剤の作用力は，タンパク質や脂質などの有機物を含む共存物質の影響を受けやすいものが多い。殺菌作用機構は，ハロゲン系では次亜塩素酸イオンの生成，酸化剤系のものはその酸化力により，いずれも生成する活性酸素が作用分子である。エタノールはタンパク質や酵素の変性，界面活性剤は細胞膜機能の障害が要因とされる。

9.6 低温

微生物を低温にさらすと死滅が起こる場合もあるが，多くはその代謝活性を低下させることによって増殖が抑制される。この低温の静菌作用が食品保蔵に広く利用される。低温保蔵の対象微生物は中温性のものと低温性細菌である。食品は水を含むので，

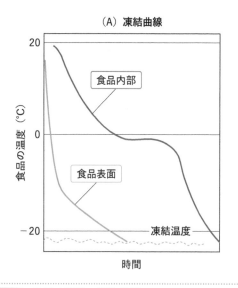

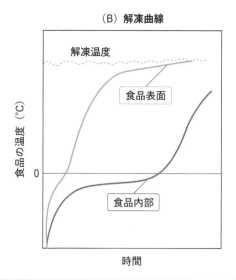

図9.5　食品の凍結・解凍曲線
ある固形食品を凍結および解凍させた場合の表面と内部の温度変化。図中の破線（‥）は凍結・解凍時の外部温度。

食品の低温保蔵ではその凍結温度である凝固点を境に冷蔵と冷凍に分けられる。

　冷蔵は0℃以上の温度での保蔵である。微生物の増殖速度は低温になるほど低下し，ある一定温度以下では急速に低下し，遂にはゼロになる。5～10℃付近で中温性微生物の増殖を阻止できる。しかし，低温性細菌や好冷性細菌は緩慢であるが，この温度帯でも増殖できる。特に低温性細菌には腐敗や食中毒を起こすものが含まれるので，保蔵にあたっては十分留意しなければならない。チルドは0℃前後の温度域での保蔵をいう。

　食品凍結は食品に含まれる水が氷に変化する過程であり，微生物の増殖や代謝の活性はほぼ完全に停止するため，冷蔵よりも保蔵効果が高いが，その凍結および解凍速度の品質への影響が問題になる。食品が凍結しはじめる温度域は0～－5℃（最大氷晶生成帯と呼ばれる）であるが，冷却と解凍においてはこの温度域をできるだけ早く通過させることが重要である。食品の表面に比べて内部は温度の変化が緩慢で，冷凍・解凍では大きな氷晶が形成され，食品組織に悪影響を及ぼしやすい（図9.5）。

　凍結保蔵の方法には－15℃付近の凍結，－18℃以下の深温凍結，パーシャルフリージング（PF），氷温貯蔵がある。PFは－3℃付近の温度で保蔵する方法で，一部が凍結している状態におくものである。冷蔵よりも保蔵効果を向上させようというものであるが，前述のチルド保蔵と温度域が重複するため区別が難しい。また，この温度帯は留意すべき温度域であり，食品の種類によってはかえって品質が低下する。氷温貯蔵法は近年，PFと同様の意味で用いられているが，本来は塩や糖の溶液を添加して食品の凝固点を下げ，この温度域で凍結しないようにして保蔵するものである。

9.7　乾燥・濃縮・溶質添加

　微生物の増殖や生存には水の存在が不可欠である。水には自由水と結合水があり，微生物が利用できるのは自由水である。塩や糖などの溶質を多く含む食品溶液では，それらと結合する結合水が増えて自由水の含量が低下する。密閉空間内では溶液中の自由水は一定量水蒸気となって蒸発し，平衡化する。溶液中の自由水の量と平衡にあるその上部空間中の水蒸気圧をP (atm)，純水の蒸気圧をP_0 (atm) としたとき，その比は水分活性（a_w）と定義され，次式

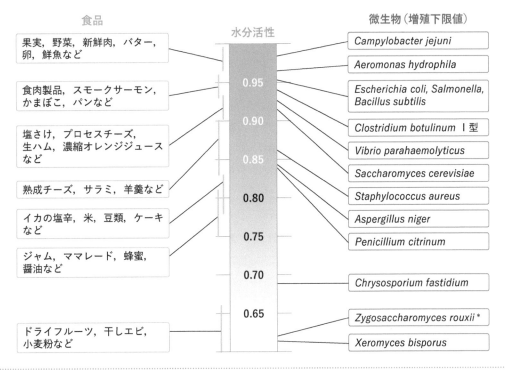

食品　　水分活性　　微生物（増殖下限値）

| 食品 | 水分活性 | 微生物（増殖下限値） |

図9.6　食品の水分活性と微生物が増殖可能な最低水分活性

＊旧 *Saccharomyces rouxii*

で示される。

$$a_\mathrm{w} = P/P_0$$

この値は0と1の間の値をとり，溶液中の溶質の濃度が高くなると低下する。水分活性が低下することは自由水が減ることを意味するので，微生物は増殖しにくくなり，ある一定値以下ではまったく増殖できない（図9.6）。

食品は水分の含量によって魚介類や野菜などの高水分食品，ジャムや味噌などの中間水分食品，煮干しや小麦粉などの乾燥食品に分かれる。代表的な食品の水分活性を図9.6に示す。

乾燥や塩蔵は水分活性の低下によって食品を保蔵する方法である。溶質濃度の上昇は溶液の浸透圧を上げるので，水分活性の低下による保蔵法は浸透圧上昇による保蔵方法ともいえる。水分活性の低下の程度は溶質のモル濃度に比例する。例えば，水分活性を0.98にするには，食塩の場合，解離するので0.6 M（3.63重量％），ショ糖では1.2 M（52.05重量％）

必要であるが，0.96ではそれぞれ，食塩は1.2 M（7.54重量％），ショ糖は飽和濃度以上となる。濃縮も溶質濃度の上昇をもたらすので同様の効果がある。

液体食品や流動性食品の乾燥，粉末化や濃縮の技術が進歩し，保存性を向上させた製品も開発されている。浅漬けでの調味液や半生菓子類などではショ糖をより水分活性低下作用の強い溶質に置き換えて添加する方法が考案されている。

9.8　酸性化

食品のpHはさまざまで，例えば梅干しは2～3，果汁で3～4，ワインでは3.5前後，イチゴジャムは4前後，醤油で5～5.5，ハム・ソーセージは6～8，かまぼこでは6.5～7である。これらの食品についてpH4.6を境にして大別し，それ以下のpHの食品は酸性食品，それより上でpH7.0までのものは低酸性食品とされる。酸性食品の中でも特にpH3.7

以下のものを高酸性食品，低酸性食品の中でも
pH4.6〜5.0のものを中酸性食品として細分化する
場合もある。

　一方，微生物の増殖はpHに影響を受けるので，
食品の種類によって食中毒や腐敗などの問題を起こ
す微生物が異なる。一般の細菌は中性域を好むが，
酵母やカビはやや酸性側に最適pHがあり，増殖可
能なpH範囲は酸性側からアルカリ性域までかなり
広い。このため，低酸性から中性域のpHの食品は
細菌の汚染を受けやすく，果汁や果実などの酸性食
品では酵母とカビによる腐敗が多い。しかし，細菌
の中でも，酢酸菌，乳酸菌や果汁などの変敗を起こ
す*Alicyclobacillus*などの好酸性細菌は酸性域に
最適pHがあり，酸性食品の腐敗を起こす。

　酸性化は，食品のpHを問題となる微生物の増殖
可能な最低pH以下に調節することによって保存性
を高める方法である。pH低下剤としては，クエン
酸，リンゴ酸，フマル酸，乳酸などの有機酸，グル
コノ-δ-ラクトン，ピロリン酸ナトリウム，メタリン
酸ナトリウムなどが利用される（表9.3）。酸性化処
理によって食品の保存性を改善できるが，有機酸の
場合，その種類によってそれ自体の抗菌性が異なる
ため，効果もそれに依存する。これらの酸の一般的
な抗菌作用は，低いpHで非解離分子の割合が上昇し，
これが細胞膜を透過して作用を発揮することによる。

9.9　保存料・日持向上剤などの食品添加物

　食品の保蔵を目的として微生物の増殖を化学的に
制御する方法には，前述の殺菌料のほか，保存料や
日持向上剤の添加がある。保存料は殺菌作用をもた
ないが静菌作用によって微生物の増殖を抑制する化
合物類で，食品衛生法で使用が認められているもの
として化学合成品（合成保存料）と天然物由来の保
存料（天然保存料）がある（表9.3）。

　合成保存料には，ソルビン酸とそのカリウム塩，
安息香酸とそのナトリウム塩，デヒドロ酢酸ナトリ

ウム，パラオキシ安息香酸の各種エステル，プロピ
オン酸とそのカルシウムおよびナトリウム塩が含ま
れ，使用できる対象の食品と使用量が限定されてい
る。天然保存料には，しらこタンパク質のプロタミ
ン，ε-ポリリジン，ヒノキチオール，ペクチン分
解物やエゴノキ，ホウノキ，カワラヨモギ，レンギ
ョウの各抽出物がある。現状では天然化合物には使
用基準は設けられていない。

　近年，化学合成品の人体への影響が懸念されるよ
うになったため天然系のものに注目が集まり，特に
種々の植物由来の抽出物が利用されている。また，
バイオプリザーバティブと呼ばれる，長期にわたっ
て人類が食してきた動植物・微生物起源の無害な物
質である有用乳酸菌やその生産物であるナイシンな
どのバクテリオシン，乳酸などの有機酸などにも関
心が集まっている。特にナイシンは*Lactococcus
lactis*が生産するもので，*Clostridium*などのグラ
ム陽性細菌の増殖抑制に有効である。

　食品の保蔵が目的ではないが，別の用途で用いら
れている食品添加物の中に静菌作用をもつものがあ
り，それを利用した利用法がある（表9.3）。これに
は乳化剤のグリセリン脂肪酸エステルやショ糖脂肪
酸エステルなど，前述の酸味料としての有機酸とそ
の塩，調味料のグリシン，品質改良剤などで利用さ
れる縮合リン酸塩類，発色剤の亜硝酸塩などがある。

　日持向上剤は業界が設定した静菌作用を示す添加
物で，保存性が低い食品に適用して比較的短期間微
生物の増殖を阻止し，腐敗を抑制することを目的と
している。酢酸とそのナトリウム塩，グリシン，グ
リセリン脂肪酸エステル，リゾチーム，エタノール，
それに前述した各種の植物由来の抽出物がある（表
9.3）。

　これら抗菌性をもつ食品添加物の作用機構はさま
ざまであるが，特異的な標的分子が存在するのでは
なく，非特異的なタンパク質・酵素類との結合によ
る機能阻害や細胞膜の脂質や膜タンパク質分子との
相互作用による構造変化，機能低下が要因である。
食品への実用では，食塩も含めてこれらの静菌作用
をもつものを組み合わせることが多い。

表9.3 静菌作用をもつ主な食品添加物・日持向上剤

添加物	特性	主な用途
ソルビン酸・ソルビン酸カリウム	中性でも作用，乳酸菌に作用低い	合成保存料
安息香酸・安息香酸ナトリウム	酸性で有効	合成保存料
プロピオン酸・プロピオン酸ナトリウム・プロピオン酸カルシウム	特有臭，中性でも作用	合成保存料（チーズ，パン，洋菓子）
デヒドロ酢酸ナトリウム	中性でも作用，乳酸菌に作用低い	合成保存料
パラオキシ安息香酸エステル（パラベン）	エチル，プロピル，ブチルエステル，pHの影響なし	合成保存料
プロタミン	サケしらこ（精巣）から抽出，塩基性アミノ酸含量高い	天然保存料
ε-ポリリジン	リシンのホモ-ポリマー，塩基性	天然保存料
ヒノキチオール（抽出物）	ヒノキ科ヒバから抽出，真菌に有効	天然保存料
ペクチン分解物	ガラクツロン酸が有効成分	天然保存料
植物抽出物類（エゴノキ，カワラヨモギ，ホウノキ，レンギョウ）	抽出成分に特有の静菌効果	天然保存料
ナイシン	乳酸菌生成のバクテリオシン	天然保存料
ジフェニル	特有臭	防カビ剤（柑橘類）
オルトフェニルフェノール	特有臭	防カビ剤（柑橘類）
チアベンダゾール	無臭	防カビ剤（柑橘類）
酢酸・酢酸ナトリウム	醸造酢，特有臭	pH調整剤，膨張剤
乳酸	pHの影響少ない，真菌に無効	pH調整剤，酸味料
クエン酸・クエン酸ナトリウム	金属キレート作用	pH調整剤，酸味料
グルコン酸・グルコノ-δ-ラクトン	水溶液中で両者平衡，蜂蜜に多い	pH調整剤，膨張剤
グリセリン脂肪酸エステル	pHの影響少ない	乳化剤
ショ糖脂肪酸エステル	pHの影響少ない	乳化剤
グリシン	アミノ酸，旨味	調味料
縮合リン酸塩	オルトリン酸を加熱して生成，金属キレート作用	品質改良剤・酸化防止剤
亜硝酸塩	*Clostridium* に有効	発色剤
二酸化硫黄	ワインなどの微生物汚染防止	漂白剤・酸化防止剤
各種精油成分（香辛料）	クローブ，ローズマリー，セージなど脂溶性のテルペン，芳香族化合物	日持向上剤
リゾチーム	卵白由来，グラム陽性細菌の溶菌誘発酵素	日持向上剤
キトサン	キチンの脱アセチル化で生成，塩基性高分子多糖	日持向上剤
カテキン（茶抽出物）	ポリフェノール	日持向上剤

9.10　包装・雰囲気調節

　好気性微生物は増殖に酸素を必要とするので，その環境からこれを除去すればその増殖を抑制できる。通性嫌気性菌は酸素がなくても増殖し，絶対嫌気性菌は酸素不在下で増殖できるので，これらを積極的に抑制するには酸素をとり除くだけではなく環境中の雰囲気を増殖阻害作用のある二酸化炭素を含むガスに置換する必要がある。

　食品包装は内部の食品を保護するための技術であり，外部からの微生物の侵入も遮断される。主な包装材料には金属製の缶や紙，ガラス，陶器，プラスチックがあり，同時に光やガス，水分，揮発性物質などの遮断性・密封性・透過性，とり扱いの容易さ，保護性などの特性も備えている。特にプラスチックの包装材と容器については，強度や酸素バリヤー性，耐熱性，コーティング剤などの成分の溶出防止対策なども改良されているほか，ラミネート加工や新素材の開発，抗菌性機能をもたせるなどの技術がとり入れられている。

　加工食品に用いられる包装では，容器に充填密封後に殺菌する方法と食品と容器を別々に殺菌後，無菌下で充填・包装する方法がある。

　主な包装技術としては，真空包装，ガス置換包装，脱酸素剤封入包装，レトルト殺菌包装，無菌充填包装がある。真空包装は容器内部を脱気して密封するもので，食肉・水産加工品，乳製品，惣菜などに適用されている。ガス置換包装は真空包装と同様に脱気後，窒素，二酸化炭素などのガスと置換して密封する方法である。生鮮牛肉などの包装に利用される。脱酸素剤封入包装は包装内部に食品とともに脱酸素剤を入れて密封後内部の酸素を吸収除去するもので，菓子類や米飯などに使用されている。脱酸素剤としては，酸化反応によって酸素を吸収する鉄含有成分が多く用いられる。レトルト殺菌包装は食品をラミネート加工のレトルトパウチに入れて密封し，120℃，4分以上の条件で加熱殺菌したものである。無菌充填包装はUHT（超高温滅菌）処理された液体食品などを別途過酸化水素や過酢酸で殺菌済みの紙容器やペットボトル容器に無菌下で充填包装するもので，ロングライフミルクや果汁飲料などに適用されている。

9.11　併用処理

　前述したように食品の保蔵方法にはいろいろあるが，それぞれ長所とともに短所をもつ。例えば，加熱処理では有効性は高いが品質の低下を免れないことや処理後の二次汚染にさらされる。そこで，複数の処理を組み合わせて互いの長所を活かしつつ，短所を補い合う併用処理が広く利用されている。さらに近年は高品質の食品製造の要望が強まっていることから，殺菌処理条件を緩和し，その後に存在の可能性のある生残菌を静菌的な保蔵処理で抑制するなど，相乗的な保蔵効果の向上を図る方法が有効とされる。このような組み合わせによる保蔵技術はハードルテクノロジーと呼ばれる。この方法は，それぞれの保蔵処理をひとつのハードルに見立てて，ハードルがいくつかあると食品汚染菌や生残菌が最終的にはそれらすべてを飛び越えられず，その増殖を阻止できるとする考え方である。

　併用処理の効果の評価法として，防腐剤や抗菌性化合物の間での2つ（aとb）の併用処理ではアイソボログラム法が適用できる。この方法では，それらの最小発育阻止濃度や50%発育阻害濃度の相対値（単独処理でのそれぞれの当該濃度を1とした場合の阻害濃度分率（FIC：Fractional Inhibitory Concentration）を図の横軸と縦軸にとり，それらの間の組み合せの効果をプロットした線図の形状から，相乗，相加，拮抗効果を判定する（図9.7）。さらに，この考え方を2種の物理的処理法どうしあるいは物理的方法と化学的方法との間の併用処理や，加熱致死時間の概念を他の殺菌処理にも拡張して殺菌法どうしあるいは殺菌法と静菌法との間の併用処理にも適用できるように改良した拡大アイソボログラム法も提唱されている（この場合は阻害濃度分率

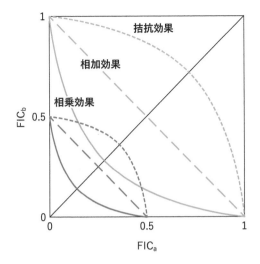

ervation and Sterilization 4th ed., Blackwell Scientific Pub. London（2004）

• T. Tsuchido：*Journal of Microorganism Control*, **28**, 201（2023）

<figure>
図9.7 **抗菌性化合物間の併用処理効果の評価のためのアイソボログラム**

2つの化合物aとbの阻害濃度分率（FIC）をそれぞれ横軸と縦軸にとり，両者の組み合わせ効果を結んだ線図で表し，相乗，相加，拮抗効果を評価する。
</figure>

の代わりに抗菌用量分率（FAD：Fractional Antimicrobial Dose）を用いる）。3種類以上の処理の併用の場合には，医療面で活用される併用指標（コンビネーションインデックス）を食品保蔵分野に転用して効果を評価できる。

［参考文献］

• 芝崎勲：改訂新版 新・食品殺菌工学, 光琳（1998）

• 高野光男，横山理雄：食品の殺菌—その科学と技術, 幸書房（1998）

• 土戸哲明ほか：微生物制御—科学と工学, 講談社（2002）

• 土戸哲明：食品工学（日本食品工学会編）, p.15, 朝倉書店（2012）

• 藤井建夫編：食品の腐敗と微生物, 幸書房（2012）

• 藤井建夫編：食品の保全と微生物（食品微生物II　制御編）, 幸書房（2001）

• 松田敏生：食品微生物制御の化学, 幸書房（1998）

• S. S. Block：*Disinfection, Sterilization and Preservation* 4th ed., Lea and Febiger, Philadelphia（1991）

• A. P. Fraise et al.: *Russell, Hugo & Ayliffe's Principles and Practice of Disinfection, Pres-*

Chapter

10

発酵食品

　微生物の働きによってつくられる食べ物を発酵食品と呼んでいる。なかには，ビールの糖化工程や塩辛・魚醤油のタンパク質分解のように，微生物ではなく原料自体の酵素作用も慣習的に発酵とみなしている場合がある。発酵食品にかかわる微生物は，カビと酵母，細菌であり，これらが単独または複数で用いられている。カビのうちコウジカビ（*Aspergillus*）は清酒や味噌，醤油，味醂，寺納豆などの麹づくりに欠かせない。麹の主な作用はデンプンの糖化またはタンパク質からのアミノ酸生成である。また *Aspergillus* は鰹節では脂肪分解作用が重要である。アオカビ（*Penicillium*）はカビつけチーズで熟成を行う。変わったところでは，テンペのクモノスカビ（*Rhizopus*），豆腐ようの紅麹菌（*Monascus*）などがある。酵母の *Saccharomyces* は酒類や醤油，味噌，漬物においてアルコール発酵の主役である。醤油，味噌，漬物ではそのほかに *Candida* や *Zygosaccharomyces* も関与する。細菌のうち乳酸菌（*Lactobacillus, Leuconostoc, Pediococcus* など）はヨーグルトやチーズ，馴れずし，漬物の主役であるだけではなく，乳酸をつくって pH を下げることで清酒，味噌，醤油などの発酵の脇役としても重要である。醤油，味噌，魚醤油のように高塩分の発酵食品では耐塩性乳酸菌 *Tetragenococcus* が出現する。食酢は酢酸菌（*Acetobacter*）で，糸引き納豆は納豆菌（枯草菌 *Bacillus*）でつくられる。

10.1　発酵食品とは

　酒類や味噌，醤油，納豆，馴れずし，ヨーグルトなどのように，主に微生物の作用を利用してつくられる食べ物を一般に発酵食品という。酒類や味噌，醤油などは醸造食品とも呼ばれる。また，塩辛や魚醤油では微生物よりも自己消化酵素によるところが大きいが，これらも慣習的に発酵食品と呼ばれてきた。いずれも先人たちが永い時間をかけてつくり上げてきた，いわば知恵の結晶であり，そこには合理的な技術や工夫がみられることが多い。

　発酵食品の製造に関与する微生物には，カビ，酵母，細菌があり，食品の種類により，これらが単独または複数で用いられている。代表的な食品とそれに関与する微生物の関係を図10.1に示す。ここで円が重なっているところは，2種類または3種類の微生物が関係していることを示している。

　発酵食品では微生物による発酵過程で，多様な栄養・機能成分が増える。また，乳酸やアルコールなどの作用で腐敗菌の増殖が抑制され保存性が増すとともに，味やにおい成分が生成されることで，食品が味わい深く，風味豊かなものとなる。

10.2　酒類

　日本ではアルコールを1%以上含む飲料を酒類という。酒類は製造法により発酵酒，蒸留酒，混成酒に大別される。発酵酒は発酵液をそのまま，または濾過して飲む酒で，ワイン，清酒，ビールなどであ

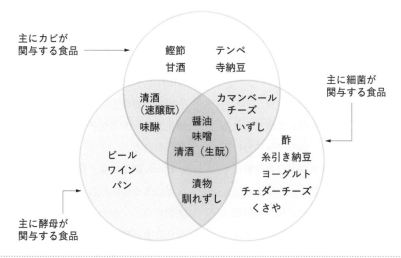

図10.1 発酵食品に用いられる微生物

表10.1 主な酒類の概要

製 品	主な原料	製 法	発酵原理	主な微生物
ワイン	ブドウ	ブドウ果汁に亜硫酸塩を添加，酵母を加えて発酵→樽熟成→濾過→瓶詰め	果汁の糖→酵母によるアルコール発酵（単発酵）	*Saccharomyces cerevisiae*, *S. bailli*, *S. rosei* および乳酸菌（マロラクティック発酵）
ビール	麦芽（大麦または小麦）	麦芽を温湯中に入れ，麦汁をつくる。ホップを添加して煮沸，冷却後，酵母を加えて発酵→濾過→容器詰め	麦芽デンプン→麦芽の酵素による糖化→酵母によるアルコール発酵（単行複発酵）	*Saccharomyces cerevisiae*
清 酒	米	酒母（酵母培養液）および麹をつくり，これらと蒸米，水で三段階に分けて仕込み，発酵→濾過→火入れ→容器詰め	米デンプン→麹による糖化と酵母によるアルコール発酵（並行複発酵）	*Aspergillus oryzae*, *Saccharomyces cerevisiae*（酛づくりの場合は，そのほか硝酸還元菌，乳酸菌）

る（表10.1）。蒸留酒は発酵酒を蒸留してつくった酒で，焼酎，ウイスキー，ブランデー，ラム，ジン，ウォッカなどである。混成酒は発酵酒や蒸留酒をもとに加工した酒で，味醂，甘味ブドウ酒，屠蘇酒，梅酒，リキュールなどである。

酒類は米や大麦，果実などの原料から，酵母（*Saccharomyces cerevisiae* または類似の酵母）のアルコール発酵によってつくられる。酵母は清酒やビールの原料であるデンプンを直接利用することはできないので，アルコール発酵に先立ってデンプンを糖化する必要がある。これを行うのは清酒では麹，ビールでは麦芽（モルト）である。麹は蒸米にコウジカビ（*Aspergillus oryzae*）を生やしたものであり，

麦芽は大麦のもやしを乾燥したものである。ともにデンプンの糖化に必要なα-アミラーゼなどの酵素を豊富にもっている。

清酒，ビールのように糖化とアルコール発酵の2つの発酵過程がある場合を複発酵という。このうち，清酒では，発酵タンクの中に麹と酒母（酵母培養液），蒸米が入っていて，麹による糖化と酵母によるアルコール生成が同時並行で起こっているので，これを並行複発酵という。一方，ビールでは麦芽を温湯中で糖化して麦汁に変え，これにホップを加えて煮沸，冷却後，酵母を加えてアルコール発酵を行う。糖化とアルコール発酵が順番に進んでいくので，このような発酵は単行複発酵という。

ワインでは，原料がブドウ果汁（糖液）のため，糖化工程が不要で，そのままアルコール発酵ができるので単発酵という。

1 ワイン

ワインはブドウなどの果実を発酵してつくられる単発酵酒で，色調から赤ワイン，白ワインに分けられる。赤ワインは黒系または赤系ブドウを原料にして，除梗機で果梗（軸）をとり除き，果汁を絞り，果皮，種子，果肉とともに発酵させた後，圧搾機にかけて果皮と種子をとり除いたものである。果汁には，雑菌の増殖防止，醪の酸化による退色防止などのために亜硫酸塩（ピロ亜硫酸カリウム）を添加し，8～12時間経過してから酒母（ワイン酵母 Saccharomyces cerevisiae の培養液）を添加して，20～30℃で2週間，主発酵が行われる。この間に有機酸，エステルなどの香気成分が生成される。主発酵が終了したワインは圧搾後，糖分が0.2%程度になるまで後発酵が行われ，さらに風味が複雑化する。幾度かの滓引きの後，樽熟成を行うが，この樽貯蔵中に増殖する乳酸菌がワイン中のリンゴ酸を分解して乳酸に変えるマロラクティック発酵という現象がほとんどの高級ワインで起こっている。樽熟成後，濾過，瓶詰めを行い，多くは長期間の瓶熟成の後，出荷される。近年は亜硫酸塩を添加しない無添加ワインの製造も増えている。

2 ビール

ビールは大麦あるいは小麦の麦芽を主原料としてつくられる単行複発酵酒で，その主要な工程は糖化と発酵の2つからなる。

糖化工程では，粉砕した大麦の麦芽を温湯中へ投入すると，麦芽中に含まれる加水分解酵素（α-アミラーゼ，プロテアーゼなど）によって麦芽中のデンプン，タンパク質が可溶化されるとともに，発酵性糖類（グルコース，マルトースなど），アミノ酸などが生成され，麦汁となる。

糖化工程の後，濾過によりビール粕を除去した麦汁にホップを加えて煮沸する。ホップには苦味と芳香の付与，熱凝固性タンパク質の析出，雑菌の増殖抑制などの役割がある。煮沸で生じたタンパク質，ホップ粕などを除去した麦汁は，冷却後，酵母（Saccharomyces cerevisiae）を添加し，アルコール生成のための主発酵と未熟臭（アセトアルデヒド，硫化水素，ジアセチルなど）の除去のための後発酵が行われる。

ビール酵母には，日本で主流のピルスナービールなどに広く用いられる下面発酵酵母（主発酵後期に沈殿する S. cerevisiae など）とエールなどに用いられる上面発酵酵母（浮上性の S. cerevisiae）の2種類がある。発酵時間は，ラガービールの場合，主発酵を8～10℃の低温で8～12日間行い，酵母を分離した後，さらに0～2℃で数か月間発酵を行って熟成する。これに対し，上面発酵では18～25℃で2週間ほど発酵を行う。発酵温度が高いためエステル類などが多く生成され，フルーティーな香りに富んだビールとなる。

3 清酒

清酒は米を主原料としてつくられる日本独特の並行複発酵酒である。蒸米中のデンプンが米麹の酵素で分解・糖化されつつ，同時に酵母によってアルコールに変換される。

清酒の製造工程は大きく5つの工程に分けられる（図10.2）。原料処理工程では酒質に大きな影響を与えるタンパク質や脂質を多く含む糠層をできるだけ除くため精米が行われる。製麹工程，酒母工程（酛づくり工程），醪工程は微生物が関与する工程である。そのうち製麹工程は，次の酒母工程，醪工程で使われる麹をつくる工程で，蒸米にコウジカビ胞子（Aspergillus oryzae）を噴霧して，33～40℃で二昼夜，増殖させてつくられる。その出来が清酒の品質に大きく影響するため，昔から杜氏の間では，「一麹，二酛，三造り」といわれるように，製麹は複雑で難しく重要な工程とされている。

酒母工程はアルコール発酵に必要な優良酵母（酛）を大量に純粋培養する工程で，麹と蒸米，水を原料としてつくられる。酛には生酛と速醸酛がある。昔

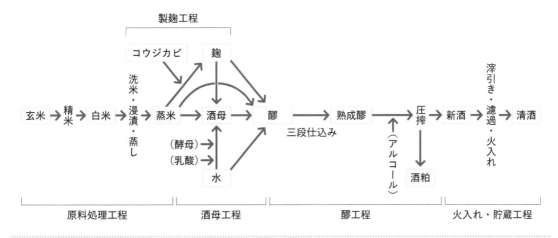

清酒の製造工程

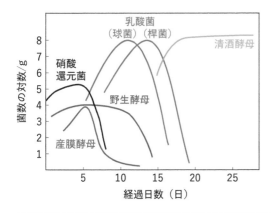

酒母工程における微生物の遷移

からの生酛（その改良型を山廃酛という）では，麹や蒸米，仕込み水などに由来する多種類の微生物群の中から，まず硝酸還元菌が増殖し，水に含まれる硝酸塩から亜硝酸塩がつくられ，またコウジカビが生成したグルコースを利用して乳酸菌が増殖しはじめて乳酸を生成，pHが低下するため雑菌や野生酵母などが死滅する。乳酸菌が増殖するにつれて次第に酵母に最適な乳酸濃度になり，蔵付きの優良酵母（または途中で添加した酵母）の増殖がはじまる。乳酸菌自身は自ら生成した乳酸によって死滅する。

　酒母工程では，このような巧みな微生物の相互作用（図10.3）によって原料から混入した有害微生物が死滅し，最終的に清酒酵母（*Saccharomyces cerevisiae*）のみからなる酒母が約1か月でできる。速

醸酛は生酛の製造工程の前半部を省略したもので，醸造用乳酸を使って酒母をつくる方法である。

　醪工程は酒母に麹，蒸米，水を3回（初添，仲添，留添という）に分けて添加し，醪の条件（アルコール濃度，pHなど）が急激に希釈されないようにしている。

　最後の工程では，発酵の終わった醪を圧搾し，酒と酒粕に分離，酒に60℃，30分程度の火入れ（低温殺菌）をして腐敗菌の殺菌と麹由来の酵素活性の停止をする。

　瓶詰めされた清酒が白濁し，アルコール濃度が低下，酸味・異臭が生じる腐敗現象を火落ちという。その原因はアルコール耐性で，コウジカビが生成するメバロン酸要求性の*Lactobacillus homohiochii*，*L. fructivorans*などの特殊な乳酸菌（火落ち菌）の増殖による。火落ち菌の増殖至適環境はアルコール濃度6％程度であるが，25％を超える濃度でも増殖するため，火入れは清酒製造での重要な工程である。

10.3　発酵調味料

　醤油，味噌，食酢，味醂などのように，食品に旨味や酸味，爽涼味などをつけて味を調えたり，汁物の原料として用いられる発酵製品を発酵調味料と総称している（表10.2）。味噌の発祥は中国で，それ

表10.2　主な発酵調味料の概要

製 品	主な原料	製 法	発酵原理	主な微生物
濃口醤油	大豆，小麦，食塩	醤油麹を食塩水に仕込む→発酵→熟成→圧搾→濾過→容器詰め	麹による原料の糖化とタンパク質分解，乳酸菌による乳酸生成，酵母によるアルコール・風味成分の生成，アミノカルボニル反応による着色	*Aspergillus oryzae* または *A. sojae*, *Tetragenococcus halophilus*, *Zygosaccharomyces rouxii*, *Candida versatilis*, *C. etchellsii*
米味噌	大豆，米，食塩	米麹，大豆に食塩を混合→発酵→熟成	（発酵原理は醤油と類似）	*Aspergillus oryzae*, *Tetragenococcus halophilus*, *Zygosaccharomyces rouxii*
米酢	穀類（米）	原料米に米麹，酵母，水を加える→糖化・アルコール発酵→種酢の入った発酵槽で菌膜形成→発酵→熟成→濾過→殺菌→瓶詰め	原料デンプン→麹などによる糖化と酵母によるアルコール発酵（並行複発酵）→酢酸菌による酢酸発酵	*Aspergillus oryzae*, *Saccharomyces cerevisiae*, *Acetobacter aceti*, *Ace. pasteurianus*
味醂	もち米，米麹（うるち米），焼酎	米麹ともち米を混合→40％程度の焼酎に仕込む→熟成→圧搾，濾過→貯蔵→容器詰め	もち米デンプン→米麹で糖化（アルコール発酵はしない）	*Aspergillus oryzae*, *A. kawachii*, *A. awamori*

が大和時代に日本に伝わったといわれているが，現在の中国には日本型の味噌は存在しないことから，その後は独自に発展してきたものと考えられている。醤油の起源については，日本で鎌倉時代に味噌の溜り汁から生まれたとの説や，味噌と同様に中国から伝来したなど諸説ある。食酢はワインやビールなどの酒類から自然発酵によりその原型が生まれたであろう。また味醂は日本特有の甘味調味料で，かつては飲用されていたものである。いずれも先人たちが長年にわたり試行錯誤をくり返しながらつくり上げてきた賜物であり，私たちは毎日の食事でその恩恵にあずかっている。

1 醤油

醤油は，大豆と小麦から調整した醤油麹を高濃度の食塩水中で発酵熟成してつくられる液体調味料である。原料の割合や仕込み食塩水の濃度などにより，濃口醤油，淡口醤油，溜醤油，再仕込み醤油，白醤油に分けられる。このうち最も一般的なのは濃口醤油で，日本の生産量の約83％を占める。その製法は，大豆と小麦をほぼ等量用い，まず煮熟した大豆と焙焼・割砕した小麦にコウジカビ胞子（*Aspergillus oryzae* または *A. sojae*）を接種し，高温多湿の条件

下で醤油麹をつくり，この1.2倍容量の23〜24％食塩水に仕込んで諸味とする。この諸味を発酵・熟成させた後，圧搾して得られる液体部分が醤油である。

諸味の発酵熟成中に，原料小麦・大豆のデンプンからはコウジカビのアミラーゼ，グルコシダーゼなどの作用でグルコースが，またプロテアーゼなどの作用でオリゴペプチド，アミノ酸などが生成される。諸味中では，これらの変化と併行して耐塩性乳酸菌（*Tetragenococcus halophilus*）により乳酸発酵が起こり，主発酵酵母である *Zygosaccharomyces rouxii*（図10.4ではZ酵母）がアルコールとフレーバー形成に重要なエステル類を生成する。後期に増殖する後熟酵母 *Candida versatilis* や *C. etchellsii*（C酵母）は，醤油の熟成香として特徴的な4-エチルグアヤコールを生成する。グルコースやアミノ酸などの各成分がアミノカルボニル反応を起こし，醤油特有の色と香りが形成される。

淡口醤油は関西地方で発達し，料理の材料を引き立てるのに適する淡い色の醤油で，塩分濃度は濃口醤油より高く，塩辛さを和らげるために熟成の末期に甘酒が加えられる。溜醤油，再仕込み醤油，白醤油の生産量は少なく，地域色が強い。

醤油の変敗として，食塩濃度の低い場合や糖濃度

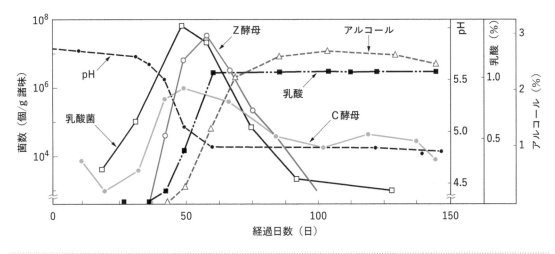

図10.4　醤油諸味中の発酵微生物の挙動とpH，乳酸，アルコールの変化

の高い白醤油では，耐塩性酵母（*Z. rouxii*）により白カビ様の産膜形成や湧き（二次発酵）を起こすことがある。

2 味噌

　味噌は米，大豆，麦から調整した麹（それぞれ米麹こめこうじ，豆麹まめこうじ，麦麹むぎこうじという）と大豆，塩を混ぜたものを発酵熟成してつくられる半固形状の調味料である。用いる麹の種類によって，米味噌，豆味噌，麦味噌，調合味噌に分類される。日本では米味噌が生産量の約80％を占め，米味噌は大豆と麹の割合や塩の配合の違いにより甘味噌，甘口味噌，辛口味噌に分けられる。

　味噌の発酵にはコウジカビ，酵母，乳酸菌が関与し，熟成中の発酵機構や微生物の役割は醤油と似ている。

　まず，コウジカビの作用により大豆のタンパク質からはオリゴペプチドやアミノ酸が生成され，米のデンプンからはグルコースなどが生成される。生成されたペプチド，アミノ酸，グルコースなどは味噌の熟成中にアミノカルボニル反応を起こし，味噌の着色に大きく関与する。また，酵母（*Zygosaccharomyces rouxii*）によりアルコールと香気成分が，耐塩性乳酸菌（*Tetragenococcus halophilus*）により乳酸が生成され，pHを下げるとともに味噌の塩辛

味を和らげ，風味がよくなる。脂質はコウジカビのリパーゼにより分解され，一部脂肪酸エチルにエステル化される。このように，発酵・熟成過程で糖の甘味，アミノ酸の旨味，有機酸の酸味，アルコールやエステルなどの香り成分が変化していき，味噌特有の味と香りと色が形成される。

　味噌は通常，異常発酵することはないが，麹の使用割合が高く，低塩分の場合には耐酸性乳酸菌（*Pediococcus acidilactici*）の増殖により酸敗を引き起こすことがある。

3 食酢

　食酢は穀類や果実などからつくられる液体調味料で，原料の種類により，米酢こめず，粕酢，麦芽酢，穀物酢，リンゴ酢などに分けられる。原料が穀類の場合は，まず原料デンプンをコウジカビ（*Aspergillus oryzae*）や麦芽によって糖化し，次に酵母（*Saccharomyces cerevisiae*）でアルコール発酵させ，酢酸菌（*Acetobacter aceti*, *A. pasteurianus*など）で酢酸発酵する。原料が果汁の場合，糖化工程は不要である。

　発酵法としては，アルコールの液面に酢酸菌の菌膜を形成させ，酢酸発酵させる「表面発酵法（静置発酵法）」と空気を強制的に吹き込んで酸化を促進させる「深部発酵法（通気発酵法）」がある。食酢

の主な成分は酢酸であるが，発酵により糖分，アミノ酸，有機酸（グルコン酸，コハク酸など）などが生成され，独特の風味が形成されている。

　なお，福山町（鹿児島県）で玄米と麹を原料としてつくられている壺酢は，同一の壺の中でアルコール発酵と酢酸発酵が行われる点で世界でも特異な食酢である。

④ 味醂

　味醂は，蒸煮したもち米，米麹（うるち米），焼酎または醸造アルコールにより製造される甘味調味料である。調味料のほか，正月の屠蘇酒，薬味酒などとしても利用されている。

　味醂は，うるち米を用いて調整された米麹（*Aspergillus oryzae*, *A. kawachii*, *A. awamori* など）と蒸したもち米を混合し，40％程度の焼酎に20〜30℃で40〜60日間仕込み，熟成させる。この間に麹の酵素によりもち米由来のデンプンが糖化され，糖，アミノ酸，有機酸などが生成される。これを圧搾し，滓下げ，濾過後，さらに数か月間貯蔵してつくられる。高濃度のアルコール存在下ではデンプンが老化しやすいので，味醂諸味中でも溶解しやすいアミロペクチン100％のもち米を用いて酵素の作用を受けやすいようにしている。味醂はコウジカビの作用で糖化・熟成が行われ，酵母によるアルコール発酵は行われない点で清酒とは大きく異なる。

10.4　農産発酵食品

　農産物の発酵食品には，前述の酒類や発酵調味料のほかにも多様なものがある。農産発酵食品は原料の保存性から二分することができる。漬物の多くは鮮度が低下しやすい野菜が原料である。したがって，これらは後述の水産発酵食品と同様，塩漬けにして保存性をもたせようとしたのがはじまりであり，保存のための発酵と考えられる。一方，納豆，テンペ，豆腐ようなどは，もともと保存性のよい大豆が原料であるので，加工のための発酵といえる。

① 納豆

　納豆は大豆の発酵食品で，糸引き納豆と寺納豆がある。糸引き納豆は最も一般的な納豆である。蒸煮大豆に納豆菌（*Bacillus subtilis*（*natto*））胞子を噴霧し，40℃前後で18〜24時間程度発酵後，10℃以下で熟成して旨味を醸成する。納豆菌の作用により，納豆特有の粘質物（ポリグルタミン酸とフラクタンの重合体）や風味が生成される。ビタミンK含量が完熟大豆と比較して糸引き納豆では非常に高値を示す。

　一方，寺納豆（大徳寺納豆，浜納豆，塩納豆ともいう）は，煮熟大豆に醤油麹菌を増殖させて豆麹をつくり，食塩水を加えて数か月〜1年間熟成させたもので，外観は黒褐色を呈し，醤油様の濃厚な旨味と香りをもっている。

② テンペ

　インドネシアの伝統食品であるテンペは，無塩発酵大豆製品であるという点において糸引き納豆と共通している。蒸煮した大豆にクモノスカビ（*Rhizopus oligosporus*）を接種し，3〜4日ほど発酵させたものである。スライスして油で揚げて食べる。

③ 豆腐よう

　沖縄地方特産の豆腐ようは，琉球王朝時代から王朝関係者の間で伝承されてきた食品である。作り方は沖縄豆腐を2〜3cm角に切り，これに食塩をまぶして約30分蒸煮した後，陰干しして乾燥したものを米麹（*Aspergillus oryzae*）と紅麹カビ（*Monascus anka*），泡盛，塩を混ぜた汁に約6か月漬け込み発酵させたものである。ソフトチーズ様の食感と奥深い味わいがあり，酒のつまみや和え物とされる。

④ 漬物

　漬物は主に野菜などを食塩，糠（ぬか），醤油，味噌，酒粕，麹，酢などに漬け込んで，保存性と呈味性を付与したものである。原料，漬床，漬汁の違いなどにより分類される。漬物には，①ハクサイやキュウリの浅漬のように野菜を塩漬にしてから調味した新漬，②福神漬，奈良漬などのように20％程度の食塩で

塩蔵した野菜を塩抜きしてから醤油，味噌，酒粕などに漬け込んで調味した調味漬，③すぐき漬，しば漬，飛騨赤かぶ漬，キムチなどのように低塩分で漬け込んだ後，乳酸発酵してつくられる発酵漬物に分けられる。多くは塩を用いるが，すんき漬け，ゆでこみ菜や中国の酸菜，泡菜などは塩を使わない無塩発酵漬物である。

野菜に食塩を加えると，浸透圧により細胞内の水分が減少し，代わりに食塩や調味成分が細胞内に浸透しやすくなる。また，細胞内の酵素により旨味が生成されるとともに組織はしんなりし，漬物特有の食感が得られるようになる。

発酵漬物では，食塩により雑菌が抑制される一方で，乳酸菌や酵母が増殖し，乳酸やアルコールが生じる。その結果，野菜の青臭さや灰汁が減り，漬物特有の旨味や風味が形成される。漬物の乳酸菌としては*Lactiplantibacillus*（旧*Lactobacillus*）*plantarum*，*Lacticaseibacillus casei*，*Levilactobacillus*（旧*Lactobacillus*）*brevis*，*Leuconostoc mesenteroides*，*Enterococcus faecalis*，*E. faecium*，*Pediococcus*などが，また酵母としては*Candida etchellsii*，*C. krusei*，*Saccharomyces*，*Yarrowa*（旧*Candida*）*lipolytica*，*Zygosaccharomyces*などが見出される。

なお発酵漬物では，時間の経過に伴い，産膜性酵母が増殖して漬物の上層部がいわゆる「白かび」（実際は酵母）に覆われることがある。また発酵性酵母が増殖した場合は，ガス生成により包装容器が膨張したり，アルコール臭，エステル臭が発生し，商品性が失われる。

10.5 水産発酵食品

魚介類は畜産動物に比べて死後の自己消化や腐敗が早いので，漁獲された魚をいかに貯蔵して品質劣化を防止するかということが昔から最も重要な問題で，塩蔵品や干物，佃煮，酢漬け，魚肉ソーセージや缶詰のような加工品はいずれも腐敗防止のために生まれたものといえる。

水産加工品の中には，塩辛，くさや，ふなずしのように，微生物や自己消化酵素の働きをむしろ積極的に利用してつくられていると考えられる発酵食品があるが，これらも腐りやすい魚介類の貯蔵から生まれたといえる。例えば，イカを塩蔵している間に自己消化酵素や細菌の働きで独特の旨味やにおいが生じるようになったものが塩辛，塩干魚をつくる際の塩水を数百年間，とり換えずにくり返し使用してきたのがくさやである。ふなずしも塩蔵しておいたフナをご飯といっしょに漬け込み，乳酸発酵を起こさせることで保存性と風味を付与したものである。

水産発酵食品は製造原理，製造法などから次の3つに整理することができる。

(1) 塩蔵型発酵食品：腐りやすい原料魚を塩蔵している間に特有の風味をもつようになったもの
  塩辛，くさや，魚醤油など

(2) 漬物型発酵食品：魚自体は糖質が少ないため，発酵基質として米飯や糠を用い，これに塩蔵しておいた魚を漬け込んだもの
  馴れずし，糠漬けなど

(3) その他の発酵食品：微生物を利用した食品
  鰹節など

これらの水産発酵食品の概要を表10.3に示す。

1 塩辛

塩辛は魚介類の筋肉，内臓などに食塩を加え，腐敗を防ぎながら旨味を醸成させたものである。イカの塩辛のほか，カツオの塩辛（酒盗），ウニの塩辛，アユの卵・精巣・内臓の塩辛（うるか），ナマコの内臓の塩辛（このわた），サケ内臓の塩辛（めふん）など多種類のものがつくられている。イカ塩辛が最も一般的で生産量も多い。

イカ塩辛の製法は，まず原料（主にスルメイカ）の内臓，くちばし，軟甲を除去し，頭脚肉と胴肉を分離して水洗し，十分に水切りした後，細切りした胴肉および頭脚肉を大型の樽に入れ，これに肝臓および食塩を加えて十分に撹拌・混合する。食塩は伝統的製法では肉量の十数％であるが，最近は減塩の傾

表10.3　主な水産発酵食品の概要

種類	原料魚	製法	発酵原理	主な微生物
イカ塩辛	スルメイカ	細切りした胴・脚肉に肝臓約5%，食塩十数％を加え，10〜20日仕込む	食塩による防腐と自己消化酵素による旨味の生成，微生物によるにおいの生成	*Staphylococcus* *Micrococcus* 酵母
くさや	ムロアジ アオムロ トビウオ	二枚に開いた原料魚を血抜きし，くさや汁に一晩（10〜20時間）漬けた後，水洗，乾燥する	汁中細菌の産生する抗菌物質や汁の低い酸化還元電位による雑菌の増殖抑制。嫌気性菌によるにおいの付与	"*Corynebacterium*" 嫌気性菌 螺旋菌
しょっつる	マイワシ ハタハタ	原料魚に22〜30%の食塩を加え，1年以上漬け込む	食塩による防腐と自己消化酵素による液化・呈味の生成	*Micrococcus* *Bacillus* *Tetragenococcus*
ふなずし	ニゴロブナ	塩蔵フナを塩出し後，米飯に1年以上漬け込む	食塩による防腐（塩蔵中）と米飯の発酵による保存性と風味の付与（米飯漬け中）	乳酸菌 酵母
いわし糠漬け	マイワシ	塩蔵イワシを水切り後，糠，麹などとともに1年以上漬け込む	食塩による防腐と糠の発酵による保存性と風味の付与	乳酸菌 酵母
鰹節	カツオ	カツオの切り身を煮熟後，培乾，カビ付けする	煙・乾燥による防腐とカビによる脂肪分解・香りの付与	*Aspergillus*

向にある。肝臓の添加量は3〜10%程度である。毎日十分に撹拌し，だいたい10〜20日後，製品とする。

イカ細切り肉は仕込み後，次第に生臭みがなくなり，肉質も柔軟性を増し，元の肉とは違う塩辛らしい味や香りが増強されるようになる。このような変化を熟成という。この間にグルタミン酸，ロイシン，アルギニン，プロリンなどの遊離アミノ酸が増加する。このアミノ酸（呈味成分）の生成は自己消化酵素（魚肉や肝臓の酵素）によるもので，細菌は関与しない。一方，有機酸として酢酸，乳酸などが蓄積することがあるが，これらの生成には熟成中に増殖する*Staphylococcus*と*Micrococcus*が関与する。

最近は食塩10%以上の伝統的塩辛は少なくなり，代わって塩分が2〜5%程度の低塩化塩辛が主流となっている。このような低塩塩辛は熟成による旨味の生成ができない（腐敗する）ため，調味料で味つけするもので，腐敗しやすいため低温貯蔵が必要である。

2 くさや

くさやは，主に伊豆諸島でつくられている魚の干物の一種で，独特の臭気と風味をもち，普通の干物よりも腐りにくいことが特色の一風変わった食べ物である。製造に用いられるくさや汁中の微生物作用が製品を特徴づけているため，発酵食品に分類される。

くさやの原料にはアオムロ，ムロアジ，トビウオなどが用いられる。開いた原料魚を十分水洗，血抜きを行って水切りし，くさや汁に10〜20時間ほど浸漬後，水洗し，天日乾燥または通風乾燥してつくられる。このくさや汁は，同じ液が100年以上にわたりくり返し使用されているもので，粘性を有し，強いにおいがする。くさや汁の成分は，pH（中性），総窒素（0.40〜0.46 g/100 mℓ），生菌数（10^7〜10^8 cfu/ml）などには島の間に大きな差異はみられない。食塩濃度は八丈島のくさや汁は10%前後であるが，他島のものでは3〜5%と低い。

くさやのにおいはくさや汁中の微生物作用によるもので，くさや汁からは主な香気成分として，*p*-クレゾール，スカトール，ジメチルジスルフィド，iso-酢酸，ジメチルトリスルフィドなどが検出される。また，くさやの味は独特であるが，それが何によるのかについてはわかっていない。くさや汁の微生物フローラは"*Corynebacterium*"（暫定的に分

類）が優勢であり，活発に運動する螺旋菌（*Marino-spirillum*など）が認められる。

くさやが腐りにくい原因としては，"*Corynebacterium*" などの細菌が産生する抗菌物質のほか，汁の酸化還元電位が低いこと（−320〜−360 mV）などのため漬け込み中に魚の腐敗細菌の増殖が抑制されるからではないかと考えられている。しかし，くさや汁には生きているが培養できない，いわゆるVBNC（viable but non-culturable）細菌が10^{11}/ml程度存在し，その優勢菌群は島ごとに特徴があり，大島・新島では *Tissierella* 属が，八丈島では *Halanaerobium* 属が存在する。これらもくさやの製造に何らかの役割を果たしている可能性がある。

3 魚醤油

魚醤油は魚介類を高濃度の食塩とともに1年〜数年間熟成させて製造される液体調味料で，日本には秋田のしょっつる，能登のいしるなどがある。また東南アジアでは，パティス，ニョクマム，ナムプラーなどの魚醤油が広く用いられている。日本での消費は少ないが，最近では麺つゆやつゆ，たれなどの隠し味としての需要が伸びている。

しょっつるの原料にはハタハタ，マイワシ，アジ，カタクチイワシなどが用いられる。製造法の一例を示すと，原料魚に対し約20％量の食塩をまぶし，汁が浸出して脱水した魚体に新たに塩をかけながら煮沸濾過した浸出液を注加し，重石をして漬け込む。1年〜数年すると魚体は液化するので，これを汲み出して釜で煮込み，浮いた油を除いて濾過する。濾液を数日間放置して澱を除き，濾過後，商品とする。

しょっつるは原料魚や製造法が多様であるため，成分も食塩22〜30％，pH 4.5〜6.0，総窒素300〜1,600 mg/100 ml，グルタミン酸380〜1,080 mg/100 ml，乳酸67〜460 mg/100 mlというようにかなり異なる。

魚醤油の呈味成分（グルタミン酸など）は主に魚介類の自己消化酵素の働きで生成され，大豆醤油における麹の役割を魚醤油では自己消化酵素が行っているといえる。においや呈味成分の一部は微生物に

よって生成されているのである。

魚醤油から分離される細菌には *Tetragenococcus*, *Micrococcus*, *Bacillus*, *Halobacterium* などがあり，このうちの *Tetragenococcus* にはヒスタミンを生成するものがおり，魚醤油中のヒスタミン蓄積の原因となる。また *Halobacterium* は魚醤油の腐敗原因ともなる。

4 馴れずし

塩蔵した魚介類を米飯に漬け込み，その自然発酵によって生じた乳酸などの作用で保存性や酸味を付与した製品を馴れずしという。ふなずし，さば馴れずし，はたはたずし（いずし）など多種類の製品がある。これらのうち，ふなずしは最も古い形態で，独特の強いにおいと酸味をもっている。pH 4.0〜4.5，食塩1.4〜3.5％で，有機酸として乳酸が0.9〜1.8％のほか，酢酸，プロピオン酸，酪酸などが検出される。

ふなずしの製法は，ニゴロブナの鱗をとり除いたのち，鰓をとり，そこから内臓を除去する。魚卵は体内に残したまま腹腔へ食塩を詰め込み，それを桶中に並べて食塩をかぶせ，何層にも重ねた状態で重石をして塩漬けする。約1年してからとり出し，塩を全部洗い出す。次に米飯に塩を混ぜ，子を潰さないように注意して鰓穴から魚の内部へ詰めたのち，桶に米飯と魚を交互に漬け込む。重石をして約1年間発酵・熟成させる。

熟成中に魚肉の自己消化により生成される種々のエキス成分や，乳酸菌，酵母などが生産する有機酸やアルコールなどによって風味づけがされ，また生成された有機酸の影響でpHが低下することにより腐敗細菌の増殖が抑制されるため保存性が付与される。ふなずしの米飯漬け工程からは *Lactiplantibacillus plantarum*, *Lactobacillus pentoaceticus*, *L. kefir*, *L. alimentarius*, *L. acetotolerans* などの乳酸菌が分離される。

5 糠漬け

魚の糠漬けは塩蔵したイワシ，ニシンなどを麹とともに糠に漬け込んで発酵・熟成させたものである。

イワシ糠漬けの成分はpH5.2〜5.5, 食塩10〜14%, アミノ態窒素350〜390 mg/100 g, 揮発性塩基窒素32〜100 mg/100 g, 乳酸0.4〜1.0%, アルコール0.07〜0.08%である。珍しい製品にフグの卵巣を用いたものがある。原料は有毒であるが, 製品では食用可能な状態になっている。

イワシ糠漬けの製造法は, 頭部を除いた魚体に対して30〜35%の食塩を撒き塩にし, 7〜10日ほど後に魚体をとり出し, 水切り後, 麹とトウガラシを混ぜた糠とともに重石をして漬け込み, 6か月〜1年間発酵・熟成させる。フグ卵巣糠漬けの製法は, 卵巣に35〜40%の食塩を撒き塩にして, 2〜3か月で塩を換えて漬けなおし, 2年以上塩蔵後, 水洗して糠に漬け, 重石をして1〜2年間発酵・熟成する。

熟成には乳酸菌 (*Tetragenococcus, Lactiplantibacillus plantarum*など) と酵母 (*Saccharomyces*および*Pichia*) などが関与する。熟成中の塩分が高いため, ふなずしほど特異ではないが, 糠漬け特有の風味が形成される。

6 鰹節

魚肉を煮熟後, 燻して十分に乾燥した製品を節という。原料魚種の違いにより, 鰹節, 鯖節などに分けられる。

鰹節の製法 (図10.5) は, 原料魚を三枚に卸し (魚体が大きい場合には背肉と腹肉とに身割りする), 85℃, 80分程度煮熟し, 放冷後, 胸部などの骨を抜き, 簀の子に並べて焙乾する (なまり節)。傷ついたり欠けた部分を肉糊で成形し, 翌日, 再び簀の子に並べ, 5〜6時間焙乾, 火から下ろして一夜放置する。この操作を10〜20日間くり返す。その後, 表面に付いたタールを削り (裸節), カビ付け庫で10〜20日間放置しカビ付けを行う。カビの生じた節をとり出し, 日乾後, 刷毛でカビを払い落とす。通常, このカビ付けの操作を4回行うと本枯節と呼ばれる最終製品になる。

鰹節のカビ付けは, 昔は裸節を木の箱に入れて自然にカビがつくのを待ったが, いまでは優良カビの胞子を噴霧することが多い。優良カビといわれる菌種はいずれも*Aspergillus glaucus*グループに属し, 脂肪分解力は強いが, タンパク質分解力は弱く, よい香気を生じる。このカビの主な役割は脂肪の分解, 悪臭の除去, 香りの付与である。水分の除去に対するカビの効果はほとんどない。

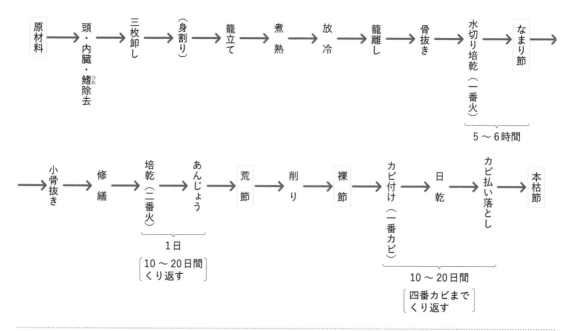

図10.5　鰹節の製造工程

10.6 畜産発酵食品

古くから家畜の乳の利用が盛んであった中近東や西アジアなどでは，乳が自然発酵によって保存性が向上することを経験的に学び，チーズや発酵乳などの発酵食品がつくられていったと考えられる。それに対し，農耕が主体であった日本では，牛乳の利用は，飛鳥・奈良・平安時代の記録にチーズ様の製品（蘇など）がみられるほかは一般的にはほとんどなく，本格的な牛乳利用は明治に入り西欧の乳加工技術が導入されるようになってからのことである。

1 チーズ

チーズはナチュラルチーズとプロセスチーズに大別される。ナチュラルチーズは，加熱殺菌した原料乳に乳酸菌などのスターターを加え，凝乳剤として仔牛レンネット（キモシンなど）や微生物レンネット（カビの*Rhizomucor*などから抽出）を添加し，凝固した凝乳からホエイ（乳清）を除いて得られたカード（凝固乳）に塩を加え，型に詰めて加圧，加塩して成形したものを適当な条件で熟成させたものである。プロセスチーズは，粉砕したナチュラルチーズを水，乳化剤，香辛料などと混合・加熱溶融し，型に充填したものである。

ナチュラルチーズでは，熟成中にチーズ中に残存する乳糖（大部分はホエイとして除かれる）は乳酸菌により乳酸および微量の二酸化炭素やエタノールに変化する。脂肪は主に乳酸菌やカビにより遊離脂肪酸のほか各種の香気成分になる。またタンパク質は各種アミノ酸に変化し，さらに一部はアンモニア，アミン，硫化水素などに分解される。その成分の種類や量はチーズの種類ごとにさまざまであり，個々のチーズに特徴的な風味が形成される。

チーズの微生物スターターとして，乳酸菌の*Lactococcus lactis*（汎用），*Streptococcus thermophilus*，*Lactobacillus delbrueckii*，*Leuconostoc mesenteroides*などが，カビの*Penicillium camemberti*，*P. roqueforti*などが用いられる。

2 発酵乳

ヨーグルトやケフィールなど，乳を乳酸菌，酵母などの微生物で発酵させ，糊状または液体にしたものを発酵乳という。これは発酵形式から乳酸菌の乳酸発酵だけによるものと，乳酸発酵プラス酵母のアルコール発酵によるものに二大別される。

発酵乳は均質化してから加熱殺菌した乳に乳酸菌スターターを添加して乳酸を生成させ，乳を酸性にしてカゼインを凝固させることにより製造される。

日本ではヨーグルトと発酵乳は同義に扱われることが多いが，ヨーグルトに使用される乳酸菌は，Codex規格では*Lactobacillus bulgaricus*と*Streptococcus thermophilus*を最低限使用することになっている。一方，日本の乳等省令による発酵乳の成分規格では菌種の指定はなく，上記2種に限らず，*Lacticaseibacillus*（旧*Lactobacillus*）*casei*，*Lactobacillus acidophilus*，*L. gasseri*やビフィズス菌の*Bifidobacterium bifidum*，*B. longum*などが使用される場合がある。また菌数の規格として，日本では乳酸菌または酵母を10^7/ml以上含んでいる必要がある。Codexでもスターター微生物について10^7/g以上含むことと規定されているが，添加した微生物名を表示する場合には，それらの菌数が別途規定されており，乳等省令とは若干異なったものになっている。

発酵乳の風味は，牛乳自体の風味に乳酸菌が生成した有機酸（乳酸，酢酸など）やアセトアルデヒド，ジアセチルなどの香気成分が加わったものである。

［参考文献］

- 栃倉辰六郎ほか監修：発酵ハンドブック，共立出版（2001）
- 日本伝統食品研究会編：日本の伝統食品事典，朝倉書店（2007）
- 日本食品微生物学会編：食品微生物学辞典，中央法規出版（2010）
- 藤井建夫：塩辛・くさや・かつお節―水産発酵食品の製法と旨み（増補版），恒星社厚生閣（2001）
- 藤井建夫：魚の発酵食品，成山堂書店（2002）

- 阿久津良造ほか：乳肉卵の機能と利用，アイ・ケイコーポレーション（2005）
- 雪印乳業健康生活研究所編：乳酸発酵の文化譜，中央法規出版（1996）
- 吉沢淑ほか編：醸造・発酵食品の事典，朝倉書店（2002）
- 小泉武夫編著：発酵食品学，講談社（2012）

［図版出典］

図10.4 門脇清：醤油の科学と技術（栃倉辰六郎編），p.134，図3-9，図3-10，（公財）日本醸造協会（1988）

Chapter

11

予測微生物学

食品の製造や開発において安全性を議論する際, 危害のある有害微生物がその食品中でどのような挙動を示すかは, その製品の安全性確保のための重要な情報である。食品などにおける微生物の動態を数学的モデルで解析し, それをもとに挙動予測を行う予測微生物学という研究分野が近年とり上げられてきている。

予測式の組み立ての多くは, さまざまな環境要因（例えば, 増殖であれば, 温度, pH, 水分活性など, 死滅であれば, 加熱条件など）で対象微生物に対して実験してデータ収集を行い, 菌数と時間の関係式を一次モデルにより決定, 次に環境要因との関係性を二次モデルにより決定し, さらに得られたモデル式の適合性を検証する流れで行われる。モデル式のパラメーター決定には数学的解析が必要だが, 解析のためのWebサイトも公開されているところである。さらには過去に報告された論文などから, 増殖もしくは死滅の挙動を収集したデータベースも存在し, ユーザーは環境条件を提示することで予測データを参照しつつ関連文献を得ることができる。

これらの解析手法やデータベースは, 食品の微生物学的な安全性評価やHACCPプランの作成などに活用できると考えられる。

11.1 予測微生物学

食品を製造・販売するうえで, 微生物による品質劣化や食中毒菌の増殖や毒素の産生など, その危害がどのように増加していくかは, 食品の安全性に大きくかかわるため, 食品をとり扱う者には興味がある問題である。製造過程や輸送過程においても, 微生物の増殖を防ぐためには低温かつ短時間での処理や搬送が必要であることは理解しつつも, 実際に許容されるレベルを設定する場合どう考えるべきか, 輸送条件においても温度履歴が微生物に与える影響はどの程度のものなのか, 定量的な考え方になかなか至らない。それゆえ, 微生物の挙動の「予測」という考え方が求められている。

微生物挙動の「予測」から製品の安全性を担保するという考え方は昔から行われてきた。現に, 加熱時間と微生物減少率から傾きを求めることで, 加熱による微生物殺菌効果を論じる, いわゆるD値という指標は, 食品の安全性確保に役立てられており, この考えは1930年代から現在まで, 殺菌効果の予測式として活用されているものである。また, 1980年代以降では, 微生物の増殖, 殺菌, 競合など多くのモデルが活発に提唱されるようになり, 現代でもさらに新しい微生物の挙動に関するモデル式が開発されている。

数式により微生物の挙動を示すことが可能ならば, 微生物リスクの定量的評価に活用できる可能性がある。例えば, 食品原材料における微生物汚染の頻度・汚染時の微生物数・消費までの増殖・消費の頻度・食品の摂取量などがモデル化され, 統合的に考えることができるなら, その対象微生物の発症リスクを評価できる未来が想像できる。現在では予測微

生物学は微生物のリスク評価の重要なツールになりつつある。ここでは微生物の挙動を示すための予測式の作成や，現在活用できるツールなどについて解説する。

11.2　予測微生物学の概要

「予測微生物学」とは，実験等で得られたデータをもととして微生物の挙動を数学的モデルにより解析し，得られた数式情報を活用して食品の微生物学的な安全性の確保に役立てることを目的とした研究分野である。食品の保存や加工において，対象食品中での微生物，特に食中毒菌の挙動を予測することは，その安全性担保に関する重要な知見を与える。特に，食品科学においては，ハードルテクノロジーという複数のさまざまな制御因子を組み合わせて，品質を確保しつつ微生物の増殖を抑制して安全性を確保する微生物制御がなされている。対象食品中における微生物制御のための情報を実験的に得ることで，保存期間や保存条件等の製品スペックの見積りや，加工における殺菌温度条件の最適化などが行われている。

食品中の微生物の挙動についての情報が集合すれば，エンドユーザーは効率的に安全な食品の開発にとりかかることができるだけではなく，HACCPプランのCCP（Critical Control Point，重要管理点）の設定にも活用することができる。それゆえ，集合させたデータから微生物の増殖や死滅に関する挙動を数学的に表現する試みがなされてきた。食品産業において予測微生物学による予測モデルの適用と研究が進めば，次のような活用が期待できる。

- リスクの予測：製品中に残存あるいは侵入するおそれのある腐敗菌や病原菌が，予想される流通条件で感染レベルまたは優位の毒素産生まで増殖する可能性を算出できる。リスクの可能性があるならば，材料や工程などの問題点の検討，もしくは流通条件の見直しなどの改善の方向性を検討できる。

- 製品開発の手引き：製品の原料，レシピ，および製造プロセスなどを変更する場合や新製品，あるいは新しい製造プロセスの開発にあたり微生物がかかわる品質および安全性についての問題の有無を敏速に査定できる。

- HACCP計画の策定：環境要因に対応した有害微生物のレベルの定量的算出により材料の菌数レベルや環境要因についての許容範囲を示すことができ，CCPの決定および微生物基準設定に必要な情報が提供できる。

- 品質管理，製品の期限表示：製品の品質および安全性にかかわる有害微生物の挙動について，信頼性のある情報をもとに品質管理の条件や製品の期限設定に活用できる。

- 微生物の実験計画への支援：微生物実験室における実験計画の作成，データの記述法と解析のための日常的手法としての活用ができる。

- 食品微生物学関係の教材への活用：学生および非技術系の人々に微生物の挙動と環境要因との関連を視覚的に提示することにより教育的効果が期待できる。

このように食品分野において幅広い利用や展開が期待される。

11.3　予測式の立て方の流れ

ここでは一般にどのように実験データから数式化が行われるか，その流れについて，微生物の増殖を例にして示す。実験データを用いた予測式の作成は，おおむね次のステップで行われる（図11.1）。

1　一次モデルによる微生物の 経時変化の記述

まず，実験により微生物の経時変化についてデータを取得する。例えば，ある微生物を特定の培地もしくは食品などに接種し，保存温度やpH，もしくは水分活性（a_w）などを固定した条件で，その増殖過程を生菌数測定等で求めるなどである。微生物

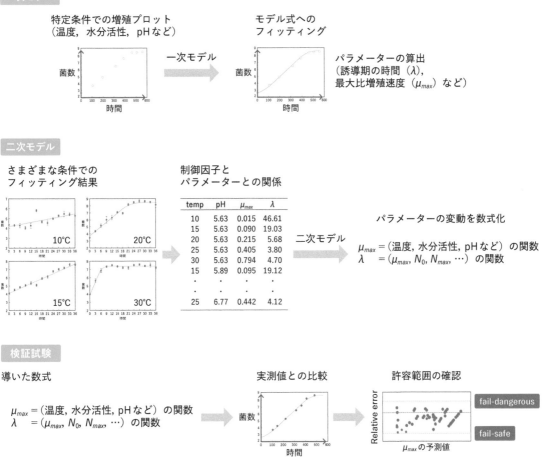

図11.1 予測式の組み立ての流れ

の増殖をグラフで記載する際には，縦軸は菌数の対数値（log cfu/mL），横軸は保存時間でプロットする。プロットしたグラフは増殖曲線となり，この増殖曲線はシグモイド曲線というS字型の形となる。このシグモイド曲線を何らかの数式で示す必要があり，これを一次モデル（primary model）と呼んでいる。一次モデルには，Logisticモデル，Gompertzモデル，Baranyi and Robertsモデルなどの数式モデルが提唱されており，この一次モデルにデータを最も適合させるためフィッティングという作業を行う。フィッティングにより増殖を数式で示すためのパラメーター（例えば，初発菌濃度，最大菌濃度，増殖速度，誘導期の時間）を決定し，この数値を用いることで，特定条件下における増殖曲

線を記載することができる。

② 二次モデルを用いた，環境条件と一次モデルのパラメーターの応答のモデル化

一次モデルでは，特定条件下における式と定数が決定されるが，二次モデル（secondary model）では，一次モデルで決定したパラメーター（特に増殖速度と誘導期の時間が，微生物の増殖を示すための最も重要な定数と考えられるため用いられる）と増殖条件下（例えば，温度やpH，水分活性など）との関係を数式で示していく。例えば，後述するRatkowskyモデルや多項式（polynomial）モデルなどの数式に当てはめて，一次モデルと同様，フ

ィッティング作業を行い二次モデルのパラメーターを決定する。こうして増殖条件（環境要因）と増殖速度などとの関係を含んだ予測式が得られる。

3 検証試験

二次モデルで示された予測式は，本来の実測の実験結果と適合するのか，確認が必要となる。得られたモデル式と実測値との値や増殖速度との差分を評価するために，RE（relative error），r（residuals），B_f（bias factor），A_f（accuracy factor）などの指標が用いられる。

REはモデル式で得られる増殖速度と実測値で得られる増殖速度との差分を示す指標で，-0.3（fail safe）から0.15（fail dangerous）の間が許容範囲内と考えられている。同様にrでは，モデル式で計算された菌数と実測した菌数との差分を示したものであり，その差分が-1.0 log（fail safe）から0.5 log（fail dangerous）の間が許容範囲として考えられている。さまざまな条件下において，rの値が許容範囲に全サンプル数の70%が含まれれば，その予測式はその実験条件下において十分な性能をもつと考えられている。

そのほか，二次モデルの検証としてB_f，A_fという値も用いられ，増殖速度について，B_fでは実測値と予測値の平均的バラつき，A_fでは実測値と予測値の差分の平均を示す指標となっている。計算式としては，

$$B_f = 10^{\Sigma log\left(\frac{predicted}{observed}\right)/n}$$

$$A_f = 10^{\Sigma \left| log\left(\frac{predicted}{observed}\right) \right|/n}$$

となり，$predicted$は予測による値，$observed$は実測による値，nはデータ数を代入することで計算される。この値が1であれば，すべての観測値と予測値が完全に一致していることを示し，予測式の精度が高いことを示す。この値が1より高ければ実測値が予測値を上回る（fail dangerous），低ければ予測値が実測値を上回る（fail safe）こととなる。このように作成したモデルが数値化して評価され，

各予測モデル式での立式においてどのモデルが適するのかなど比較がなされる。

11.4　微生物増殖予測モデルの実際

ここでは，さまざまな温度帯における微生物の増殖を例に，一次モデルをBaranyi and Robertsモデル，二次モデルとしてRatkowskyモデルにより予測式を構築していく例を示しつつ，予測式構築の実際について述べる。

1 データの取得

微生物の増殖曲線（p.66参照）は一般に図11.2のような型を示す。この増殖曲線は誘導期，対数増殖期，定常期，死滅期と4つのフェイズからなるが，増殖を数式として示すためのパラメーターとして，誘導期（λ），最大比増殖速度（μ_{max}），初発菌濃度（N_0），最大菌濃度（N_{max}）がよく用いられ，これらをデータ取得結果から求める。図11.3に示すように，増殖曲線のシグモイド型の部分において，μ_{max}は増殖速度が最大になる際の値を示しており，単位は（1/h）のように時間の逆数で表現される。この値と初発菌濃度（N_0）との交点とを考えた場合，その交点までの時間を誘導期（λ）として定義する。また，最終的に増殖が定常期に達すると考え

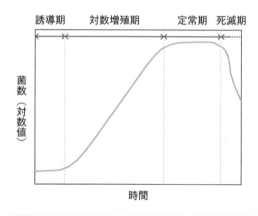

図11.2　一般的な微生物の増殖曲線

られる値をN_{max}とする。ここで実例として，*Listeria monocytogenes*について，8℃に保存した牛乳中における増殖のプロットを例として示す（図11.4中●印）。

2 一次モデルによるフィッティングと増殖予測に必要なパラメーターの決定

データが得られたら，一次モデルへのフィッティングを行う。ここでは，一次モデルとしてBaranyi and Robertsモデルを用いて考える。Baranyi and Robertsモデル※では，増殖曲線を表すために次の式を用いている。

※Baranyi and Robertsモデル式は，その他のパラメーターを含むさまざまな式が提言されているが，ここでは単に主要の4つのパラメーターのみで示されたものを引用した。

$$f(t) = N_0 + \mu_{max} \times A - ln\left[1 + \frac{\exp(\mu_{max} \times A) - 1}{\exp(N_{max} - N_0)}\right]$$

$$A = t + \frac{1}{\mu_{max}} ln[\exp(-\mu_{max}t) + \exp(-\mu_{max}\lambda) - \exp(-\mu_{max}t - \mu_{max}\lambda)]$$

ここで$f(t)$は時間tの時の菌濃度を示す。

図11.4のように増殖のプロットが得られたら，このデータが上記のBaranyi and Robertsモデルの式に極力適合するように，先の4つのパラメーターを最小二乗法により決定する。パラメーターの決定はWeb上で公開されている増殖曲線解析プログラムやPythonでのプログラム言語，Rのような統計解析ソフトの活用，Microsoftの表計算ソフトExcelでもソルバーと呼ばれる追加機能により可能である。Web上での解析ではComBaseと呼ばれる微生物挙動データベースサイトがあり，そのなかにDMFitというオンライン上での解析ソフト，もしくは解析ソフトがExcelのアドインのかたちで配布されている。オンライン上での解析では，時間と菌数（log cfu/g）との関係について入力すればグラフが自動にプロットされ，フィッティングの計算を実行

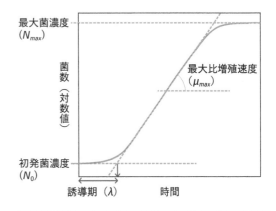

図11.3　増殖曲線を示すために用いられるパラメーター

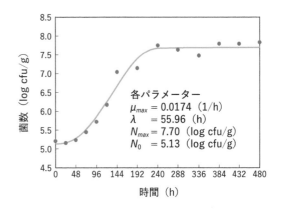

図11.4　ある微生物（*L. monocytogenes*）での増殖プロット（●）とBaranyi and Robertsモデルでのフィッティング結果

させることで，最適となるパラメーターの数値を得ることができる。これらのパラメーターが決定され，先のモデル式に代入すると後述の図11.5の破線グラフを得ることができる。

3 Ratkowskyモデルによる増殖速度予測式

いろいろな温度帯によって増殖データを取得して，前項2のように一次モデルによって増殖データごとのパラメーターを決定できたとする。例として表11.1のようなパラメーターが得られたとする。ここでは各温度と得られたパラメーターとの関係について考えてみる。

温度と増殖速度の予測に関係式を立式するために，

表11.1 ある条件下での *Salmonella* Enteritidis の温度と最大比増殖速度との関係

温度(℃)	μ_{max}
10	0.03564
15	0.10401
20	0.21693
25	0.31770
30	0.50634
35	0.71922

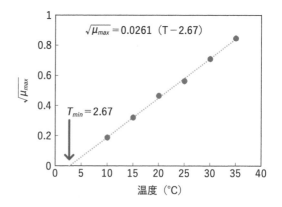

図11.5 表11.1の例から導かれるRatkowskyモデルによる温度と最大比増殖速度との関係

Ratkowskyモデルがよく活用されている。モデル式は,

$$\sqrt{\mu_{max}} = b(T - T_{min})$$

と示され,μ_{max}は最大増殖速度,bは定数,Tは温度,T_{min}はその対象微生物の増殖下限の温度(理論値),を示す。先の表11.1のデータから,縦軸を$\sqrt{\mu_{max}}$,横軸を測定温度としてプロットし,それから得られる近似直線を記載すると,図11.5のように直線関係が得られる。図11.5の例では,

$$\sqrt{\mu_{max}} = 0.0261(T - 2.67)$$

となり,この式から未知の温度帯における最大比増殖速度を推定できる。ただし,ここで得られたT_{min}の値である2.67℃はあくまでも理論上の計算値(むしろパラメーター値)であり,実際に測定して増殖しないことが確認された結果ではない点は注意する必要がある。また,適応可能な温度範囲に対しても留意する必要がある。

温度については増殖速度の平方根の値と直線関係がおおむね観察されることから,上記のモデル式が提案されており,よく活用されている。一方,pHや水分活性(a_w)においても

$$\mu_{max} = b(pH - pH_{min})$$

$$\mu_{max} = b(a_w - a_{w\,min})$$

のように適合範囲に対して留意する必要があるが,増殖速度と直線的関係が観察される。その実例を図11.6,図11.7に示した。また先の温度との関係式と組み合わせて,

$$\sqrt{\mu_{max}} = b(T - T_{min})(\sqrt{pH - pH_{min}})$$

$$\sqrt{\mu_{max}} = b(T - T_{min})(\sqrt{a_w - a_{w\,min}})$$

のようにRatkowskyの式を拡張したモデル式を活用した例もある(pH_{min}:対象微生物の増殖が起こらないと推定されるpHの値,$a_{w\,min}$:対象微生物の増殖が起こらないと推定される水分活性の値。ただしこれらはあくまでも理論値であり,実際の値とは異なる可能性がある)。

そのほか,二次モデルでは,増殖条件とパラメーターとの関係を数式化するために,多項式モデルを使うことも多い。多項式モデルでは,例えば塩濃度(NaCl;% w/v),温度(Temp;℃),pHの3条件の組み合わせで考えるなら,

$$\begin{aligned}y = {} & a + b_1(NaCl) + b_2(Temp) + b_3(pH) + \\ & b_4(NaCl)^2 + b_5(Temp)^2 + b_6(pH)^2 + \\ & b_7(NaCl) \times (Temp) + b_8(NaCl) \times (pH) \\ & + b_9(pH) \times (Temp) + \delta\end{aligned}$$

として,二次の多項式でパラメーターの総組み合わせを記載することで作成される。ここでa, b_1~b_9

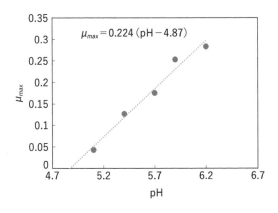

図11.6 pHと最大比増殖速度との関係の実験例

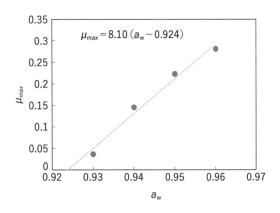

図11.7 水分活性と最大比増殖速度との関係の実験例

はパラメーター，δは誤差項として示される。多項式モデルでは，パラメーターを単純な2次式の総当たりで示している。各パラメーターは重回帰分析により計算可能であり，同時にどのパラメーターの重要度（説明変数との因果関係）が高いかが推定できる。

❹ 温度変動下での増殖予測

前項❸では，温度と増殖速度との関係，❷では増殖速度から増殖曲線を作成する式を得ることについて述べた。この2つの式を用いて未知温度から増殖速度を算出し，その値から増殖曲線の予測ができると考えられる。また，その保存温度と時間が得られれば，微生物の増殖する値を積算していくことにより増殖の挙動が推定できる。図11.8はサルモネラについて温度変動を5℃と30℃を交互にくり返した場合に，その温度に暴露された時間から起こりうる増殖を予測したグラフと，その実測値について示した。このように温度変動の場合においても予測式が活用できる可能性がある。特に食品の場合，微生物増殖の関係は時間と温度によるものが大きい。また，消費期限を考えるだけではなくHACCPのCCP組み立てにおいても，対象微生物を規定の濃度まで増やさないためには，作業時間を何時間以内に終了すべきかなど，製造ラインのルールを理論的に考えるためにも増殖予測は活用できるかもしれない。

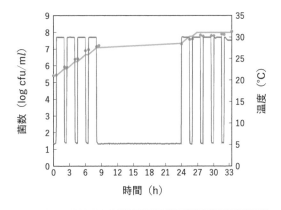

図11.8 温度変動を行った場合での増殖予測

実線は増殖の予測，プロットは実測値を示す。

❺ モデル式の検証

前項❹において時間と温度による増殖についてのモデル式が作成されたが，そのモデル式を検証するために，作成したモデル式と実測データとの差分を求めて，その値を評価する。モデルの評価にはREという指標が用いられ，

$$RE = (observed - predicted)/predicted$$

の式で求められる。$predicted$は予測による値，$observed$は実測による値を示す。ここに，最大増殖速度であるμ_{max}について，予測値と実測値との差分をグラフ化する。具体的には図11.9に示すグラフのような評価となる。図中の点線に示す範囲はAPZ（acceptable prediction zone）と呼ばれ，

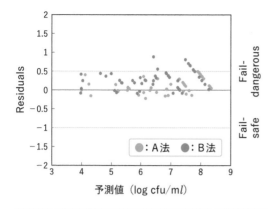

図11.9　検証試験の一例

点線内は許容範囲（APZ：acceptable prediction zone）を示す。

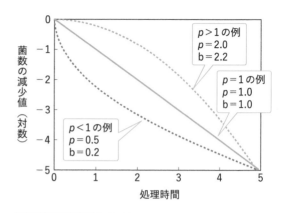

図11.10　Weibull モデルによる死滅曲線

曲率 p の値により死滅曲線の形が異なる。

この範囲は−0.3から0.15の値の間で用いられている。REが負に傾くと，このモデルによる予測値は過大評価として得られるが安全側にあること，逆に正に傾くならば，予測値は過小評価であることを示しており，過小評価側には厳しい範囲とし，安全側に評価がされるように考えられている。図11.9の場合では，Aでは範囲内に収まっているが，Bでは若干過小評価が認められ，A法の予測式が安全性が高いことがわかる。

11.5　微生物死滅モデルの実際

前節11.4では微生物の増殖モデルについての組み立てについて解説したが，同様に死滅についてもモデル式が提言されている。死滅の予測に関して最も活用されているのはD値（一定温度で微生物を加熱したとき，生菌数を1/10に減少させるために必要な時間）の計算のような単純な直線による関数であろう。縦軸を生菌数の対数値，横軸を加熱時間とした場合でのグラフを作成し，その傾きからD値が計算されるが，この値は誰もが使用しやすいモデル式の一種として実際に一般に活用されている。D値は時間による微生物の減衰率ととらえるならば，z値はD値の変動を温度の関数として記述していることから，二次モデルの一種としてとらえられるかも

しれない。D値，z値以外の微生物死滅モデルとしてWeibull モデルによるモデル式を示す。

$$\log\left(\frac{N_t}{N_0}\right) = -bt^p$$

と示される。N_0 は初期濃度，N_t は t 時間殺菌処理した際の菌濃度，b は変数，t は殺菌処理の時間，p は曲率を示す変数となる。図11.10にはWeibull モデルについて p の値を変動させた場合のグラフの型について関係性を示した。

パラメーター p について，$p=1$ の場合では，従来のD値の計算のような直線式となる。$p>1$ の場合には徐々に死滅の速度が加速する，いわゆる「肩」のあるかたち，$p<1$ では逆にテーリング現象と呼ばれるかたちとなり，数式として表現できる。

フィッティングに関しては増殖モデルのフィッティングと同様に，まずは死滅曲線を作成するためのデータをプロットし，このデータがWeibull モデルの式に適合するよう，b, p, および N_0 の3つのパラメーターの値を最小二乗法により決定させる。パラメーターの決定には，Excel でのソルバー機能を用いて計算するほか，GInaFiT（Geeraerd and Van Impe Inactivation Model Fitting Tool）と呼ばれるExcel ベースで動かせる死滅曲線フィッティングツールを用いるなどで可能である。図11.11では実際の死滅データをプロットし，Weibull モデ

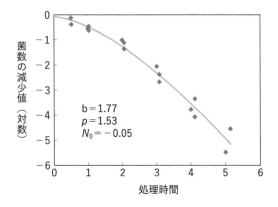

図11.11 ある微生物の死滅プロットをWeibullモデルによりフィッティングさせた例

ルにフィッティングさせ，パラメーターを決定させた例を示した。

11.6 Webサイト上の解析ツールやデータベースの活用

1 解析ツールの活用

これまで示したように，予測微生物のモデル式を立式するには，取得したデータから最も適合するパラメーターをフィッティングにより求めなければならない。これは前述のモデルの数式とExcelなどによる表計算ソフトのオプションを使用すれば可能であるが，フィッティングを簡易化できるツールがWebサイト上で活用できる。ComBaseの中でのDMFitでは，データを入力することでBaranyi and Robertsモデルのフィッティングを行い，パラメーターを自動計算するソフトウェアがオンラインで提供されていると同時に，Excelのアドインを用いた計算ツールも提供している。

また，ベルギーのルーヴェン大学ではWeibullモデルによる死滅曲線についてもフィッテイングによりパラメーターを算出できるExcelのアドインGInaFiTが提供されている。今回紹介しているWeibullモデル以外のモデル式についても（例えば肩があり，かつテーリングするような場合での死滅曲線など）モデル式が提供されているので参考にされたい。

2 データベースの活用

これまでは各自がデータを取得して，これをモデル式に当てはめて式を立式することに着目して述べてきたが，これまで過去に論文等で報告された増殖・殺菌データなどの情報を集積したデータベースを作成しWebサイトに公開されているところもある。例えば，先のComBaseでは，微生物の培地中での増殖や加熱による死滅などについて特に食中毒菌に関する微生物種についてデータを提供している。ComBaseは英国食品研究所（Institute of Food Research：IFR），米国農務省農業研究センター（USDA Agricultural Research Service：USDA-ARS），豪州タスマニア大学食品安全センター（University of Tasmania Food Safety Centre：FSC）の3機関により運営されており，多数の微生物の増殖データや死滅曲線のデータを参照することができる。また，MRV（Microbiol Responses Viewer）というサイトでは，さまざまな微生物種と食品における増殖／非増殖に関するデータについてまとめてあり，関連データとそのデータのもとになった論文情報を簡易に得ることができる。

データベースから対象微生物の増殖，もしくは死滅条件を大まかに得ることができれば，食品の保存試験などの実験計画も立てやすくなる。今後も恒常的な情報の拡充が望まれる。

11.7 予測微生物の活用と課題

予測微生物学的解析で得られる予測値は，これまでの取得データに基づいて計算・予測されたものである。それゆえ，取得データの測定条件範囲を超えた条件や，そのほかの不特定因子（例えば雑菌の影響など）による影響が含まれる場合などでは，その予測値が当てはまらない場合がありうる。また，増殖／非増殖の境目に近づく極限の環境の付近では，

値が適合しないこともある。現行のモデル式で影響する因子がすべて完全に表現できているわけではないことについて考慮しておく必要がある。

　予測微生物学では，多数のデータをとり扱い，微生物の挙動を数式で一般化して表現して活用するという微生物の研究分野において比較的新しい分野といえる。食品中における食中毒菌の挙動を予測することは，衛生管理者において重要な視点であり，食品のとり扱いや加工条件の設定に，これらの解析法は重要なツールになりうる。

［参考文献］

- 矢野信禮：日食微誌, **15**, 81-87（1998）
- T. Ross：*Journal of Applied Bacteriology*, **81**, 501-508（1996）
- T. P. Oscar：*Journal of Food Science*, **70**, M129-M137（2005）
- T. P. Oscar：*Journal of Food Protection*, **68**, 2606-2613（2005）
- Y. J. Lee *et al.*：*Meat Science,* **107**, 20-25（2015）
- https://www.combase.cc/index.php/en/
- A. H. Geeraerd *et al.*：*International Journal of Food Microbiology*, **102**, 95-105（2005）
- http://mrviewer.info/

Chapter
12
微生物のバイオテクノロジー

　バイオテクノロジーとは生物の特定の機能を有効利用する技術のことである。微生物の利用は，紀元前の酒類や発酵食品の生産からはじまっているが，バイオテクノロジーといえるような利用技術に発達したのは，1920年代末に抗生物質が発見され，微生物が生産する有用代謝生産物の工業利用や品種改良などが盛んになってからである。微生物の代謝生産物や酵素の有効利用には，医薬品となる生理活性物質，工業原料となるアミノ酸や核酸，洗剤用・工業生産用・研究用の有用酵素などがある。1970年代に遺伝子組換え技術が登場して，遺伝子を精密に操作することによって分子レベルの品種改良や生物機能利用が非常に広範に波及し，ニューバイオテクノロジーと呼ばれるようになった。2010年代にゲノム編集という遺伝子改変の新技術が加わって，さらに発展している。ニューバイオテクノロジーの主な成果には，有用物質生産やバイオ医薬品の開発，遺伝子組換え作物の開発や品種改良などがある。また，1980年代に開発されたPCRというDNA増幅技術はきわめて広範なDNA分析・RNA分析に利用され，ニューバイオテクノロジーの発展にも大きく貢献した。

12.1　微生物の代謝生産物・酵素の利用

1　代謝生産物の利用

1．生理活性物質

　微生物の生産する生理活性物質には，抗生物質をはじめ医薬品として有用なものが多数ある。抗生物質は放線菌，カビ，細菌が生産する物質で，他の微生物の増殖を抑制するなどの生理活性をもつ。最初，1929年にフレミング（Alexander Fleming，イギリス，1945年ノーベル生理学・医学賞受賞）によって*Penicillium*の生産する細菌抑制物質ペニシリンが発見され，肺炎などの感染症の特効薬となることがわかった。その後，ワックスマン（Selman Abraham Waksman，アメリカ，1952年ノーベル生理学・医学賞受賞）の研究室で放線菌*Streptomyces*が生産し，結核に効くストレプトマイシンが発見された。ワックスマンは微生物が生産し，

他の微生物の増殖や機能を抑制する物質に対して抗生物質という用語を提案した。以後，放線菌を中心にさまざまな微生物から抗生物質が探索（スクリーニング）され，何千種もの抗生物質が発見されている。表12.1に化学構造から分類される主な抗生物質のグループについて作用する微生物や作用機構を示す。個々の抗生物質の構造などについては抗生物質の専門書を参考にされたい。

　新たな天然の抗生物質の探索だけではなく，従来の抗生物質が効かない病原菌や効きが弱い病原菌に効果がある抗生物質，副作用の少ない抗生物質を求めて，天然抗生物質の構造をコンピューターデザインや有機化学の技術で改造することも行われている。例えば，ペニシリンやセファロスポリンなどのβ-ラクタム系抗生物質には非常に多くの種類があるが，天然の抗生物質の官能基を別の構造に置換した半合成の抗生物質もたくさん含まれている。遺伝子組換え技術を応用して*in vivo*で新たな生理活性物質を

表12.1　主な抗生物質の化学構造による分類

	代表的な抗生物質	作用する微生物	作用機構
β-ラクタム系	ペニシリンG セファロスポリンC メチシリン	抗生物質の種類によってグラム陽性細菌のみから広範囲な細菌	細胞壁の合成酵素に結合して細胞壁合成阻害
アミノグリコシド系	ストレプトマイシン	グラム陽性・陰性細菌，結核などの抗酸菌	リボソームに結合してタンパク質合成阻害
マクロライド系	エリスロマイシン	*Mycoplasma, Chlamydia*などの広範囲な細菌	リボソームに結合してタンパク質合成阻害
テトラサイクリン系	テトラサイクリン	*Rickettsia, Chlamydia*など広範囲な細菌，原虫	リボソームに結合してタンパク質合成阻害
ペプチド系	アクチノマイシンD	（抗ガン作用があり，主に研究用試薬となる）	DNAに結合して複製や転写を阻害
	バンコマイシン バシトラシン	抗生物質の種類によってグラム陽性細菌から広範囲な細菌	細胞壁の基質などに結合して細胞壁合成阻害
ポリエン系	ナイスタチン アムホテリシンB	*Candida, Cryptococcus*などの酵母，酵母様真菌	真菌の細胞壁のエルゴステロールに結合

生産することも行われている。

　抗生物質以外の生理活性物質としては，大村智とキャンベル（William C. Campbell，アメリカ）が放線菌から発見したエバーメクチンは線虫などの寄生虫に対する殺虫物質で，改良されたイベルメクチンがオンコセルカ症などのフィラリアに対する特効薬となった（2015年に大村とキャンベルはノーベル生理学・医学賞を受賞）。また，放線菌が生産するマイトマイシンCやブレオマイシンなどの抗腫瘍性物質，真菌*Tolypocladium inflatum*が生産するシクロスポリンや放線菌が生産するタクロリムスなどの免疫抑制物質，紅麹カビや放線菌が生産するスタチン系物質（コレステロール生合成系の律速酵素であるHMG-CoA還元酵素を阻害し，血中コレステロール濃度を下げる。遠藤章が初めて*Penicillium*から発見して効果を示した）などの酵素阻害物質も医薬として使用されている。酵素阻害剤には農薬などとして有用なものもある。抗腫瘍性物質，免疫抑制物質，酵素阻害剤などの生理活性物質は，種々の植物や海綿などの動物からも多数見つかっており，現在も動植物や微生物からの新規生理活性物質の探索が続けられている。

2. 抗生物質耐性菌

　新規抗生物質の探索・開発の歴史を理解し，抗生物質の今後のあり方を考えるうえで重要と思われるのが抗生物質耐性菌の存在である。ある抗生物質を頻繁に使用しつづけていると，その抗生物質に耐性をもつ病原菌（抗生物質耐性菌）が生じることがある。このような耐性菌には別の抗生物質が探索されて使用されるが，新たな抗生物質が頻繁に使用されるようになると，また新たな耐性菌が出現し，別の抗生物質の探索がくり返されることになる。耐性菌の出現を抑えるためには抗生物質を乱用しないことが重要とされ，医療では抗生物質の使用は医師の管理下で行われている。

　耐性菌出現がくり返されている例として，院内感染などで社会問題になっている多剤耐性黄色ブドウ球菌について示す。黄色ブドウ球菌*Staphylococcus aureus*は，食中毒，皮膚炎，敗血症などの原因になるが，ヒトの皮膚や鼻粘膜の常在菌でもある。初期のペニシリンが頻繁に使用された結果，ペニシリンを分解する酵素β-ラクタマーゼをもったペニシリン耐性黄色ブドウ球菌が出現した。そこで，ペニシリンを人工的に改良してβ-ラクタマーゼで分

解されないメチシリンがつくられた。しかし，メチシリンが使用されるようになった結果，メチシリン耐性黄色ブドウ球菌 (Methicillin-resistant *Staphylococcus aureus*；MRSA) が出現した。MRSAはβ-ラクタム系抗生物質のみならず，作用機構が異なる複数の抗生物質にも耐性を示す多剤耐性菌となる。MRSAにはバンコマイシンという抗生物質が効くことがわかった。しかし，バンコマイシンが使用されるようになった結果，バンコマイシン耐性腸球菌 (VRE) やバンコマイシン耐性黄色ブドウ球菌 (VRSA) が出現し，現在も深刻な問題である。

3. アミノ酸・核酸関連化合物・有機酸

アミノ酸は栄養として食品から摂取する以外に，化学調味料，医薬品の中間原料，栄養強化物質，化粧品の保湿成分などとして工業的にも利用される。アミノ酸の生産方法には，発酵法，酵素法，合成法および天然物からの抽出法がある。日本には微生物を用いたアミノ酸の発酵生産で世界をリードしてきた歴史がある。1956年，木下祝郎らは*Corynebacterium glutamicum*を利用して安価な糖やアンモニアからL-グルタミン酸を高効率で発酵生産する方法を発見し，工業生産に成功した。グルタミン酸以外にもリシン，アルギニン，グルタミン，イソロイシン，スレオニン，ヒスチジンなどは主に発酵法で製造されている。核酸関連物質，すなわちAMPやIMPなどのヌクレオチド，イノシンやグアノシンなどのヌクレオシド，NADやCoAなどの補酵素なども*Bacillus*，*Brevibacterium*，*Corynebacterium*などによって発酵生産され，医薬品の中間原料や調味料などとして工業的に利用される。クエン酸，リンゴ酸などの有機酸も主に*Aspergillus*などの糸状菌による発酵生産が行われ，飲料や食品，化学薬品の原料として利用される。

これらアミノ酸，核酸，有機酸などの代謝物質の生産を目的とする発酵工業において，次のような代謝制御によって目的物質が蓄積するように改良されてきた。もともと野生型微生物では，代謝物質は自身の増殖に必要な量しか生産しない。一般に生合成

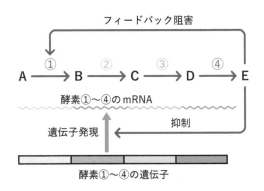

図12.1 生合成代謝系のフィードバック調節の概念図

この代謝系では酵素①〜酵素④の反応によって物質Aから目的物質Eが合成される。Eが過剰に生産されるとフィードバック阻害や遺伝子発現抑制によってEが生産されないように代謝系が調節される。

代謝系では，図12.1に示すように目的産物Eが過剰になると，Eが先頭の酵素①の活性を阻害（フィードバック阻害）したり，代謝系の酵素の遺伝子発現を阻害（抑制）したりして，Eの生産を抑える。そこで，人工的な変異によって，目的物質の代謝系と競合あるいは分岐する代謝系を遮断したり，目的代謝系のフィードバック調節を除いたりした変異株を作成する。このような変異株では目的物質の生産量が増加する。さらに，目的物質の前駆体を培養液に添加するなどを組み合わせ，目的物質の生産効率を向上させてきた。

2 微生物酵素の利用

1. 洗剤や医薬品への利用

微生物由来の酵素は，洗剤や医薬品として，食品工業・化学工業などの工業生産において，また研究試薬としてなど非常に広範な分野で利用・応用されている。代表的なものを表12.2に示す。

洗剤に配合する酵素は，界面活性剤が存在するアルカリ性の条件で分解活性を維持できなければならない。加えて，漂白剤に耐える，基質特異性が広い，粉末洗剤中で安定である，配合されたプロテアーゼの分解にも耐えるなどの性質が要求される。枯草菌 (*Bacillus subtilis*) をはじめとする種々の*Bacillus*由来アルカリプロテアーゼが発見されたが，*B. licheniformis*由来のアルカリプロテアーゼである

表12.2　微生物酵素の代表的な利用・応用例

	使用される分野	使用目的	酵　素	由来する微生物
洗剤や医薬品として	洗剤	洗剤へ配合	プロテアーゼ セルラーゼ その他の消化酵素	*Bacillus*などの細菌
	医薬品	整腸剤などへ配合	アミラーゼなどの消化酵素	*Aspergillus*など糸状菌
		感冒薬へ配合	プロテアーゼ	*Serratia*
工業生産における利用	**食品工業での利用（糖に作用する酵素）**			
	デンプン加工・製糖	デンプンの糖化・改質 添加糖などの製造	α-アミラーゼ β-アミラーゼ インベルターゼ グルコースイソメラーゼ	*Aspergillus*など糸状菌 酵母 *Bacillus*などの細菌
	果汁・果実加工	果汁やワインの改質	ペクチナーゼ	*Aspergillus*
		柑橘類缶詰の改質	ナリンジナーゼ	*Penicillium*
			ヘスペリジナーゼ	*Penicillium*
	製パン	小麦改質	キシラナーゼ	*Trichoderma*などの糸状菌 *Bacillus*
	食品加工	シクロデキストリン製造	シクロデキストリン-グルカノトランスフェラーゼ	*Bacillus*
	食品工業での利用（タンパク質に作用する酵素）			
	チーズ製造	凝乳工程の効率化	微生物レンネット	*Mucor*, *Rhizomucor*
	調味料製造	呈味アミノ酸などの製造	プロテアーゼ	*Aspergillus*など糸状菌 *Bacillus*
	水産加工など	練り製品の改質，麺の改質など	トランスグルタミナーゼ	放線菌
	食品工業での利用（脂質に作用する酵素）			
	乳製品加工 食品加工	乳製品のフレーバー改質やさまざまな食品の油脂加工	リパーゼ	*Rhizopus*などの糸状菌 *Candida*酵母
	繊維，その他の工業での利用			
	繊維加工	布地の改質	セルラーゼ	*Clostridium* *Trichoderma*
		紡織工程での糊抜き	α-アミラーゼ	*Bacillus*
	化粧品製造など	シクロデキストリン製造	シクロデキストリン-グルカノトランスフェラーゼ	*Bacillus*
	有機合成	医薬品やその原料などの合成	リパーゼ	*Rhizomucor* *Candida*酵母
研究試薬として	PCR	DNA同定 病原体の迅速分析 遺伝子クローニング DNA鑑定 その他のDNA分析	耐熱DNAポリメラーゼ	高度好熱菌 超好熱菌
	DNA塩基配列解析	DNAシーケンサー（サイクルシーケンス法）による塩基配列分析		
	遺伝子組換え技術	遺伝子クローニング 遺伝子の人工改変 有用タンパク質の高効率生産など	制限酵素	細菌（ごく一部は酵母）
			修飾酵素（DNAリガーゼなど）	細菌，ウイルス，真菌など

スブチリシンCarlsberg（pH5〜11で高活性）が1960年代に製品化され，さらに*B. licheniformis*の好アルカリ変異株からpH12でも高活性なプロテアーゼが開発された。これらの酵素は60℃程度の高温で最大の活性が発揮される酵素であった。また，極限環境微生物である好アルカリ性*Alkalihalobacillus*（旧*Bacillus*）由来のアルカリプロテアーゼは，pH12〜13，70℃で最大の活性を示す酵素で洗剤に利用されている。また，微生物のセルラーゼも木綿などのセルロースを分解するため，*A. alkalophilus*などの好アルカリ性*Alkalihalobacillus*や*Clostridium thermoalcaliphilum*などの好アルカリ性*Clostridium*のアルカリセルラーゼは繊維用洗剤に添加されて利用されている。洗剤用の*Alkalihalobacillus*由来酵素などは遺伝子組換え技術で高効率生産されている。

医薬品として利用されている微生物酵素もある。1890年代に高峰譲吉はコウジカビ（*Aspergillus oryzae*）からジアスターゼ（アミラーゼ）の抽出に成功してタカジアスターゼと命名した。これは整腸剤などに配合されている。*Rhizopus*のリパーゼも消化補助剤として配合されている。*Serratia*が分泌生産するプロテアーゼは，抗炎症剤として感冒薬に配合されている。

2. 工業生産における利用

微生物が生産する糖に作用する酵素は，医薬品・食品・化粧品の原料となる糖製造，食品加工での改質，繊維工業での糊抜きなどのために工業利用されている。コウジカビ，クモノスカビ，枯草菌のアミラーゼ類，すなわちα-アミラーゼ，β-アミラーゼ，グルコアミラーゼ，イソアミラーゼは，デンプンなどの多糖類を分解して単糖などにするため，製糖や食品加工などで利用されている。酵母や*Arthrobacter*などのインベルターゼはショ糖を分解して転化糖（グルコースとフルクトースの混合物）にする。また，放線菌や乳酸菌などのグルコースイソメラーゼは，グルコースをフルクトースに変換して異性化糖（グルコースとフルクトースの混合物）にする。

転化糖や異性化糖は甘味が非常に強いため，食品製造の添加物質とされる。黒麹カビなどのペクチナーゼは，果実に多い多糖類ペクチンを分解して粘度を下げるため，果汁やワインなどの清澄化に，*Penicillium*などのナリンジナーゼは柑橘類の苦味物質ナリンジンの除去に，*Penicillium*などのヘスペリジナーゼはミカンの缶詰の白濁物質ヘスペリジンの除去に，それぞれ利用される。*Trichoderma*や*Aspergillus*などの糸状菌や*Bacillus licheniformis*のキシラナーゼは製パンの小麦改質やパルプ漂白の効率を上げるために利用されている。

種々の好アルカリ性*Bacillus*のシクロデキストリン–グルカノトランスフェラーゼは，アミロースからシクロデキストリンを製造するために利用されている。シクロデキストリンはグルコース6〜8分子が環状に結合したオリゴ糖で，内側の疎水領域に香料や変化しやすい成分などを包接し，揮発や変化を防止するため，食品や化粧品などに使用される。繊維工業では，紡織に必要な糸の強度を増すためにデンプン糊が使われ，紡織後に糊抜きで*B. licheniformis*などのα-アミラーゼが利用されている。また*Trichoderma reesei*のセルラーゼは，セルロース系繊維素材の表面を溶かして繊維を緩くし，柔軟剤を入りやすくしてやわらかな質感にするため利用されている。

チーズ製造の凝乳工程で使用される凝乳酵素として，*Mucor pusillus*をはじめとする*Mucor*や*Rhizomucor*などの糸状菌が生産する微生物レンネットが，伝統的な仔牛第四胃由来レンネット（主要な酵素はキモシンという）に代わって利用されている。水産加工においては，かまぼこなどの練り製品の改質のため，また製麺においても麺の改質のため，放線菌のトランスグルタミナーゼが利用されている。トランスグルタミナーゼはタンパク質中のアミノ酸側鎖間に架橋を形成するため，かまぼこや麺の中のネットワーク構造が増強され，弾力や保水性などが強化される。そのほかに*Aspergillus*を中心とする糸状菌や*Bacillus*が生産するタンパク質分解酵素も種々の食品加工や調味料製造などで利用されている。

Rhizopus, Aspergillus, Mucor などの糸状菌や *Candida* 酵母などの脂質分解酵素リパーゼは，乳製品のフレーバー改質をはじめとして，さまざまな食品の油脂加工に利用されている。リパーゼは脂質の加水分解反応だけではなくエステル合成反応やエステル交換反応も触媒するため，油脂の改質のためには微生物リパーゼによるエステル交換反応も利用されている。さらに *Rhizomucor miehei* や *Candida antarctica* のリパーゼは油脂以外の有用化学物質の工業生産にも応用されている。

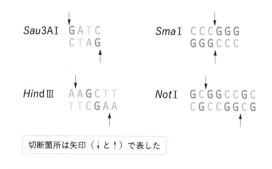

切断箇所は矢印（↓と↑）で表した

図12.2　代表的な制限酵素の認識塩基配列と切断箇所

3. 研究試薬としての利用

　DNAを短時間に増幅するPCR（ポリメラーゼ連鎖反応（後述））には高度好熱菌や超好熱菌由来の耐熱DNAポリメラーゼが用いられる。耐熱酵素を用いる理由は，PCRでは，DNA増幅のために90℃以上の高温にさらされても失活しない酵素が必要なためである。最初にPCRに使用されたのは高度好熱菌 *Thermus aquaticus* 由来の *Taq* DNAポリメラーゼである。その後PCRの応用範囲の広がりと需要の増加のため，他の好熱菌からの酵素探索や改良が行われ，読み間違いが少ない酵素，長いDNA領域の連続複製能に優れる酵素など特徴の異なるさまざまな耐熱DNAポリメラーゼが遺伝子組換え技術で高効率生産され，市販されている。

　DNAシーケンサーを用いるDNA塩基配列決定でも耐熱DNAポリメラーゼが用いられている。また，遺伝子の部位指定変異（塩基配列の人工変異方法）にもPCRを駆使した高効率の塩基置換法が利用されているため，耐熱DNAポリメラーゼが使用される。

　遺伝子組換え技術ではDNAやRNAに作用するさまざまな酵素が使用されるが，大部分は微生物由来である。遺伝子組換え技術で使用される制限酵素（正式には制限エンドヌクレアーゼという）は，微生物から数千種類が見つかっており，認識塩基配列の異なる酵素が100種類以上も市販されている。図12.2に代表的な制限酵素の認識塩基配列と切断箇所を示す。制限酵素の本来の役割は細胞内に侵入したウイルスなどのDNAを切断して防御するためである。制限酵素が細菌自身のゲノムDNAを切断しないのは，制限酵素と同じ配列を認識するメチル化酵素があるからで，認識配列がメチル化されると制限酵素は切断できなくなる。

　遺伝子組換えで使用されるDNAリガーゼなどの修飾酵素は，細菌やウイルス由来のものが多い。現在，市販されている大部分の制限酵素や修飾酵素は遺伝子組換え技術で高効率生産されている。特殊な基質特異性をもつ真菌由来の核酸分解酵素も遺伝子研究などに利用される。*Penicilium citrinum* 由来ヌクレアーゼP₁は一本鎖のDNA，RNAを完全にモノヌクレオチドまで分解する。コウジカビ由来RNアーゼT₁はRNAのグアニンヌクレオチドの隣だけを切断する。コウジカビ由来のS1ヌクレアーゼは一本鎖DNA，RNAを分解し，二本鎖DNAの中の一本鎖部分だけを分解する。

12.2　PCR（ポリメラーゼ連鎖反応）

1 PCRとは

　PCR（polymerase chain reaction：ポリメラーゼ連鎖反応）とはDNA鎖の特定の部分をDNA複製酵素でくり返し複製することによってDNAを10⁶倍にも増幅することができる方法のことである。1983年にマリス（Kary Banks Mullis, アメリカ, 1993年ノーベル化学賞受賞）によってPCRの原形が開発され，耐熱性DNA複製酵素である *Taq*

DNAポリメラーゼの使用によって現在のPCRが完成した。それまでのDNA分析は，極微量しか得られないDNA試料を高感度な放射性同位元素などを利用した煩雑な方法で検出するのが一般的であった。PCRを利用すると，数時間のうちに極微量DNA試料の中の目的領域が蛍光染色など簡単な方法で検出可能な量に増幅される。操作が簡単で迅速なためにPCRはDNA分析方法として急速に普及し，遺伝子の研究だけではなく，DNA鑑定，病原体の有無や型の分析，考古学研究などに幅広く利用された。遺伝子クローニングにも，PCRを利用する方法（p.165参照）が主に使用されている。

　PCRの原理を図12.3に示す。DNAポリメラーゼが複製を開始するためには20塩基程度の短いDNA断片であるプライマーが必要である。PCRでは，増幅したい目的DNA領域（図12.3では①の中央付近の領域）の両端の塩基配列があらかじめわかっていることが必要である。この両端の配列と相補的な配列をもつ2種類のプライマー（図12.3では白と濃い青色の小さな長方形）を合成する。プライマーはDNA合成装置で簡単に合成できる。複製の鋳型となる二重螺旋（以下，二本鎖）DNA，2種類のプライマー，DNA合成の基質となる4種類のdNTP，そして耐熱DNAポリメラーゼを混合する。ここで，プライマーは鋳型DNAの1,000倍以上（分子数の比）に過剰に加える。まず混合液を94〜95℃で加熱すると，鋳型の二本鎖DNA（図12.3の①）が熱変性して一本鎖に解離する。次に50〜60℃に冷却すると，相補的な配列をもつ一本鎖DNAは互いに結合して二本鎖になる（アニールするという）。PCRでは，一本鎖の鋳型DNAどうしがアニールするより，過剰に存在するプライマーと一本鎖の鋳型DNAが高頻度にアニールする。つづいて耐熱DNAポリメラーゼがよく反応する70℃程度で，プライマーの3′末端に相補的DNA鎖が伸長反応して二本鎖DNAが複製される。この熱変性→アニール→伸長反応の温度サイクルを1回行うと，鋳型二本鎖DNAは2倍に複製される（図12.3の②）。同じ温度サイクルをもう1回行うと鋳型二本鎖DNAは4倍（図12.3の③）に，さらにもう1回行うと8倍（図12.3の④）に複製される。同様の温度サイクルをn回くり返すと2種類のプライマーに挟まれたDNA領域だけが複製されて理論的には2^n倍に増える。実際には温度サイクルを自動的にくり返すサーマルサイクラーという装置を使って2時間程度で温度サイクルを20〜30回くり返すことによって目的DNA領域が増幅される（図12.3の⑤）。

❷ PCRの利用・応用

　PCRはさまざまな目的に利用されている。現在，微生物種の同定には，リボソームRNAの遺伝子をPCR増幅して塩基配列を分析し，配列の違いで種を決めるDNA同定（遺伝子同定）が汎用されている。リボソームRNAには多くの微生物に共通の塩基配列領域があるため，共通配列に結合するプライマーを用いる。

　病原体の迅速分析にもPCRが利用されている。患者の治療方針を決めるための病原体の特定やインフルエンザの型の判別，食品中の食中毒細菌汚染検査などは，分析の迅速さが要求されるためPCRが有効である。インフルエンザウイルスのようにゲノムがRNAの場合は，RT-PCR（reverse transcription PCR：逆転写PCR）が利用される。RT-PCRは，まず鋳型RNAを逆転写酵素によってDNA（相補的DNA，complementary DNA，cDNAという）に変換し，続いてPCRを行う。RT-PCRは，遺伝子発現（転写で生産されたmRNA）の分析にも使われる。PCR増幅の違いだけでは病原体の判別が難しい場合は，増幅DNAを制限酵素で切断して，わずかな塩基配列の違いによる切断片のサイズの違いで判別するPCR-RFLPも使われる。ちなみに，DNA鑑定では，個人の特定や犯罪者の絞り込みの目的でヒトの塩基配列の個人差（多形という）をPCRで調べる。ヒトの常染色体やY染色体などのDNAにはミニサテライト配列をはじめとする反復配列，すなわち，同じ短い塩基配列がくり返し連なる領域があり，くり返し回数が個人個人異なる。そのため，反復配列の両隣の共通配列部分に結合する

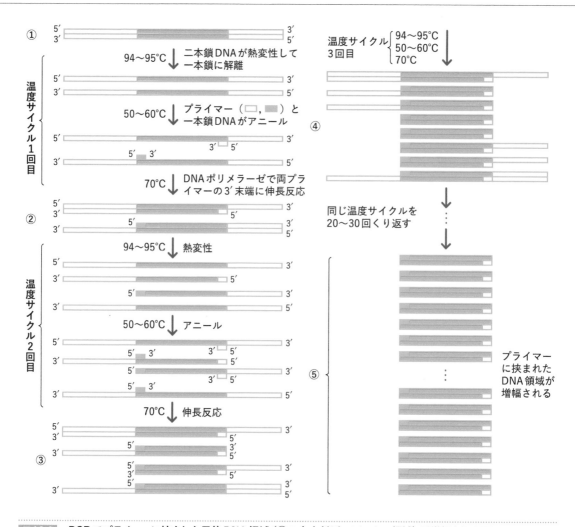

①

温度サイクル1回目

94〜95℃ 二本鎖DNAが熱変性して一本鎖に解離

50〜60℃ プライマー（□, ■）と一本鎖DNAがアニール

70℃ DNAポリメラーゼで両プライマーの3′末端に伸長反応

②

温度サイクル2回目

94〜95℃ 熱変性

50〜60℃ アニール

70℃ 伸長反応

③

温度サイクル3回目 ┌ 94〜95℃ ├ 50〜60℃ └ 70℃

④

同じ温度サイクルを20〜30回くり返す

⑤ プライマーに挟まれたDNA領域が増幅される

図12.3 PCRでプライマーに挟まれた目的DNA領域（①の中央付近のピンクの領域）が増幅される原理

プライマーを用いてPCRで増幅し，増幅DNAの長さ（反復回数）から個人を識別することができる。

3 リアルタイムPCR

普通のPCRでは，増幅DNAの有無をPCR後にゲル電気泳動で分析するのに対して，鋳型DNAの定量を目的として，PCRによるDNAの増幅量をリアルタイムで追跡するのがリアルタイムPCR（定量PCR）である。リアルタイムPCRは，普通のPCRより定量の感度が高く，迅速に結果が得られるので，病原体の定量などに広く利用されている。リアルタイムPCRでは，二本鎖DNAに結合する蛍光色素やTaqMan®プローブという特殊な蛍光標識DNAを

加えた反応液でPCRを行い，二本鎖DNAの生成量に比例して強くなる蛍光の経時変化をリアルタイムPCR装置で測定する。図12.4(a) に示すように，段階希釈した既知DNAを試料とすると，PCRにおける指数関数的なDNA増幅がはじまるタイミングは鋳型DNAの量（分子数，コピー数ともいう）に比例するため，増幅の経時変化を追跡して，ある濃度（図12.4(a) の「閾値」）に達するサイクル数から検量線（図12.4(b)）をつくることができる。同じPCR条件で濃度未知の試料（図12.4中の赤色）を分析すると，鋳型DNAが定量できる。RNAウイルスや遺伝子発現（目的遺伝子から生産されたmRNA）のようにRNAを鋳型とする試料に対して

(a)

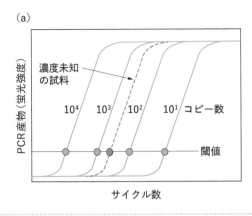

(b)

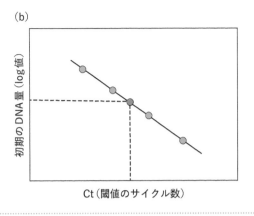

図12.4 リアルタイムPCRにおける(a)PCR増幅曲線,(b)検量線

は,RT-PCRとリアルタイムPCRを組み合わせた定量RT-PCRが使用される。従来,遺伝子発現の定量方法は非常に煩雑なうえに誤差が大きかったが,定量RT-PCRによって多検体の微量mRNAを迅速に正確に定量できるようになった。

12.3 ニューバイオテクノロジー

　伝統的な交配や紫外線,変異原物質を用いるランダム変異による育種(品種改良)では時間がかかり,大幅な改良は難しかった。これに対して,遺伝子組換え技術(細胞融合技術も含まれる)を用いると,目的の生物機能にかかわる遺伝子を標的にし,まったく異なる種からの遺伝子導入も可能なため,短時間で高効率の改良(分子レベルで改良するので分子育種という)が可能になった。2010年代に,遺伝子組換えと異なるゲノム編集という技術も使われるようになり,現在,発展しつつある。遺伝子組換えやゲノム編集による分子育種を駆使した生物機能利用技術をニューバイオテクノロジーと呼ぶ。次項1~5では,遺伝子組換え技術,遺伝子クローニング,遺伝子組換え微生物を利用した有用物質生産,遺伝子組換え作物と遺伝子組換え食品,そしてゲノム編集について説明する。

1 遺伝子組換え技術

1. 遺伝子組換え技術とは

　遺伝子組換え技術とは,酵素などを用いて試験管内で異種のDNAを連結した組換えDNA分子を作製し,生細胞(宿主という)に移入して増殖させる実験技術のことである。特定の遺伝子を単離し,その遺伝子が宿主の中で保持されるようにした組換えDNA分子をとり込んで増殖する生物を遺伝子組換え生物(genetically modified organism;GMO,組換え体あるいはトランスジェニック生物)と呼ぶ。異種生物から特定の遺伝子を単離し,その遺伝子を導入した遺伝子組換え生物を作成することが遺伝子クローニングで,遺伝子組換え技術の中心となる基礎技術である。ある遺伝子の機能や役割を明らかにするためには遺伝子の塩基配列,遺伝子発現の仕方,遺伝子産物の分析が重要である。しかし,生物はゲノムに膨大な種類の遺伝子をもっているので,目的の遺伝子だけを単離する遺伝子クローニングが非常に有効である。また,有用な遺伝子産物の高効率生産や,遺伝子産物の改良のための塩基配列の改変にも遺伝子クローニングが利用される。

　現在の遺伝子組換えに関する規則では,生物多様性を確保することを最終目的として,実験室内に限定(封じ込め)して遺伝子クローニングや発現などを実験する場合(第二種使用)と遺伝子組換え作物の野外栽培のように開放系で使用する場合(第一種使用)について規制内容などが決められている。な

お，細胞融合による異種遺伝子の組み換えは植物ではよく使われるが，微生物では酵素を用いる試験管内DNA組換え技術が主に使われる。

2. 制限酵素と修飾酵素

遺伝子組換えに使用される酵素には制限酵素と修飾酵素がある。制限酵素は特定の塩基配列だけを認識して二本鎖DNAを切断する酵素である。遺伝子組換えで使用される制限酵素は図12.2のように4塩基から8塩基の回転対称な塩基配列（パリンドローム，回文という）を認識して二本鎖DNAを切断する。制限酵素は認識配列が違う100種類以上が市販されているため，巨大な染色体DNAをさまざまなDNA断片に切断したり，複数の制限酵素の切断箇所を調べて，目的遺伝子を含むDNA領域の制限酵素地図を作製したりできる。一方，修飾酵素には，制限酵素で切断されたDNA断片の末端どうしを連結するDNAリガーゼ，cDNA合成などに使用される逆転写酵素や大腸菌DNAポリメラーゼ，DNA断片の末端リン酸基を除去するアルカリホスファターゼをはじめ，さまざまな酵素がある。

3. ベクター

ベクターとは運び屋，乗り物の意味で，プラスミドやファージなどの自己複製能のあるDNAが使用される。自己複製能がない目的遺伝子をベクターにつないだ組換えDNA分子とすることによって，宿主細胞内で複製されて安定に保持されるようになる。プラスミドは，細菌や酵母の細胞内に存在する数kbから100 kb程度の環状DNA（酵母では直鎖状もある）である。ファージは，細菌に感染するウイルスのことで，コートタンパク質によってDNAが包まれると感染力のあるファージ粒子となる。遺伝子組換えでベクターとして最も汎用されるプラスミドの基本的な共通構造を図12.5に示す。宿主細胞内での自己複製に必要なori領域，プラスミドが細胞にとり込まれたことを識別できる抗生物質耐性などのマーカー遺伝子，外来DNA断片を挿入・連結するための制限酵素認識配列（クローニングサイト）

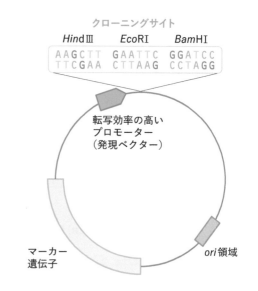

図12.5　遺伝子クローニングで使用されるプラスミドベクターの模式図

が存在する。クローニングサイトには，10種類以上の制限酵素が使用できるように認識配列が並んだマルチクローニングサイトもある（図12.5では*Hind*Ⅲ，*Eco*RI，*Bam*HIの例を示した）。プラスミドベクターは，およそ5 kb程度までの長さのDNA断片の挿入に適している。

遺伝子産物のタンパク質を高効率で生産させる目的でつくられたベクターを発現ベクターといい，プラスミドのクローニングサイト上流に転写効率を上げる強力なプロモーターが設置されているものが多い（図12.5）。発現ベクターとして汎用されているpETベクターでは，転写活性が非常に強いT7プロモーターが設置されている。ファージベクターは，プラスミドベクターより長いDNA断片（λファージベクターでは，7〜20 kbのDNA断片）を組み込むことができるため，主にゲノムサイズの大きい動植物などのDNAに用いられる。大腸菌と酵母のように2種類の宿主のどちらでも自己複製できるように各生物のori領域をもつシャトルベクターもある。植物への遺伝子導入には，*Rhizobium*（表12.3参照）のTiプラスミドの一部領域を利用した*Rhizobium*と大腸菌のシャトルベクターなどが用いられる。

4．宿主の種類

　遺伝子組換え技術で使用される宿主には表12.3のように規則で使用が認められた認定宿主があり，目的に応じて選択される。目的遺伝子の塩基配列の分析などが目的なら大腸菌のみで十分だが，遺伝子産物の生産が目的ならば遺伝子の由来する生物に近い生物種を宿主にすると生産効率がよくなる可能性が高い。真核生物由来の遺伝子なら真核生物である酵母を宿主にし，遺伝子産物の生産目的では発現効率が高い酵母*Pichia*が使用されることが多い。

　組換えDNA分子を宿主に導入する方法はさまざまあり，ベクターによっても変わる。多くの微生物には細胞外DNAをとり込む能力はないので，以下の人工的な導入方法が開発されている。プラスミドの場合は，大腸菌に導入するときは塩化カルシウム，また酵母に導入するときは酢酸リチウムなどの薬剤処理で細胞の物質透過性を上げて導入（形質転換と呼ぶ）する。ファージの場合には*in vitro*パッケージング法が一般的に用いられる。この方法では，別に用意したファージコートタンパク質を組換えファージDNAと試験管内で混合してファージ粒子を形成させ，宿主細菌の培養液と溶かした寒天をいっしょに寒天培地上に流し込んで固める。各ファージの存在部位は細菌が溶けてプラーク（溶菌斑）が形成される。ファージによってDNAを導入することを形質導入と呼ぶ。ほかに，電気パルスによる電気穿孔法やDNAをコーティングした微細金属粒子を高圧ヘリウムガスで衝突させるパーティクルガン法もある。植物への遺伝子導入には，専用プラスミドに目的遺伝子を連結して電気穿孔法で植物感染菌である*Rhizobium*に導入し，*Rhizobium*を植物に感染させると目的遺伝子が植物ゲノムに組み込まれて発現する。

② 遺伝子クローニング

1．PCRを用いるクローニング法

　次世代シーケンサーによる非常に長い塩基配列の分析技術が日進月歩で発展し，種々の生物のゲノム全塩基配列や部分塩基配列の報告が続いている。その結果，Webで公開されているゲノム配列情報のデータベースが非常に充実している。こうしたゲノム情報を検索して，直接，目的遺伝子の塩基配列がわかる場合には，図12.6に示したPCRを用いる遺伝子クローニング法が選択され，現在の遺伝子クローニング方法の中心になっている。目的遺伝子コード領域の両端（開始コドンの上流側と終止コドンの下流側）に制限酵素認識配列（図12.6の黄緑色と黄色のDNA部分）を新たに付加するようなDNAプライマーを合成し，目的生物の染色体DNAを鋳型にしてPCRで目的遺伝子を増幅する。得られた増幅DNAの両端には制限酵素認識配列が付加されているので制限酵素で切断し，同じ制限酵素で切断したベクターにDNAリガーゼで連結して組換えDNA分子とし，宿主に導入して組換え体を得る。

表12.3　遺伝子組換え実験に使用される代表的な認定宿主

宿 主	主な使用目的
Escherichia coli K12株とB株	遺伝子組換え全般，遺伝子産物の生産
*Bacillus subtilis*と*B. licheniformis*の一部	遺伝子産物の分泌生産
パン酵母*Saccharomyces cerevisiae*	真核生物遺伝子の組換え実験全般
酵母*Pichia pastoris*	真核生物の遺伝子産物の生産
*Thermus*の高度好熱菌	遺伝子産物の耐熱化
*Rhizobium*の植物感染菌	植物への遺伝子導入による産物の生産
*Streptomyces*の放線菌	生理活性物質などの生産

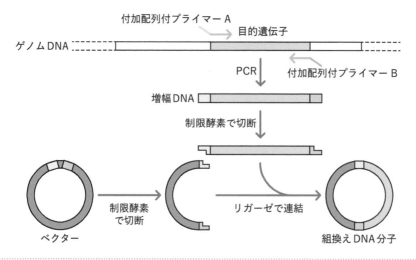

付加配列付プライマー A

目的遺伝子

ゲノムDNA

PCR

付加配列付プライマー B

増幅DNA

制限酵素で切断

制限酵素
で切断

ベクター

リガーゼで連結

組換えDNA分子

図12.6　PCRを用いる遺伝子クローニング方法

例えば，図12.6の黄緑色のDNAには*Eco*RIの認識配列GAATTC，黄色のDNAには*Bam*HIの認識配列GGATCCを付けておくと，図12.5に示すベクターの転写プロモーターの下流に遺伝子を発現させるための正しい向きに挿入することができる。

2. ゲノムライブラリーを用いる遺伝子クローニング

　もし，目的遺伝子の塩基配列情報がなく，PCR用プライマーを合成できない場合には，ゲノムライブラリー（遺伝子ライブラリーともいう）を作製するのが一般的である。図12.7にゲノムライブラリー作成法の概念図を示す。まず目的遺伝子が存在する生物のゲノムDNA（染色体DNA）を抽出する。これを適当な制限酵素（図12.7では*Hind*Ⅲの例を示す）で切断して大小さまざまなDNA断片にする。このDNA断片の集団を同じ制限酵素で切断したベクターと連結して，組換えDNA分子の集団を作製する。これがゲノムライブラリーである。ライブラリー，すなわち，図書館という名称を用いるのは，ゲノムライブラリーの中を探すと目的遺伝子があるからである。歴史的には，1970代後半にゲノムライブラリーを用いるクローニング法が確立されたが，煩雑な方法であり，現在では使用されることが少なくなった。ゲノムライブラリーを作成したら，宿主

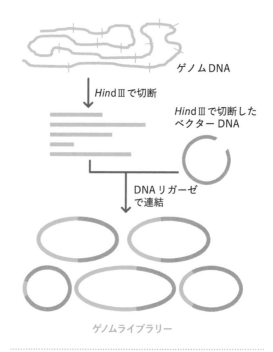

ゲノムDNA

*Hind*Ⅲで切断

*Hind*Ⅲで切断した
ベクターDNA

DNAリガーゼ
で連結

ゲノムライブラリー

図12.7　ゲノムライブラリーの作成方法

に導入して寒天培地に植菌し，コロニーをつくらせる。どのコロニーに目的遺伝子が含まれるか探索（スクリーニングという）するには，塩基配列の相同性によってスクリーニングするコロニーハイブリダイゼーション法，遺伝子産物であるタンパク質の抗体を用いる発現クローニング法などがある。

3. cDNAライブラリーを用いる 遺伝子クローニング

　原核生物の遺伝子と異なり，真核生物の遺伝子にはイントロン・エキソン構造があるため，mRNAを開始材料とするcDNAライブラリーを作成する。mRNAはスプライシングによってイントロンが除去され，エキソンだけになっている。一般に真核生物のmRNAには3′末端にポリAテールがあるので，ここにオリゴdTプライマーをアニールさせ，逆転写酵素でmRNAから相補的DNA（cDNA）を合成する。得られたRNA-cDNAの二本鎖のうち，RNA鎖だけ分解するRNアーゼHで処理し，大腸菌DNAポリメラーゼで複製して二本鎖cDNAにする。目的生物から単離した全mRNAから作成したcDNAの集団をベクターに連結するとcDNAライブラリーができる。真核生物では，臓器・組織や年齢・時期，環境の変化などによって発現する遺伝子が異なる。そのため，同じ生物から作成したcDNAライブラリーでも，mRNAを抽出した臓器，年齢，環境条件などによって異なるcDNAを含むライブラリーになる。目的遺伝子が決まっている場合は，スクリーニングには，ゲノムライブラリーの場合と同様に，相同性による方法，発現による方法などがある。

③ 遺伝子組換え微生物を利用した 有用物質生産

　遺伝子組換え技術による医薬品開発では，世界で初めて遺伝子組換え技術で生産された薬がヒトインスリンである。本来，ヒトの膵臓から分泌されるインスリンは極微量しかないため，医薬としてウシやブタの膵臓から抽出したインスリンが使用されたときもあったがアレルギーなどの問題が起きていた。1980年代初頭にヒトインスリン遺伝子（正確にはインスリンの前駆体であるプロインスリンのcDNA）を大腸菌に導入して組換え体で量産に成功したため，ヒトインスリンが糖尿病の治療薬として使用可能になった。その後，ヒト成長ホルモン（小人症の治療），インターフェロンα2b（C型肝炎・B型肝炎や腎臓

ガンの治療）をはじめとするヒト由来微量タンパク質が遺伝子組換え技術によって量産され，治療薬として使用可能になっている。B型肝炎などのワクチンも遺伝子組換え微生物で生産されたものが利用されている。こうしたヒト由来の微量タンパク質や生理活性物質は，ニューバイオテクノロジーで生産可能になった医薬品なのでバイオ医薬品とも呼ばれる。

　ヒトゲノムの全塩基配列が解明された後，タンパク質の全体像であるプロテオーム，遺伝子発現の全体像であるトランスクリプトーム，代謝の全体像であるメタボロームなどの解析が次々に進み，これらを総合した生物情報学（バイオインフォマティクス）という分野になっている。医薬品開発においても，生物情報学に基づいて薬を作用させる標的となるタンパク質を探索し，そのタンパク質によく作用する薬を設計するゲノム創薬が行われている。

　本章の前半で述べた微生物が生産する有用代謝産物や有用酵素に対しても遺伝子組換え技術が幅広く利用されている。有用代謝生産物については，生産効率向上，生産効率の安定化，副生成物の抑制などの目的で，従来，使用されていた生産株に対して遺伝子組換えによる改良が行われている。また，耐熱DNAポリメラーゼの改良のように，遺伝子産物であるタンパク質の性質を目的に応じて改良するために遺伝子の塩基配列を改変するタンパク質工学も発達し，さまざまな酵素などに利用されている。半合成による新規β-ラクタム系抗生物質開発のように，新規生理活性物質の開発のためにも生理活性物質の官能基を変換する酵素の遺伝子を組み込んだ組換え体が利用されている。多剤耐性菌に対しては，生物情報学に基づいて標的となる病原菌特有のタンパク質の探索などの研究も行われている。

　現在，市販あるいは工業利用されている微生物由来の有用酵素については，多くが組換え体で高効率生産されている。チーズ製造では微生物レンネットも使用されることを述べたが，レンネットに含まれる酵素キモシンの遺伝子を大腸菌や酵母に導入して発現させ，量産されたキモシンが食品添加物としてチーズ製造に利用されている（次項参照）。

❹ 遺伝子組換え作物と遺伝子組換え食品

　世界の人口は増加しつづけ，今世紀後半には100億人に達する可能性があり，世界的な食糧不足が懸念されている。遺伝子組換え技術は，まったく異なる種の遺伝子を導入することによって短時間で大幅な品種改良を可能にした。農業分野では，農業の効率化，環境保全，バイオ燃料生産の効率化，栄養強化などのために，遺伝子組換え作物がつくられている。代表的なものを表12.4にまとめた。農業効率化のためには，除草剤耐性や害虫抵抗性が付与された。除草剤グリホサートは雑草を含む多くの植物のアミノ酸代謝酵素を不活化して枯らせる。これに対して，細菌由来のグリホサート非感受性アミノ酸代謝酵素やグリホサート不活化酵素の遺伝子を目的作物に導入し，グリホサート耐性作物にした。また，蛾や蝶の幼虫が食べると死ぬBTトキシンの遺伝子を目的作物に導入し，害虫抵抗性作物にした。BTトキシンは，土壌細菌 *Bacillus thuringiensis* 由来タンパク質で蛾や蝶の幼虫にだけに効果があり，ヒトには効果がないため，従来から菌体のまま生物農薬として使用されていた。栄養強化では，リノール酸が高生産されるダイズ，ステアリドン酸が生産されるダイズ，リシンが高生産されるトウモロコシなどがある。現在，遺伝子組換え作物は，日本国内では商業栽培を行っておらず，アメリカなどから除草剤耐性や害虫抵抗性などを付与された農作物が加工用，飼料用として輸入されている。

　遺伝子組換え食品とは，遺伝子組換え技術によっ て異種生物の有用な性質をもつ遺伝子を導入した植物や微生物を利用してつくられた食品である。ここで，微生物を利用してつくられた食品とは，遺伝子組換え微生物で高効率生産させたα-アミラーゼ，リパーゼ，凝乳酵素キモシンなどの酵素を食品加工時に使用したり，遺伝子組換え微生物で高効率生産させたビタミンB_2を食品に添加したり，食品添加物として使用するもののことである。2023年7月4日現在，遺伝子組換え食品および添加物として安全性審査を終えたものは，食品（農産物）9品目333品種，食品添加物80品目が公表されている。

　遺伝子組換え作物が利用されることによって，生物多様性への悪影響がないか，また食品として食べるとアレルギーなど人体への悪影響がないかなどの懸念もいわれる。日本では，遺伝子組換え作物に関しては，食品としての安全性は「食品衛生法」および「食品安全基本法」，飼料としての安全性は「飼料安全法」および「食品安全基本法」，生物多様性への影響は「カルタヘナ法」に基づいて，それぞれの科学的な評価を行い，すべてについて問題のないもののみが輸入，流通，栽培されるしくみとなっている。遺伝子組換え作物や遺伝子組換え食品の規則や種類などの情報が厚生労働省や農林水産省のホームページなどで公表されている。

❺ ゲノム編集

　ゲノム上の特定の遺伝子を切断し，切断箇所の自然修復変異によって遺伝子を改変・破壊するゲノム編集技術がさまざまな生物の遺伝子解析や品種改良

表12.4　代表的な遺伝子組換え作物

作物名	目的	導入した異種生物由来の遺伝子や形質
ダイズ，ナタネ，トウモロコシ，ワタ	除草剤耐性	除草剤耐性があるアミノ酸代謝酵素
トウモロコシ，ワタ	害虫抵抗性	*Bacillus thuringiensis* 由来BTトキシン
トウモロコシ	バイオエタノール生産性の向上	耐熱α-アミラーゼ
ダイズ	オレイン酸の増強	オレイン酸→リノール酸変換酵素の発現抑制
バラ	花色の変化	青色色素合成にかかわる酵素

に使われるようになっている。2012年にシャルパンティエ（Emmanuelle Charpentier, フランス）とダウドナ（Jennifer A. Doudna, アメリカ）らが報告し、ゲノム編集の主な道具となっているCRISPER-Cas9によるゲノム編集技術の概要を図12.8に示す（シャルパンティエとダウドナは2020年にノーベル化学賞を受賞）。図12.8(a)のように、編集したい標的遺伝子の一部（20塩基程度の短い配列）を末端にもつガイドRNAを作成し、ガイドRNAとヌクレアーゼCas9との複合体を目的生物の細胞に導入する。ゲノムDNA上にPAMという3塩基（NGGなど）の配列があると隣接する二重螺旋DNAを複合体が1本鎖に解離する。PAMは非常に短い配列なので、多くの遺伝子内に存在する。解離した1本鎖DNAがガイドRNAと二重螺旋形成するとCas9がPAMの3塩基隣で二重螺旋DNAを切断する。この複合体は、特定の配列を選んでDNAを切る人工酵素と考えることができる。現在、CRISPER-Cas9自体の改良の研究もされている。

生物細胞は、DNAに生じた二重螺旋切断を自身のもつ遺伝子修復機構によって修復する。図12.8(b)のように、切断されたDNA末端が非相同末端結合修復される場合、切断末端の連結時に自然な修復ミスで塩基の挿入（図中の緑色部分）や欠失が起きることがある。この修復ミスは遺伝子の読み枠にフレームシフト変異を生じることが多い。また、図12.8(c)のように、外来遺伝子（図中の赤色部分）

を標的遺伝子に挿入した組換えDNA分子を作成しておき、ゲノム編集時に細胞内に導入すると、切断部分に相同組換えが起こって切断点に外来DNAが挿入された変異が生じる。これらの変異によって標的遺伝子が改変・破壊され、その結果、生物の形質が変化し、品種改良につながる。前述した遺伝子組換え技術は、自然界ではとり込むことがない異種生物の遺伝子を人工的に目的生物に導入して形質を変える技術なので、作成された遺伝子組換え生物は「カルタヘナ法」などの安全規制内で使用が認められている。これに対して、図12.8(b)で示したゲノム編集における非相同末端結合変異では、改変された生物には異種生物の遺伝子は存在しない。

微生物も含め、種々の動物や植物の遺伝子解析や品種改良のための研究開発でゲノム編集が使用されている。2019年、環境省は、ゲノム編集でつくられた改変生物で、外来遺伝子が含まれていないことが確認された場合には、遺伝子組換え生物にならないという指針を示した。日本では、ジャガイモの芽に含まれる毒素の合成にかかわる遺伝子をゲノム編集で破壊し、芽に毒ができないジャガイモが開発された。また、血圧降下作用が期待されるGABAの合成にかかわる酵素の遺伝子をゲノム編集で改変し、GABAの含有量を増加させたトマトが開発された。さらに、筋肉の増殖制御タンパク質をゲノム編集で破壊し、筋肉量を増やしたマダイなどが開発された。こうした品種改良だけではなく、遺伝子治療など医

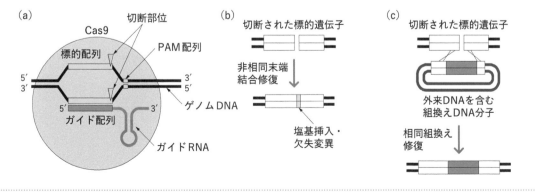

図12.8　CRISPER-Cas9によるDNA編集

(a) ガイドRNA-Cas9複合体によるDNA切断機構，(b) 非相同末端結合修復による変異導入，(c) 相同組換え修正による変異導入

学へのゲノム編集の応用も研究されており，ゲノム編集技術の利用は，現在，さまざまな分野の研究開発に広まっている。

　食品微生物学を学ぶ人たちは，遺伝子組換えやゲノム編集というニューバイオテクノロジーの基礎を理解し，改変された生物や食品の価値や安全性評価を社会において説明できるようになってほしい。

［参考文献］

• 今井康之，増澤俊幸編集：微生物学 病原微生物と治療薬 改訂第8版 南江堂（2023）

• 坂井康能ほか編著：遺伝子・細胞から見た応用微生物学 朝倉書店（2020）

• 田村隆明：基礎から学ぶ遺伝子工学 第3版 羊土社（2022）

• 山本 卓：ブルーバックス ゲノム編集とはなにか 講談社（2020）

• 天笠啓祐：ゲノム操作・遺伝子組み換え食品入門 緑風出版（2019）

• 農林水産省「生物多様性と遺伝子組換え（基礎情報）」：https://www.maff.go.jp/j/syouan/nouan/carta/kiso_joho/outline.html

• 農林水産技術会議資料「遺伝子組換え農作物」について：https://www.affrc.maff.go.jp/docs/anzenka/attach/pdf/GM1-1.pdf

• 厚生労働省「遺伝子組換え食品」：https://www.mhlw.go.jp/stf/seisakunitsuite/bunya/kenkou_iryou/shokuhin/bio/idenshi/index.html

Chapter

13

微生物の実験

　微生物をとり扱う際には，正しい手順で行わないと再現性のある実験結果が得られないだけではなく，実験者や周囲の安全を確保することができない。微生物の実験が，化学の実験などと異なる特徴は無菌操作という目的としていない微生物が空気中や実験者の皮膚から混入（コンタミネーション）することを避けながら実験操作を行うところである。また，培養に使う培地や器具も正しい手法で滅菌されていなければ，これもコンタミネーションを引き起こし，実験の失敗につながる。さらに，微生物を試料からとり出し，純粋培養する技術も必要であり，そのためには無菌操作だけではなく適切な培地を選び，適切な条件で培養をしなければならない。目に見えない微生物を観察するためには，顕微鏡観察と染色法も欠かせない技術のひとつである。近年，微生物の実験ではPCR法のような遺伝子を用いた実験手法や抗原抗体反応を用いた実験手法も多くとり入れられている。

13.1　微生物の実験における安全管理

　食品微生物の実験では病原性のある微生物を扱うことがあるため，実験者が感染しないことだけではなく，実験室から生きた微生物を出さないことが非常に重要である。例えば腸管出血性大腸菌やカンピロバクターなどは数十から数百程度の菌体を体内にとり込んだだけでも感染が成立することがあるため，感染予防には十分に注意が必要になる。そのために適切な保護具や消毒剤（表13.1）を常備し，正しい使用法を学ぶ必要がある。

　実験を行う際には微生物だけではなく，実験装置や器具，試薬などで怪我などを負う可能性もあることから，微生物に対する対策だけではなく使用するものに対する安全対策も必要になる。

表13.1　**主要な消毒剤**

消毒剤	特　徴
エタノール	最もよく用いられる消毒剤。細菌胞子には効かない。70％のものがよく用いられる。有機物の影響が少ない。手指に使用できる
イソプロパノール	エタノールとほぼ同じ効果があり，安価。エタノールよりにおいが強い。エタノールより乾きにくい。50〜70％前後で用いられる。手指に使用できる
次亜塩素酸ナトリウム	幅広い微生物に対して有効で殺菌力が強いが，有機物や金属が共存すると効果が低下する
塩化ベンザルコニウム	主に細菌に有効な消毒剤。有機物や金属イオンの影響で効果が低下する。手指に使用できる
ポピドンヨード	幅広い微生物に有効。使用後に着色あり。有機物の影響で効果が下がる。手指に使用できる
過酸化水素	幅広い微生物に有効。3％前後で使用する。高濃度の溶液は皮膚に火傷を起こす

1 事故防止について

　実験者や周囲の人が感染することを防ぎ，微生物が実験室外に流出することを防ぐためには，実験台などはアルコール綿などで拭いて常に清潔にしておき，実験者は実験後の手洗いや手指消毒をすることが必要になる。手指の消毒には現在はアルコール系の消毒剤を噴霧する方法がよくとられている。以前はベーシン法と呼ばれる洗面器に塩化ベンザルコニウムのような消毒剤を入れて手を浸す方法がよく行われていたが，消毒剤は一度使用するとその効力が低下することもあり，その結果，消毒剤が感染源になることが懸念されるようになったので，この方法は現在は用いられなくなった。

　感染防止の観点から，微生物を扱う際には従来行われていたような口でピペットを吸うような操作は避け，目，鼻，口のまわりに手が触れるようなことはしない。例えば実験室では飲食や喫煙を禁止にすることは当然として，コンタクトレンズの脱着や化粧なども禁止にする必要がある。そのため実験中は肩よりも上に手をあげないように指導する場合もある。

　微生物の流出を防ぐために，使用後の培地や器具は正しく滅菌する必要がある。使用後の使い捨てシャーレなどは，他の廃棄物と混ざらないようにして，高圧蒸気滅菌できる廃棄物袋に入れて，必ず滅菌をして廃棄する。また，培養後の培地など菌体を含むものを実験台にこぼしたような場合，その処理に使用したアルコール綿なども使い捨てシャーレと同じように滅菌をして廃棄する必要がある。近年は，より簡単に実験が行えるような，フィルム状の培地や，小スケールで実験ができる検査キットが多く販売されるようになり，微生物学の実験が以前よりも簡単にできるようになったが，その反面，微生物を扱っているという意識が薄れることが懸念されるので，さらに注意が必要になる。

　微生物の実験では，菌体を移植するための白金耳<ruby>はっきんじ</ruby>や白金線，白金鈎<ruby>はっきんこう</ruby>（図13.1）のほかに，ピンセットやはさみ，ナイフなどの先端の尖ったものを用いることや実験中にガラス器具が割れて破片が飛び散ることがある。このようなものが手や顔，特に目を

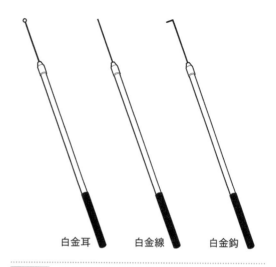

白金耳　　白金線　　白金鈎

図13.1　微生物の移植のための道具
先端部はかつては白金の針金が使われていたが，現在はニクロム線であることが多い。

傷つける可能性がある。さらに，注射器の先端に濾過装置をとりつけて濾過を行うときには，この濾過装置が外れて試料が飛び散ることや，液体窒素中で菌体を保存していたプラスチック容器が室温中で破裂して菌体やプラスチック片が飛び散る事故が起こることもある。また，近年では蓋<ruby>ふた</ruby>のついた遠沈管を試験管の代わりに使うことが増えているが，蓋の閉じ方が不十分で菌体を含む液体がこぼれることもよく見られる。

　微生物の実験ではそのほかにガスバーナーや高圧蒸気滅菌器などの高熱を発生させる装置を多く用い，塩酸や水酸化ナトリウムなどの試薬も使用する。近年では遺伝子を扱うことも増えてきたため，その関連で変異原性（遺伝子に変異を起こす）が疑われるような試薬も多く用いられるようになっている。

　このような状況での事故防止には実験の手順，材料や器材について十分によく調べて実験を行うこととともに，白衣など実験衣の正しい着用と手洗い，手指の消毒に加えて，必要に応じて保護メガネ，マスク，使い捨ての手袋などの保護具を着用する。また，火傷<ruby>やけど</ruby>防止のためには厚いゴム製の手袋や軍手なども必要になる。保護メガネなどは，直接実験を行っていなくても，周囲で起こった事故に巻き込まれることがあるため実験室内では着用していることが望ましい。

表13.2 バイオセーフティーレベルと施設の基準の概略

バイオセーフティーレベル	施設の基準	扱う微生物の危険性（扱われる微生物の例）
1	通常の実験室で，一般外来者の立ち入りを禁止する必要はない	ヒトや動物に重要な疾患を起こす可能性がないもの（例：*Bacillus subtilis*, *Lactococcus lactis* など）
2	通常の実験室で，実験中は一般外来者の立ち入りは禁止 微生物が飛散する恐れがあるときはバイオセーフティーキャビネットを使用する 実験中は扉や窓を閉じる	ヒトや動物に病原性を有するが，ヒトや家畜に重大な災害を起こさないもの（例：*Salmonella* Typhi, Paratyphi A 以外の *Salmonella*, *Escherichia coli*（病原性株）など）
3	すべての操作を閉鎖系の実験施設で行わなくてはならない。出入り口は二重扉	ヒトに感染すると通常重篤な疾病を引き起こすが，一個体から他の個体への伝播性が低いもの（例：*Salmonella* Typhi および Paratyphi A, *Yersinia pestis*, エイズウイルス）
4	レベル3に加え排気の濾過や排水の滅菌，扉のエアロック，両面型のオートクレーブなどが要求される	ヒトまたは動物に重篤な疾病を引き起こす。一個体でも他への伝播性が起こりうる。有効な治療法や予防法が通常利用できない（例：エボラ出血熱ウイルス，天然痘ウイルスなど）

② バイオセーフティーレベル

微生物やウイルスなどからヒトの安全を確保するためには実験施設を実験対象に合わせた状態にする必要がある。そのための微生物の封じ込め基準はバイオセーフティーレベル（BSL）として世界保健機関（WHO）により指針が示されていて，日本ではそれをもとに感染症研究所や日本細菌学会が指針を出している。表13.2にその一例を示したようにヒトに危害を及ぼさないような微生物から非常に危険な病原微生物までBSL1〜4に分類されている。食品微生物学の分野では多くの場合BSL2の実験施設で行われることが多く，BSL3の施設が要求されることは少ない。BSL1の施設で扱うことのできる微生物もBSL2の施設で扱うことが多い。BSL4の実験施設はエボラウイルス，ラッサウイルス，天然痘ウイルスのような病原体を扱う施設で，食品微生物学の領域では扱うことはまずない。

ボツリヌス菌やボツリヌス毒素に関しては「感染症の予防及び感染症の患者に対する医療に関する法律（感染症法）」に基づくとり扱いも必要で，遺伝子組換え体の微生物を扱う際には「遺伝子組換え生物等の使用等の規制による生物の多様性の確保に関する法律（カルタヘナ法）」に基づくとり扱いも必要になり，BSLに応じたとり扱いだけでは扱うことができないので注意が必要になる。

ここでは感染症法やカルタヘナ法に基づいてとり扱う生物を除いたBSL2の実験施設で扱う生物に主眼をおいて解説する。

13.2 微生物実験の基礎事項

微生物をとり扱う実験では目に見えないたった一細胞の微生物がコンタミネーション（混入による汚染）を起こしても，培地中でその微生物が増殖して実験を失敗に終わらせることがある。そのため対象とする微生物以外の微生物が自分のとり扱う実験系に混入しないようにする「無菌操作」と呼ばれる実験手法が必要になる。この操作ではガスバーナーを使用することが多く，かつ引火性のあるアルコールでの消毒も頻繁に行われることから火傷や火災の防止を心がけなければならない。ここでは基本的な注意事項を中心に述べるが，詳細な実験手順は他の成書を参考にされたい。

1 無菌操作の実際

　無菌室やクリーンベンチと呼ばれる無菌装置が整備されていない場合の無菌操作は，アルコール綿などで台の上を拭いた後にガスバーナーやアルコールランプなどを点火して上昇気流を発生させることで行われることが多かった（図13.2）。また，現在でも大学などの実験実習ではこのようなことが行われることは多い。近年では空気を高効率粒子空気フィルター（High-Efficiency Particulate Air Filters：HEPAフィルター）に通して無菌にした状態で実験操作ができるクリーンベンチや，クリーンベンチの機能に微生物飛散防止の機能を備えたクラスⅡのバイオセーフティーキャビネット（図13.3）が普及したことにより無菌操作は以前より安全で容易にできるようになった。しかし，注意するべきことは従来の実験方法と大きな違いはない。特にヒトは最大の汚染源なので注意を怠るとコンタミネーションが起こりうる。具体的には無菌操作を行う前には実験台やクリーンベンチの上をアルコールを含ませた綿やペーパータオルで拭く。器具の蓋を開けるときは，口が真上を向かないようにフラスコや試験管は斜めにして，寒天培地の入ったシャーレは図13.2や図13.4のようにできるだけ垂直になるように持つとよい。また，蓋の開いたフラスコやシャーレの上を手が通るような操作は避け，フラスコや試験管を持ち上げるときはできるだけ口から遠いところを掴むようにする。また，クリーンベンチなどがない通常の実験台で無菌操作を行うときには，実験室の清掃後は埃が舞い上がっているので，埃が落ちるまでの30分から1時間程度は無菌操作をするのは控えたほうがよい。

　このようなことを踏まえ，図13.4に示すように無菌操作をして培地へ微生物を移植する操作を行う。ただし，この操作は試験管内で保管されていた菌体を寒天培地に移す操作を示した一例である。

2 滅菌法

　滅菌とは，対象物にいるすべての微生物を完全に死滅あるいは除去して，無菌の状態をつくることである。

図13.2　無菌操作を行う実験者

実験は肩の力を抜き，背筋を伸ばした状態で行う。
シャーレは垂直に近い状態で開き，バーナーの炎の近くで作業する。前のめりになるとバーナーの炎で火傷する危険性があり，培地に身体から菌が落ちる可能性もある。
髪が長い場合はまとめる。必要に応じてマスクや保護メガネを着用する。

図13.3　クラスⅡのバイオセーフティーキャビネット

クリーンベンチとしての機能を備え，さらに内部で微生物が飛散しても外部に出ないような空気の流れがつくられている。
MHE-181AB3（クラスⅡタイプA/B3）（左）と給排気気流イラスト（右）

　微生物を扱う器具や培地は，目的以外の微生物のコンタミネーションを防ぐために，培地そのものだけでなく，培地や菌体に接触する器具は滅菌されているものを用いる。また，実験で使用した後の微生物を含む培養液や微生物の付着した器具も滅菌してから廃棄や洗浄をしなければならない。そこで微生物の実験では次の方法を用いて滅菌を行う。このときにはそれぞれの滅菌法の特徴を理解して目的に合った方法で滅菌をする必要がある。

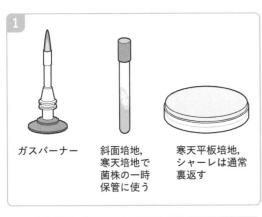

ガスバーナー

斜面培地, 寒天培地で菌株の一時保管に使う

寒天平板培地, シャーレは通常裏返す

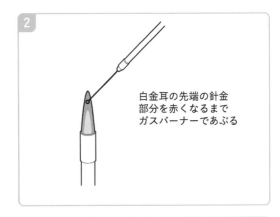

白金耳の先端の針金部分を赤くなるまでガスバーナーであぶる

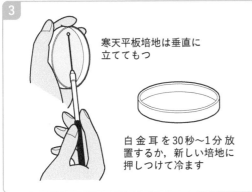

寒天平板培地は垂直に立ててもつ

白金耳を30秒〜1分放置するか, 新しい培地に押しつけて冷ます

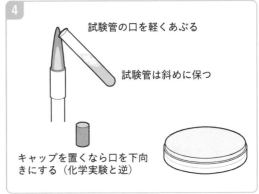

試験管の口を軽くあぶる

試験管は斜めに保つ

キャップを置くなら口を下向きにする（化学実験と逆）

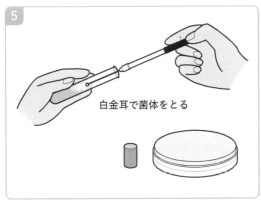

白金耳で菌体をとる

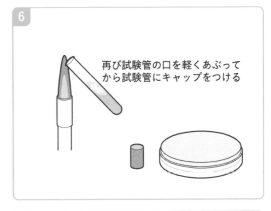

再び試験管の口を軽くあぶってから試験管にキャップをつける

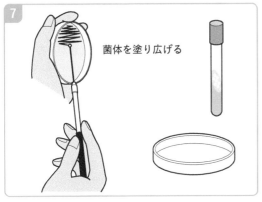

菌体を塗り広げる

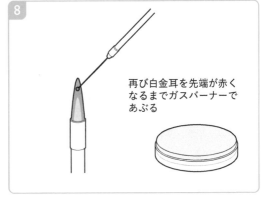

再び白金耳を先端が赤くなるまでガスバーナーであぶる

図13.4 無菌操作の手順の例

1. 高圧蒸気滅菌

水蒸気は空気に比べて熱伝導がよいので，この水蒸気を満たした容器の中で滅菌を行う方法で，微生物の実験では最もよく用いる。高圧蒸気滅菌器（オートクレーブ（図13.5））を用いて行い，多くの場合121℃（華氏250°）15分間の条件が用いられる。この滅菌法では，培地，金属やガラス器具，耐熱性のプラスチック器材などさまざまなものに用いることができる。蒸気を使って滅菌するので使用後に水滴が残ることがあり，水滴が残ることが望ましくない場合は次の乾熱滅菌を用いる。

2. 乾熱滅菌

主にガラス器具などで，水滴が残ると実験に影響がでるものを滅菌するときに行われる。空気中で180℃，0.5〜2時間加熱する。RNAを扱う実験の場合，RNA分解酵素を不活性化させるときにも3〜4時間程度この滅菌法を行うこともある。

3. 照射滅菌

放射線や電子線を照射して滅菌する方法で，主に使い捨てのシャーレのようなプラスチック器材などの加熱により変形するものの滅菌に用いられる。通常の実験室で行うことはなく，器材のメーカーによって行ったものが販売されている。

4. ガス滅菌

エチレンオキサイドガスなどにより行われる。照射滅菌と同様にプラスチックの器材に用いられる。主に器材のメーカーで行われており，実験室で行われることは稀である。

5. 火炎滅菌

主に白金耳，白金線，白金鉤などをガスバーナーやアルコールランプの炎の中で滅菌する方法（図13.1，図13.4）である。

6. 間歇滅菌（間欠滅菌）

70〜100℃での加温をくり返して滅菌する方法。

図13.5　高圧蒸気滅菌器
高圧蒸気滅菌器（オートクレーブ）。培地や器具をこの中に入れて滅菌する。121℃，15分間，加熱することが多い。

この程度の加熱した後には細菌の胞子が発芽して耐熱性を消失することを利用している。この方法は低温殺菌牛乳などで利用されているが，現在の実験室でこの方法で滅菌を行うことは稀である。

7. 濾過滅菌（濾過除菌）

液体を孔径0.22あるいは0.44 μmのフィルターや，気体をHEPAフィルターに通して微生物を除去する方法。加熱できない成分を含む培地や，培養後に培養液から菌体を除くときにも用いられる。マイコプラズマやウイルスはこのフィルターを透過する。そのため厳密な意味での滅菌ではないため，ウイルス（特にバクテリオファージ）やマイコプラズマの混入が実験に影響するような場合は注意が必要になる。

13.3　培養法

微生物学の基本は培養であり，培養により試料から微生物をとり出す分離という操作をし，培養により得られた微生物の性状を知ることができる。近年は環境中から微生物の遺伝子を直接とり出し，調べ

ることができるようになってきたが，培養を行うことで微生物の性状を詳細に知ることができる。また，食品微生物の分野では，培養法で試料中にどれだけの数の生きた微生物が存在するかを知ることで，その食品の置かれていた状態を推定することもできる。さらに，*Salmonella*のような食中毒を起こす微生物を食品から分離することができるようになれば，食品中に食中毒の原因微生物が存在することを知ることができる。このようなことも培養法で行われる。

分離された微生物がどのような条件で増殖できるか，あるいはどのような物質を資化（分解して栄養にする）できるのかなどの微生物の性状は微生物の種の同定や，微生物の制御あるいは利用に必要な情報になる。この性状を知るためには微生物を純粋培養して増殖させる必要がある。もし，このときに複数の微生物が混ざった状態で培養すると，微生物の性状を正確に知ることはできない。

通常培養されている多くの微生物は，ただ増殖させるだけであればタンパク質などの栄養を水に溶かしたなかに微生物を加えて室内に置いておけば，極端に気温が高いあるいは低いなどのことがないかぎり増殖させることはできる。しかし，栄養の成分や温度，pHなどの培養の条件が実験をするごとに変わると，実験に最も大切な再現性が得られなくなる。そこで，ここでは培養法に加えて微生物数の測定法と純粋培養について述べる。

1 培地

微生物を培養するための培地を成分で分類すると合成培地と天然培地になる。合成培地はアミノ酸や糖類，ビタミン類などの純粋な試薬を混合してつくる培地で，含まれている成分が明確であるため栄養要求性の試験などにも用いられる。これに対して天然培地は動植物や微生物から抽出された成分を水中で混合して調合される。また，合成培地でも栄養を補うために血液やエキスなどの天然成分を加えた半合成培地もある。

培地の成分とそれぞれを加える目的について大まかなことを表13.3に示したが，実際はこれらの成分には多様な物質が含まれるため，加える目的はひとつではなくいくつか重複している部分がある。例えば，窒素源として培地に加えられるペプトンにも炭水化物が含まれていて，エキスにも窒素源や炭水化物も含まれている。大豆ペプトンはペプトンでありながら，炭水化物や無機塩も多く含むのでエキスとして培地に用いられることがある。ほかにも，培地の形態によって液体培地（ブイヨン，ブロス）とそれに寒天を加えて固形にした寒天培地があり，少量の寒天を加えてつくった半流動培地もある。

特定の微生物を選択的に培養する際には，選択培地と呼ばれる培地を用いることが多い。選択培地では他の微生物の増殖を抑制するための薬剤が添加されることもある。ほかにも栄養条件や，塩濃度，pHなどを目的の微生物以外が増殖しにくいように調節することも多い。鑑別培地と呼ばれる，目的とする

表13.3　**天然培地の成分**

培地の成分	製法と培地に加える目的	代表的なもの
ペプトン	タンパク質を酵素処理で分解したもので，主に微生物の窒素源になる	獣肉ペプトン，カゼインペプトン，大豆ペプトン，混合ペプトン
エキス	動植物から熱水抽出や自己消化などで得られた抽出物。ビタミン類や無機塩類を含む	酵母エキス，肉エキス，カツオエキス，麦芽エキス，大豆ペプトン
糖類	微生物の炭素源となる	ブドウ糖，乳糖，白糖（スクロース）
塩類	浸透圧調節や必須元素として用いられる	塩化ナトリウム，塩化カリウム，塩化カルシウムほか
選択剤	目的以外の微生物の増殖を抑制するために加えられる	色素類，胆汁酸およびその成分，抗生物質など

微生物に特徴的な代謝などを検出することで，目的の微生物の検出を容易にする培地も選択培地として性質をもつことが多いため，これらを明確に定義することは難しい。

このように目的以外の微生物の生育を抑制した選択培地と呼ぶのに対して，多様な微生物を増殖させることができる培地を非選択培地と呼ぶ。しかし，選択性をまったくもたない培地というものは存在せず。非選択培地でも生育しない微生物も多く存在する（表13.4）。

2 微生物数測定

食品が不衛生な環境にさらされることや，不適切な温度環境に置かれることは，そこに含まれる微生物数の増加につながる。そのため食品の微生物数を測定することは，食品の置かれていた状態を推測するときに有用な手段である。広く用いられている生菌数測定法は寒天平板法と最確数法（Most probable number; MPN）という2つの培養法である。また，微生物数の測定ではないが食品接触面の衛生管理で近年広く用いられているATP（アデノシン三リン酸）を測定する検査法もここで記す。

寒天平板法では，標準寒天培地などの寒天培地に一細胞の微生物が付着すると，そこで増殖して目に見える大きさのコロニー（集落）を形成する。このことを利用して食品のような飼料のホモジネート（液体の中で砕いて分散させたもの）を寒天培地に塗抹（塗り拡げる）すると寒天平板培地上にコロニーが出現する。試料に含まれている微生物が多ければ寒天平板培地上に多数出現し，少なければわずかな数しか出現しない。もし，試料に含まれている微生物が多い，あるいは予測ができない状況であれば，試料を希釈したものも塗抹しないと，寒天平板培地がコロニーで埋まってしまい，数えることができなくなる。この方法は簡便で最もよく用いられる微生物数の測定方法であるが，試料中に比較的多数の微生物が存在していないと測定することができない。近年はフィルム状の培地を用いて同様のことを行うことも多く，このような培地の多くには微生物の呼

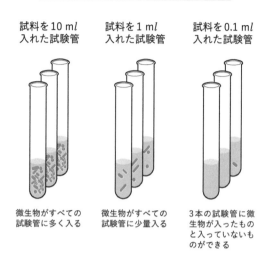

培地の入った試験管に試料を加えていく

試料を10 ml入れた試験管　試料を1 ml入れた試験管　試料を0.1 ml入れた試験管

微生物がすべての試験管に多く入る　微生物がすべての試験管に少量入る　3本の試験管に微生物が入ったものと入っていないものができる

図13.6　最確数法（3本法）の原理

吸を検出して赤色を呈するテトラゾリウム塩が加えられていて，コロニー数を計数しやすくなっている。また，薄いフィルム状なので培養する際に場所もとらず，実験後の廃棄物も少ないという利点が多い。

最確数法は液体培地を用いた微生物の測定方法であり，試料中の微生物が少ないことが予測されるときによく用いられる。試料を10 ml，1 mlおよび0.1 mlとり，図13.6のようにそれぞれを3本あるいは5本ずつの液体培地の入った試験管に入れる。このようにすることで，培地の入った試験管に入る微生物の数は試験管に入れる試料の量が減るにしたがい少なくなる。試験管に入る微生物の数が少なくなると，同じ量の試料が試験管に入っていたとしても，確率的に微生物が入った試験管と入らなかった試験管ができる。この状態で微生物を増殖させ，微生物が増殖した試験管の数（陽性管数）を数える。例えば図13.6では3.3.1という増殖のパターンになる。これを表13.5に示した，統計学の手法で得られた換算表であるMPN表を用いて数値を算出する。

培養による菌数測定を行うときに気をつけなければならないのは，試料に適した培養条件で行わなければ誤った実験結果が得られてしまうということである。例えば，表13.4に示した標準寒天培地を用

表13.4 代表的な培地

		成 分	用途・特徴
非選択培地	普通ブイヨン	ペプトン，肉エキス	コッホが開発した培地で，比較的多様な微生物の増殖に適している
	普通寒天培地	ペプトン，肉エキス，寒天	上記の培地に寒天を加えて固形にしたもの。生菌数測定や菌株の保管に用いられる
	標準寒天培地	カゼインペプトン，酵母エキス，ブドウ糖	生菌数測定や菌株の保管に用いられる培地。多くの国で生菌数測定の標準法で採用されている
	ブレインハートインヒュージョン寒天培地	プロテオースペプトン，仔ウシ脳浸出物，ウシ心臓浸出物，ブドウ糖，寒天	生菌数測定や菌株の保管に用いられる。レンサ球菌などの増殖に適し，寒天培地や標準寒天培地より広範囲の微生物の増殖に適している
	トリプチケースソイブロス	カゼインペプトン，酵母エキス，ブドウ糖，リン酸水素二ナトリウム	細菌や真菌の発育に適した培地。普通寒天培地や標準寒天培地に比べ広範囲の微生物の増殖に適している
	トリプチケースソイ寒天培地	カゼインペプトン，大豆ペプトン，寒天	トリプチケースソイブロスとほぼ同じ成分で寒天を含む固形培地。ブドウ糖とリン酸水素二ナトリウムを含まない
	ポテトデキストロース寒天培地	ジャガイモ浸出物，ブドウ糖，寒天	真菌の増殖に適している
	緩衝ペプトン水	ペプトン，塩化ナトリウム，リン酸水素ナトリウム	*Salmonella* などの前集積培養に用いられる
選択増菌培地	EEM 培地	ペプトン，マンニット，リン酸水素ナトリウム，胆汁末，ブリリアントグリーン	*Salmonella* などの前集積培養に用いられる
	EC ブイヨン	カゼインペプトン，乳糖，胆汁酸塩 No. 3，リン酸水素カリウム，塩化ナトリウム	*Escherichia coli* や大腸菌群の検査に用いられる
	テトラチオネート培地	プロテオースペプトン，カゼインペプトン，デソキシコール酸，チオ硫酸ナトリウム，ヨウ素，炭酸カルシウム	*Salmonella* の選択集積培養に用いられる
	ラパポートバシリアディス培地	大豆ペプトン，塩化ナトリウム，マラカイトグリーン，塩化マグネシウム，リン酸水素カリウム	*Salmonella* の選択集積培養に用いられる
	アルカリペプトン水	ペプトン，塩化ナトリウム	*Vibrio* 属細菌が増殖しやすく，かつ他の微生物の生育を抑えるように pH がアルカリ性に調節している
鑑別培地	デソキシコーレート寒天培地	ペプトン，乳糖，クエン酸鉄アンモニウム，リン酸水素カリウム，ニュートラルレッド，寒天	大腸菌群の鑑別に用いられる培地。クエン酸とデソキシコール酸で目的以外の微生物の増殖を抑制している
	マンニット食塩寒天培地	ペプトン，肉エキス，マンニット，塩化ナトリウム，フェノールレッド，寒天	*Staphylococcus aureus* の分離に用いる培地。塩化ナトリウムを 7.5 ％含み *Staphylococcus* 属以外の微生物の増殖を抑制している
	TCBS 寒天培地	酵母エキス，ペプトン，チオ硫酸ナトリウム，クエン酸ナトリウム，胆汁末，コール酸ナトリウム，白糖（スクロース），塩化ナトリウム，チモールブルー，ブロモチモールブルー，寒天	*Vibrio* 属の分離に適している
	DHL 寒天培地	カゼインペプトン，ペプトン，肉エキス，乳糖，白糖，デソキシコール酸ナトリウム，チオ硫酸ナトリウム，クエン酸ナトリウム，クエン酸鉄アンモニウム，ニュートラルレッド，寒天	*Salmonella*，*Shigella*，*Yersinia enterocolitica* など腸内細菌科に属する細菌の分離と鑑別に用いられる
	ブリリアントグリーン寒天培地	プロテオースペプトン，酵母エキス，乳糖，白糖，塩化ナトリウム，フェノールレッド，ブリリアントグリーン，寒天	*Salmonella* の鑑別培地。スルファピリジン（抗菌薬）を加えて用いられることがある

表13.5　**3本法の最確数表（抜粋）**

陽性管数			MPN 値/100 m*l* （推定された微生物数）
10 m*l*	1 m*l*	0.1 m*l*	
0	0	0	3未満で検出されず
1	0	0	3.6
1	1	0	7.4
2	0	0	9.2
2	0	1	14
2	1	0	15
2	2	0	21
3	0	0	23
3	1	0	43
3	2	0	93
3	2	1	150
3	2	2	210
3	3	0	240
3	3	1	460
3	3	2	1,100
3	3	3	1,100より多く測定できず

いて35℃で培養することは，日本の食品検査では標準法になっている。この標準寒天培地は幅広い微生物の増殖に適した培地で，国内だけでなく海外でも食品の検査で広く用いられている。多くの場合は，この培養方法で得られた結果が食品の置かれた温度や衛生状態を反映する。しかし，すべての微生物を増殖せさることができる培養条件というものはないためどのような培養法でも増殖しない微生物が存在する。一例として，海産魚類に付着している微生物の数を調べようとしたときに，この標準寒天培地を使って35℃で培養した場合と，塩類を加えた別の培地で20℃で培養した場合では後者のほうが圧倒的に出現するコロニーの数が多かったという報告もある。このことは，海産魚類に付着している海洋細菌の多くが，比較的低い温度で増殖しやすく，かつ増殖に塩分が必要であるということに起因している。このように，すべての微生物を増殖させることがで

きる万能な培地や条件というものがないため，培養法では試料の中に存在する微生物の数を正確に知ることはできない。それでも目的とする微生物の性質と培地の特徴を正しく理解することで，検査する食品の置かれた温度や衛生状態を微生物検査に反映することができる。

3 ATPふきとり検査

　微生物の測定方法ではないが，ATPを測定する食品接触面の検査も広く行われている。ATPは原核生物真核生物を問わずすべての生物がエネルギー物質として利用している分子であることから，ATPの存在が生物と接触したことを示すことを利用している。例えば，まな板や皿などの食品接触面から高濃度のATPが検出されたならばそれらは生物の痕跡であり，洗浄が不十分だったことの指標になる。このときのATPの由来が微生物なのか食品なのかを判別することはできないが，食品による汚れあるいは微生物の存在のどちらか，あるいは両方があったこと示すことになる。このようなことから食品接触面での微生物による汚染があったか，これから微生物による汚染が起こることを推定することができる。この手法では，食品の種類によって含まれるATPの量が異なるため，基準を決めることが難しい場合もあるが，無菌操作や培養などが必要なく簡便であり，数分間の短時間で結果が得られるなどの利点も多い。

4 純粋分離

　微生物の性状を調べるとき，複数の微生物が混在している状態では誤った結果が得られてしまう。そのため，雑多な微生物が存在しているなかから単一の微生物をとり出す純粋培養の操作は微生物学の基本的な技術である。ここでは，純粋分離の手順について述べる。

　純粋分離を行うときに最もよく用いられるのが寒天平板培地である。この寒天培地上に一細胞の微生物がつくと，そこで増殖をはじめ，固まりになって目に見える大きさのコロニーを形成する。例えば飲水や食品のホモジネートを培地に加えて塗り広げて

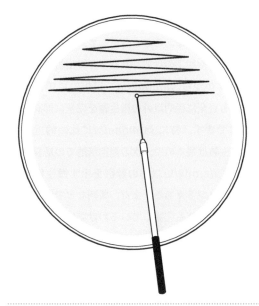

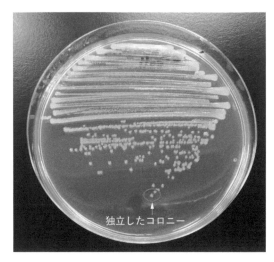

独立したコロニー

塗り広げることで単一の細胞由来の
コロニーが得られる

図13.7 白金耳での画線塗抹による純粋培養

培養し，そこに含まれていた微生物を増殖させる。このときに他のコロニーとつながっていない独立したコロニーは，単一の細胞由来である可能性が高いが，それでも複数の細胞が混ざっている可能性がある。そこで，白金耳を使ってこのコロニーから釣菌（菌体をとる操作）をして，画線（図13.7）という方法で純粋にする。この方法は，コロニーから菌体を白金耳につけたときには白金耳についている細胞は無数であるが，寒天平板培地に塗り広げていくことで，だんだん細胞の数が少なくなり，最後には一細胞になるということを利用している。さらに，こうして得られた独立したコロニーを釣菌して，再度画線を行うことでほとんどの場合，純粋な菌体が得られる。この方法は細菌と酵母でよく用いられており，糸状菌の場合は白金耳ではなく白金鈎（図13.1）を用い，寒天培地の表面を傷つけながら菌を植えるが，それ以外はだいたい同じである。

5 食品からの分離培養法

目的の微生物，特に食中毒を起こす細菌を食品から分離して培養することは，食品微生物学では重要な技術である。そこで，ここでは食品からの微生物の分離について述べる。

医療の分野では患者の糞便のように，目的の微生物が多量に含まれるような試料から病原微生物を分離するときには，糞便のホモジネートをそのまま選択剤を含む寒天培地に塗抹してから分離することがある。これに対して食品では目的とする微生物が試料中にわずかしか存在していないことがあり，寒天平板法ではとり出すのが難しいことがある。また，微生物が加熱や酸などの影響で損傷している可能性もあり，損傷を受けた微生物は通常ならば抑制されないはずの選択培地でも増殖が抑制されることもある。このようなことから食品の微生物検査では前集積培養と集積培養と呼ばれる手順を経て行われる。このような手法では目的の微生物の数を知ることはできないが，食品（多くの場合25 gを採取した）中の目的の微生物の有無を判定することができる。

食品の検査としての純粋培養の手順は，前集積培養，集積培養，鑑別培養で微生物を純粋分離し，得られた目的の細菌である可能性の高い微生物に対して，目的の微生物であるかを判定するための性状試験を行う。前集積培養は選択性の低い液体培地を用い，損傷した微生物を回復させる。このときには目的以外の微生物も増殖させることになるが，その後に選択剤の含まれる培地で集積培養が行われ，ここ

で目的以外の微生物の増殖を抑制して培養する。この後に得られた培養液を鑑別培地である寒天培地に移す。鑑別培地に増殖した微生物の形態やコロニー周辺の色を見て，目的の微生物と同様の特徴を示すものをとり出し，その後の性状試験や血清試験に供して同定する。このような試験の一例として*Salmonella*の純粋分離方法を次に述べる。ここで使用する培地については表13.4に示した。

　この*Salmonella*の純粋分離でも，他の微生物を分離する場合と同様，目的とする微生物の生育温度やpH薬剤耐性などの性質の違いを利用して行う。この微生物の分離方法は，前集積培養をした後に集積培養で2種類の培地に植え継いで培養し，その後に集積培養後の培養液をそれぞれ2種類の鑑別培地に植え継いでいくという特徴がある。他の食中毒細菌では集積培養や鑑別培養に2種類の培地を用いることは少ないが，*Salmonella enterica*という微生物は，同じ種であっても株（個体と考えてよい）ごとにさまざまな性状を示すため，集積培養や鑑別培養でそれぞれ1種類の培地のみではうまく分離できないことがあるため，このような方法がとられている。

1.　前集積培養（前増菌培養）

　緩衝ペプトン水やEEM培地のように選択性が低い培地中で検体をホモジナイズして，そのまま*Salmonella*の至適温度付近である35〜37℃で前集積培養を行う。

2.　集積培養（増菌培養）

　テトラチオネート培地，ラパポートバシリアディス培地のように比較的選択性が高く，かつ選択の原理が異なる培地を用いて培養する。このとき*Salmonella*以外の多くの微生物が生育しにくい42〜43℃程度の温度培養をする。このテトラチオネート培地にはテトラチオン酸のような*Salmonella*は資化できるが，他の多くの微生物は資化できないような物質が含まれていて，*Salmonella*の増殖を促進する。ラパポートバシリアディス培地では，低pH，高い塩化マグネシウムの濃度と色素のマラカ

イトグリーンが*Salmonella*以外の多くの微生物の生育を阻害する。このようにして，さまざまな食品で，成分や加工の仕方，共存する微生物の種類が異なるなかから*Salmonella*を選択的に培養する。それでも完全に目的以外の微生物を完全に抑制することはできず，特に*Salmonella*に比較的近い性状の微生物は残るので，次の鑑別培地での培養の段階では*Salmonella*以外の特徴を示す微生物も出現することが多々ある。また，薬剤などで増殖が抑制された微生物も死滅しているわけではなく，長い時間をかけて増殖することがあるので，決められた培養温度や時間を守って実験をする必要がある。

3.　鑑別培養

　選択的な集積培養を行った後にDHL寒天培地やブリリアントグリーン（BGS）寒天培地などの鑑別培地と呼ばれる寒天平板培地に白金耳を用いて画線して接種し，独立したコロニーをつくらせる。培養後に*Salmonella*の特徴と一致するコロニーを釣菌して詳細な試験をするための培地に移し，*Salmonella*であるか否かを判定する。このとき*Salmonella*はDHL寒天培地上ではコロニーの中心が黒色になるためこれを釣菌する。この現象は*Salmonella*が産生する硫化水素とDHL寒天培地中のクエン酸鉄アンモニウムが反応して黒色の硫化鉄が生成し，コロニーが黒色を呈することを利用している。このようなことはXLD寒天培地やMLCB寒天培地でも同様である。しかし，すべての*Salmonella*がこれらの培地上で黒色のコロニーを呈するわけではないので，硫化水素の産生の有無にかかわらず*Salmonella*を分離するためにBGS培地のような検出する原理の異なる培地を用いる。BGS培地には色素のブリリアントグリーンと抗菌薬のスルファピリジンが含まれていて，*Salmonella*はこれらに対する感受性が低いが他の多くの微生物の生育が抑制される。そのほかにDHL培地やBGS培地には乳糖と白糖（ショ糖）が含まれていて，*Salmonella*はこれらを分解できないが，*Salmonella*に近縁の微生物の多くはこれらの糖を分解するので培地のpHが低

下する。その結果，指示薬が変色するので，このことを用いて*Salmonella*とそれ以外の微生物を識別する。このような方法で選択された微生物は*Salmonella*である可能性が高いが，それでも*Salmonella*ではない可能性もあり，そのためさらに詳細な性状試験を判断する。性状試験は後述する染色法と，それに伴う顕微鏡観察，糖類の資化試験，抗体を用いた凝集試験などがある。

鑑別培地には，ここで示したもののほかに，近年は酵素基質培地と呼ばれる，目的の微生物の特徴的な代謝を検出して色が変化する合成基質を含んだ培地が広く用いられるようになってきている。

4. 迅速判定法

培養法だけで行う検査は数日から2週間近くかかることが多いため，近年では，集積培養後の培養液に対して後述するPCR法やイムノクロマト法などで，目的の微生物の存在の有無を判定するような操作の効率化が行われている。PCR法もイムノクロマト法も2019年から流行がはじまった新型コロナウイルス（SARS-CoV-2）による感染症の検査で一般にも広く名を知られた検査方法であるが，それ以前から食品微生物学の検査では広く用いられていた。

PCR法は遺伝子を使用した試験方法のひとつであり，目的とする微生物に特有の遺伝子，例えば，病原性にかかわる遺伝子のDNAの一部を人工的に増幅させることで目的とする微生物を検出する（図13.8，図12.3（p.162）参照）。

遺伝子の増幅の有無は，多くの場合は増幅の反応を行った後に電気泳動法で確認するが，近年は増幅反応を行っている間に知ることができるリアルタイムPCR法も行われている。リアルタイムPCRに対して，従来行われてきた電気泳動法で増幅したDNAの有無を確認する方法をエンドポイントPCRやコンベンショナルPCRと呼ぶこともある。また，ノロウイルスやA型肝炎ウイルスのようにDNAをもたないRNAウイルスと呼ばれるものの検出や，特定の遺伝子の発現を調べたい場合には逆転写反応というRNAから相補的DNAを合成した後にPCR

を行う逆転写PCR（reverse transcription PCR, RT-PCR）が用いられる。

食品での微生物検査では多くの場合集積培養した後の培養液中に目的の微生物が存在したか否かを判定する。存在したと判定されればそのまま検査を続行し，存在しなければそこで検査を終了するというように用いられている。このようにして検査の効率化と時間の短縮が図られている。しかし，PCR法では，標的とする配列のDNAが存在すれば目的の微

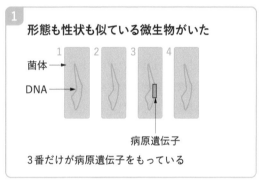

1 形態も性状も似ている微生物がいた

菌体 →
DNA →

病原遺伝子

3番だけが病原遺伝子をもっている

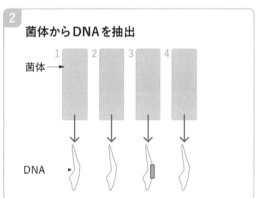

2 菌体からDNAを抽出

菌体 →

DNA →

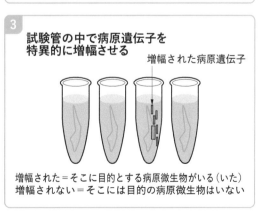

3 試験管の中で病原遺伝子を特異的に増幅させる

増幅された病原遺伝子

増幅された＝そこに目的とする病原微生物がいる（いた）
増幅されない＝そこには目的の病原微生物はいない

図13.8 **PCR法による病原遺伝子の検出**

生物の生死にかかわらず検出されてしまう。標的の
DNAが増幅されたことを検出される際には毒性の
高い試薬を用いる。増幅されたDNAが実験室内に
飛散してしまうと，目的の微生物が存在しなくても
DNAの増幅が起こってしまうなどの欠点もある。

　PCR法と同様に目的の配列のDNAを増幅させ
る方法としてLAMP法がある。この方法では一定
の温度でDNAの増幅ができ，増幅の有無は反応を
行った溶液の濁りを目視で判定して確認することが
できるなどの利点がある。

　迅速判定法としては抗原抗体反応を利用している
ELISA（enzyme-linked immunosorbent assay）
やイムノクロマト法がある。ELISAの中で広く行わ
れているのが図13.9に示したサンドイッチELISA
と呼ばれる手法で，目的の物質を抗原とした抗体を
プラスチック製のELISAプレートと呼ばれる容器

に付着させておき，ここに目的の物質の入った試料
を入れる。目的の物質と容器に結合した抗体が結合
したら標識した（印をつけた）抗体を加えて，目的
の物質と結合させる。このようにして2種類の抗体
で目的の物質を挟むような形にして検出する。この
方法では，試料を段階希釈して検出できる最も低い
濃度の試料から，目的の物資の濃度を測定すること
もできる。

　イムノクロマト法は図13.10に示したように，ニ
トロセルロース膜のテストラインと呼ばれる部分に
あらかじめ目的とする物質と結合する抗体を付着さ
せておく。試料を注入すると，金コロイドで赤く標
識された抗体と目的の物質が結合して，ニトロセル
ロース膜の上を流れていく。目的の物質と結合した
抗体はテストラインの部分に付着した抗体と結合す
る。ここで，金コロイドが結合した抗体が濃縮され

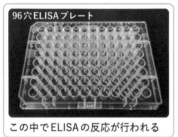

図13.9　**サンドイッチELISA の概略**

テストライン
ここに線が出ると
目的の物質が存在
した

コントロールライン
ここに線が出ると
正しく検査が行わ
れたことを示す

 ▲と結合する抗体

 ▲と結合する抗体を赤い金コロイドを
結合させて標識している

 上の標識した抗体と結合する抗体

資料を注入

標識された抗体と目的の物質が
結合する

溶液中の物質がメンブレン上を
流れていく

目的の物質と結合した抗体が
テストラインの抗体に結合

目的の物質と結合しなかった
抗体がコントロールラインの
抗体に結合

赤い金コロイドが濃縮されて
目に見える赤い線を呈する

テストライン　　コントロールライン

- 両方に線が現れたら陽性
- コントロールラインにだけ線が現れたら陰性
- コントロールラインに線が現れなかったら
  テストラインの結果にかかわらず再試験する

図13.10　**イムノクロマト法の概要**

図13.11　嫌気性グローブボックス（A）とアネロパックシステム（B）
（A）前面のガラスにゴム手袋がとりつけられていて，手袋を介して無菌操作をする。（B）嫌気ジャーの奥に脱酸素剤が入っている。

て，膜の上で赤い線を呈する。目的の物質と結合しなかった抗体はそのまま膜の上を流れていき，コントロールラインと呼ばれる位置に付着した，別の抗体と結合してここでも赤い線を呈する。このコントロールラインに抗体が結合しなかった場合は，標識された抗体に何らかの異常があったと考えられるため再度検査する。

このようにイムノクロマト法とサンドイッチELISAは装置や手順は異なるが，ほぼ同じ原理が用いられている。イムノクロマト法は非常に簡便で，特別な教育訓練がほとんどなくても使用できる利点がある。ELISAは自動化されたシステムがあり，また定量的な試験も可能である。

5. 嫌気培養

*Clostridium*属や*Bifidobacterium*属などの偏性嫌気性細菌を培養する際には"嫌気培養"と呼ばれる酸素の存在しない条件で培養する技術が必要になる。また，乳酸菌などは酸素があっても生育できるものも多く存在するが，発酵食品から分離する際は他の微生物の生育を抑制するために嫌気培養をすることもある。嫌気培養の方法は過去にさまざまな方法が開発されてきたが，近年では酸素に触れると急激に死滅するような極端に酸素に感受性の高い微生物に対しては，嫌気グローブボックスと呼ばれる方法がある。この方法は外界と遮断されたグロー

ブボックスと呼ばれる箱の中に入れた試料を，外側からその箱にとりつけられたゴム製の手袋を介して操作する（図13.11A）。このような方法では外界の大気に触れることなく嫌気培養を行うことができる。しかし，食品微生物学で扱う偏性嫌気性細菌の大部分は，大気中で扱った後に密閉できる容器中に移してから容器内の酸素を除去する方法で多くの場合は十分な実験結果が得られる。そこでここでは最も簡単で比較的確実なアネロパックシステム（三菱ガス化学）を用いる方法を紹介する（図13.11B）。この方法では特別な設備などは必要とせず，実験技術も好気条件で微生物を扱う場合とほとんど変わらない。

嫌気培養を行う場合は，培地や試料の希釈をする食塩水などにはあらかじめチオグリコール酸ナトリウムなどの還元剤を0.05％程度加えておき，液体培地や食塩水は加熱した後にフラスコや試験管を水の入った容器に入れて急冷して，酸素を除去する。これらを用いて通常と同じように大気中で無菌操作を行い，その後に嫌気ジャーと呼ばれる密閉容器に菌を接種した培地を入れて，アルミ袋内にある酸素除去剤のアネロパックケンキを嫌気ジャーの中に入れて培地とともに密閉すると酸素が吸収され，同じ量の二酸化炭素が放出されるため，嫌気ジャーの中が窒素約80％，二酸化炭素約20％の嫌気的条件になる。このときに注意することは，定められたサイズの嫌気ジャーを用いないと，内部の酸素が十分に

除去されず，嫌気的な条件にならない。また，酸素に感受性の低い偏性嫌気性細菌であっても，長時間大気中にさらされると損傷を受けたり，死滅することもあるので，実験操作を事前にしっかり計画を立てて，微生物が酸素に長時間触れることのないように行うことが望ましい。

同じような方法で，*Campylobacter*のような酸素のない条件では増殖しないが，大気中の酸素濃度でも増殖できない"微好気性細菌"と呼ばれる微生物の培養も可能である。このようなときには酸素除去剤の能力を制限して，酸素を完全に除去しないようにした"アネロパック・微好気"を用いて嫌気ジャー内部の酸素濃度を低下させて培養する。

13.4 顕微鏡観察

微生物，特に細菌を光学顕微鏡で観察するときは，液体に菌体を懸濁させてそのまま観察する場合と，染色して観察する場合がある。位相差顕微鏡を用いて観察する場合は染色しなくてもコントラストがあり，観察しやすいが，通常の光学顕微鏡で観察する場合は無色の微生物は観察しづらい。そのため観察する場合はスライドグラス上に固定して，染色してから観察することがよく行われる。染色標本の多くは観察が容易で，長期間保存できるが，固定された微生物は死滅しているため，生きた状態での観察が必要なときには染色できない。

染色した標本を観察するときは1,000～1,500倍

程度の高倍率で観察することが多いが，このような高倍率で観察する場合は視野が暗くなるため，油浸（ゆしん）といって空気より光の透過率のよいイマージョンオイルを対物レンズとプレパラートの間に空気が入らないように挟んで観察する。このときには顕微鏡の対物レンズは油浸専用のものを用いなければ，対物レンズを傷めてしまう。

真菌の観察であればこのようなことをせずに直接水に菌体を懸濁させてカバーグラスをおいて400～600倍程度で観察することも多い。また，セロハンテープで菌体を採取して，スライドグラスに水を一滴落としてその上に菌体を採取したテープを貼って観察する方法もある。

■1 細菌の運動性観察

細菌の運動性を観察するときは染色しない状態で菌体を懸濁して顕微鏡を用いて400～600倍程度で観察する。懸濁するときには液体や生理食塩水，海洋細菌ならば人工海水など，その微生物にとって適した溶液を用いる。簡易的な方法として，スライドグラス上に懸濁した細菌をのせて，ここにカバーグラスをおいて顕微鏡で観察することもできるが，この方法では水が激しく動いて観察しにくいことがある。水の動きを少なくするためには図13.12に示した懸滴法という方法で行う。このような方法でもブラウン運動と呼ばれる水分子の運動により，微生物が運動しているように見えることがあるので観察するときは注意深く観察する。懸滴法での観察が難しいときには，肉眼で運動性を観察する穿刺法で運動性を観察する。穿刺法では寒天を0.3％程度含む軟寒天培地を試験管に入れ，ここに白金線（図13.1）を用いて菌体を接種する。接種する際には白金線の先端にのみ菌体をつけて一度だけ培地の底のほうまで刺す。培養後に軟寒天培地に菌が刺したところから広がるように増殖していたら運動性があると判定する。懸滴法と穿刺法のどちらか一方でも運動性が観察された場合に運動性があると判定する。しかし，運動性の弱い細菌と運動性のない細菌の判定は懸滴法でも穿刺法でもどちらの方法でも難しいときがあ

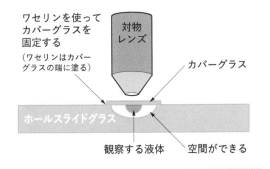

ワセリンを使ってカバーグラスを固定する
（ワセリンはカバーグラスの端に塗る）

対物レンズ

カバーグラス

ホールスライドグラス

観察する液体　空間ができる

図13.12　懸滴法による運動性観察

るので，注意深く観察する必要がある。

② 染色法

染色法ではさまざまな色素を使い微生物の細胞の形態などを明瞭にするとともに，その細胞表層や細胞内部を染め分けることができる。例えばグラム染色ではグラム陽性菌とグラム陰性菌の違いを染め分けることで認識することができる。さらに，菌体内の胞子は染色されないので，菌体内の胞子の観察も可能である。各種の染色法で得られる情報はときとして非常に重要なものになるため，染色法を正しく行い，結果の解釈を正しく学ぶ必要がある。ここでは代表的な染色法をいくつか解説する。

1．グラム染色

細菌の観察を行ううえで最も基本的な染色法であり，比較的簡単な手順で細菌を大別できる染色法である。スライドグラス上に固定した菌体をクリスタルバイオレットとルゴールで紫に染め，その後にエタノールで脱色する。最後にサフラニンやフクシンで染色することで，アルコールで脱色されなかったものは顕微鏡で観察すると菌体が紫に見え，脱色されたものはピンクに見える。このようにして紫に染色されたものをグラム陽性，ピンクに染色されたものをグラム陰性という。この染色を行って菌の形態を観察することもあり，ほかにも菌体内に胞子を形成している細菌は，菌体内に円形あるいは楕円形の染色されていない部分が見えるので，胞子の観察に用いることもできる。

細菌ではない酵母もこの染色法を行うとあたかもグラム陽性の細菌のように紫に染まるが，菌形態，特にサイズが多くの細菌と異なる。

2．メチレンブルー染色

細菌では形態を観察するための単染色で用いられる。そのほかに真核細胞の核の染色，酵母の細胞の生死判定にも用いられる。酵母の生細胞では酸化還元酵素の働きでメチレンブルーが無色になるが，死細胞では青いままなので酵母の細胞が青く染まる。

3．鞭毛染色

鞭毛は細菌の運動性に大きく関与する器官であり，鞭毛の数や生えている位置は細菌の分類上重要な形質である。鞭毛を観察するには透過型電子顕微鏡を用いることが多くあるが，鞭毛染色を行うことで光学顕微鏡で観察することが可能になる。この手法では鞭毛にタンニン酸を付着させることで，本来は細すぎて光学顕微鏡では観察ができない鞭毛を太くして観察できるようにする。この方法は非常に熟練を要するため，鞭毛の生え方がわかっている細菌を用いて練習をくり返すことが求められる。

4．胞子染色

通常の染色法では染まりにくい細菌の胞子を染色する方法で，マラカイトグリーンや石炭酸フクシンで加温しながら染色する。胞子は位相差顕微鏡があれば染色せずに観察でき（図2.3（p.14）参照），胞子の有無を観察するのであればグラム染色でも代替できる。

［参考文献］

• 石田祐三郎，杉田治男編：海洋環境アセスメントのための微生物実験法 増補改訂版，恒星社厚生閣（2006）

• 駒大輔，山中勇人，森芳邦彦，大本貴士：培地の成分知っていますか?，生物工学，89，195-199（2011）

• 厚生労働省 監修：食品衛生検査指針 微生物編 改訂第2版2018，日本食品衛生協会（2018）

• 藤井建夫編著：食品の腐敗と微生物，幸書房（2012）

• 藤井建夫編：食品衛生微生物辞典，幸書房（2018）

• 米国食品医薬品局：Bacterial analysis manuals（2023）：https://www.fda.gov/food/laboratory-methods-food/bacteriological-analytical-manual-bam

• 米国農務省食品安全検査局：Microbiology Laboratory Guidebook（2023）：https://www.fsis.usda.gov/news-events/publications/microbiology-laboratory-guidebook

［図版出典］

図13.3 PHC株式会社

図13.5 株式会社島津理化，株式会社平山製作所

INDEX

編著者紹介

藤井建夫

京都大学大学院農学研究科博士課程修了，農学博士

現在：東京家政大学大学院客員教授，東京海洋大学名誉教授

専門分野：食品微生物学（腐敗，発酵，食中毒，微生物制御）

著書：『微生物制御の基礎知識』(中央法規出版)，『食品の腐敗と微生物』(幸書房)，『魚の発酵食品』(成山堂書店)，『塩辛・くさや・かつお節』(恒星社厚生閣)，『新・食品衛生学 第三版』(恒星社厚生閣)，『解いて学ぶ！ 食品衛生・食品安全 テキスト＆問題集 第2版』(講談社) など

NDC 588　　207 p　　　26 cm

食品微生物学の基礎　第2版

2024 年 3 月 27 日　第 1 刷発行

編著者	藤井建夫
著　者	石田真巳，川﨑晋，久田孝，小長谷幸史，小栁喬，左子芳彦，里見正隆，土戸哲明，中野宏幸，宮本敬久，森田幸雄，吉田天士
発行者	森田浩章
発行所	株式会社　講談社

〒 112-8001　東京都文京区音羽 2-12-21
　　　　販　売　(03)5395-4415
　　　　業　務　(03)5395-3615

KODANSHA

| 編　集 | 株式会社　講談社サイエンティフィク |
| | 代表　堀越俊一 |

〒 162-0825　東京都新宿区神楽坂 2-14　ノービィビル
　　　　編　集　(03)3235-3701

| 本文データ制作 | 有限会社グランドグルーヴ |
| 印刷・製本 | 株式会社ＫＰＳプロダクツ |